国家级一流本科专业建设成果教材

化学工业出版社"十五五"普通高等教育规划教材

化工安全与环保

王　旭　张光磊　主　编

孟玉雯　孙　楠　李逸坦　副主编

Chemical Safety
and Environmental Protection

化学工业出版社

·北京·

内容简介

随着现代化工产业的迅速发展，安全生产与环境保护问题日益凸显，已成为化工行业可持续发展的核心议题。如何在保障人身与设备安全的基础上，实现资源的高效利用与生态环境的良性循环，是每一位化工专业人员必须面对的关键挑战。

《化工安全与环保》依据当前国家安全生产法律法规、环境保护政策及“双碳”目标导向，结合高等院校化工类本科教学的实际需求编写而成，系统阐述化工安全与环保的基本原理、管理方法和工程应用。全书共分八章，内容涵盖化学品的性质及安全处理、化工装置设计与操作安全、燃烧爆炸与防火防爆技术、工业毒性物质与防护措施、压力容器与机电设备安全管理，以及化工废水、废气、废渣的处理技术。此外，本书还介绍了绿色化工与碳中和的新理念，以回应当前“双碳”目标下的行业转型需求，帮助学生建立从安全防控到低碳减排的整体认知。

图书在版编目（CIP）数据

化工安全与环保 / 王旭，张光磊主编. -- 北京：化学工业出版社，2026. 2. --（国家级一流本科专业建设成果教材）（普通高等教育教材）. -- ISBN 978-7-122-49896-0

Ⅰ. TQ086；X78

中国国家版本馆 CIP 数据核字第 2026L11V84 号

责任编辑：褚红喜　姚晓敏　　　文字编辑：胡艺艺
责任校对：李雨晴　　　装帧设计：张　辉

出版发行：化学工业出版社
（北京市东城区青年湖南街 13 号　邮政编码 100011）
印　　装：三河市航远印刷有限公司
787mm×1092mm　1/16　印张 19¾　字数 405 千字
2026 年 2 月北京第 1 版第 1 次印刷

购书咨询：010-64518888　　　售后服务：010-64518899
网　　址：http://www.cip.com.cn
凡购买本书，如有缺损质量问题，本社销售中心负责调换。

定　　价：58.00 元

前言

化学工业作为国民经济的重要基础性和支柱性产业，关系国计民生与国家战略安全，其高质量发展离不开坚实可靠的安全保障。高度重视化工安全与环境保护，不仅是党和国家的明确要求，更是化工企业赖以生存和持续发展的生命线。构建科学完善的安全生产管理体系，将风险控制在隐患形成之前、将隐患消除于事故发生之前，既是法律赋予企业的责任，更是推动行业高质量发展的根本途径。“绿水青山就是金山银山”的发展理念已深入人心，化工企业必须积极践行绿色发展理念，依法落实环境保护措施，在追求经济效益的同时，实现社会效益和生态效益的有机统一。这不仅是时代赋予我们的使命，更是对人类未来负责的体现。

历史与实践反复证明，化工安全是“管得住的”，关键在于遵循科学规律，建立健全的管理体系，并严格执行各项安全规范。安全管理的核心在于“预防为主”，而“敬畏心”正是落实预防措施的内在动力。我们必须对每一道工序、每一个环节、每一项操作保持高度敬畏，坚决杜绝麻痹大意、侥幸心理和违规操作，持续提升工艺安全水平和人员专业素养，这不仅有助于增强事故防控能力，也有助于流程优化与生态环境保护的协同实现。

本书凝聚了编写团队在化工安全管理、环境工程与可持续发展领域多年的研究成果与教学经验，旨在为全国高等院校化工类专业课程体系建设与教学改革提供有益参考。本书由山东大学化学与化工学院/国家胶体材料工程技术研究中心王旭、张光磊任主编，孟玉雯、孙楠、李逸坦任副主编。各章节的撰写人分别为王旭（第1章、第2章、第3章、第4章上）、张光磊（第4章下、第5章、第6章、第7章）、孟玉雯（第8章），孙楠、李逸坦参与了部分编写与审阅工作。感谢以下12位编写人员——张春晓、谭禹、王仲瑞、张兴雪、张海洋、贺楠、丁立、周坤阳、龚美佳、杨晟浩、贾祎涵、曹英杰——他们在本教材编写与修订过程中做出了重要贡献。在此特别感谢教材编著顾问委员会各位专家（蔡颖辉、陈代荣、付建英、郭彦超、李铭新、李新发、刘宝胜、马文、孟宪强、石宇、田胜、赵芳、邹雄）对本书提出的宝贵意见与建议。因作者水平有限，书中难免存在疏漏之处，恳请广大读者和同行批评指正，以便不断修订完善。

编者

2025 年 12 月

目录

第1章 绪论

知识目标

1. 了解化学工业发展历程及其带来的新安全挑战。

2. 掌握安全管理的重要性及其新要求，尤其是在技术应用、新材料开发与自动化和智能化生产中的安全风险。

3. 了解绿色可持续发展和环境保护的必要性。

4. 熟悉历史重大安全事故及其对安全管理的启示。

能力目标

1. 能够分析化学工业中的安全风险并提出有效管理措施。

2. 具备应对化学工业新危险和未知风险的能力。

学习“第 1 章 绪论”是理解化学工业发展及其对安全新要求的基础。该章深入探讨了化学工业的发展历程、伴随发展而来的新危险以及对安全管理提出的新要求。自 18 世纪以来，化学工业快速发展，尤其是进入 20 世纪后，技术进步和生产规模的扩大显著推动了社会经济发展，但也带来了新的安全挑战和环境问题。学习本章能够帮助我们认识到在化学工业的发展过程中，安全生产和环境保护的重要性，以及实现绿色可持续发展的必要性。本章通过分析历史上的重大安全事故，突显了安全管理的重要性，并指出了化学工业面临的新危险，包括技术应用、新材料开发所带来的未知风险，以及自动化和智能化生产过程中可能出现的安全挑战。同时，本章强调了随着化学工业向大规模、高效率发展，安全设计与管理、危险物质控制、新理论方法与技术手段的应用以及提升员工安全意识和培训的重要性。此外，通过国际合作与交流，共享安全管理经验、技术和标准，是提升全球化学工业安全水平的关键。本章不仅为我们提供了化学工业发展的宏观视角，也深刻揭示了安全生产的重要性和紧迫性。通过学习这一章，我们能够更好地理解化学工业的安全风险，认识到在追求工业发展的同时，必须采取切实有效的安全管理措施，以保障人员安全、保护环境，实现化学工业的可持续发展。这对于化工专业的学生、工程师以及安全管理人员来说都是极为重要的基础知识。

1.1 化学工业发展伴生的新危险及对安全的新要求

1.1.1 化学工业发展概况

化学工业的发展可以追溯到 18 世纪的法国，此后它迅速扩展到英国和德国等地。19 世纪，依赖煤炭的有机化学工业在德国迅猛发展，专注于各种化学产品的开发，如苯、染料、化肥、炸药等。到了 19 世纪末，化学工业的初期工程问题主要通过化学家和机械工程师的合作来解决。进入 20 世纪，美国石油工业的发展为化学工业技术的形成奠定了基础，标志着化学机械从纯机械转变为以单元操作为核心的新阶段。20 世纪 40 年代，一系列重大开发项目，如流化床催化裂化、丁苯橡胶的乳液聚合以及制造原子弹的曼哈顿工程，不仅放大了生产规模，还提高了生产效率，并且对单元操作的数学模型表达提出了更严格的要求。此后，化工装置的大型化、多样化以及复杂化成为了化学工业的发展趋势。

我国化学工业从 20 世纪初开始起步，经过数十年的发展，已经成为包含化学矿山、化学肥料、基本化学原料、无机盐、有机原料、合成材料、农药、染料、涂料、感光材料、国防化工、橡胶制品、助剂、催化剂、化工机械和化工建筑安装等十几个行业的大型工业体系。因此，随着新技术和新产品的不断开发利用，化学工业面临着安全生产和环境保护的双重挑战。

进入 21 世纪，电子计算机的广泛应用和一系列高新技术的引入，使得化学工业正在进入一个高度自动化和智能化的新阶段。这不仅提高了生产效率，也使得化学工业对环境的影响得到了有效控制，对人类生存条件的改善做出了新的贡献。化学工业的未来将更加注重绿色可持续发展，通过技术创新和管理优化，实现生产过程中的环境友好化以及对资源的高效利用，为人类社会的可持续发展做出更大的贡献。

1.1.2　化学工业发展伴生的新危险

在 20 世纪，化学工业凭借其在国民经济中不断增强的地位，显著推动了工业生产、国防建设以及人民生活水平的提升。然而，随着这一行业的飞速发展，新的安全风险和挑战也随之浮现。历史上，如比利时马斯河谷烟雾事件、俄亥俄州球罐爆炸、孟加拉国乔拉塞化肥厂大爆炸以及意大利塞维索三氯苯酚工厂爆炸等重大安全事故，都强烈警示我们必须对化学工业的安全问题给予极高的关注。化学工业安全风险的显著增加，与生产规模的扩大和生产过程的复杂化密切相关。这些历史事故不仅导致了严重的人员伤亡和巨大的经济损失，还对环境造成了长期的污染。

化学工业面临的新危险并不局限于传统的化学反应和物质泄漏风险，新技术的应用、新材料的开发以及生产过程的自动化和智能化同样带来了未知的风险。例如，某些新合成材料可能对人体健康造成危害，自动化系统的故障有可能引发无法预料的事故。在全球化背景下，化学工业还必须应对跨国管理和法规条例方面的复杂挑战。不同国家和地区的安全标准、文化差异以及监管体系的不同，为化学工业的安全管理增添了额外的难度。国内方面，特别需要关注的是资源和技术受限的中小型化工企业与乡镇化工企业。这些企业往往在管理上存在安全漏洞，其事故发生率和严重程度常常超过大型化工企业。这些企业的安全问题不仅关系到自身的生存，还涉及公共安全和环境保护。

因此，化学工业的健康发展离不开同步提升的安全生产水平与安全管理意识。坚持“安全第一，预防为主”的原则，提升安全管理水平、加强安全教育和培训、采用先进的安全技术和采购合格的生产设备，以及完善应急响应预案与事故处理机制，是有效降低化学工业安全风险、保障人民生命安全和减少环境污染的关键。此外，政府和行业组织应加强对化学工业安全的监督和指导，制定和执行严格的安全标准和法规，全面提高化学工业的安全管理水平。

1.1.3 化学工业的发展对安全的新要求

随着化学工业迈向更大规模和更高效率，装置规模的巨大化已成为现代化工生产的标志性特征。例如，大型石油化工企业所配备的高压离心压缩机、直径超过 12m 的精馏塔以及直径达 15m、高度超过 100m 的填料吸收塔，均代表了化工机械制造技术的显著进步。这些先进设备不仅显著提升了生产效率，也促进了化学工业技术的革新与产业升级。然而，设备规模的增大也伴随着新的安全挑战与要求。

(1) 强化大型化工装置的安全设计与管理

随着化工装置规模的增大，事故可能引发的后果更加严重。因此，设计与建造大型化工装置时，必须充分考虑安全因素，采纳更先进、更可靠的安全设计理念与技术，确保装置的安全性能达到更高的标准。

(2) 加强对危险物质的控制与管理

大型化工装置常伴有大量危险物质的使用和储存。管理机构需对这些物质实行严格的控制和监督，涵盖物质的储存、运输、使用等各个环节的安全管理，并制定适当的应急预案，以降低潜在风险。

(3) 采用新理论方法与技术手段

面对化学工业生产中新出现的隐患，必须运用新的理论方法和技术手段进行应对。这包括利用现代安全科学的最新成果，引入创新的安全技术和管理措施，以及利用智能化、数字化技术来提升安全监控和预防事故的能力。

(4) 提升全体员工的安全意识与培训

化学工业的安全不单依赖于先进技术和设备，还需要每位员工都具有高度安全意识。企业和机构应定期进行安全教育和专业培训，确保员工掌握最新的安全知识和操作规范，增强全体员工的安全防范意识。

(5) 加大国际合作与交流

化学工业的安全挑战是全球性问题，需要国际合作和交流。通过共享先进的安全管理经验、技术和标准，各国可以携手提升全球化学工业的安全水平，有效预防和控制跨国化工事故的发生。

化学工业的持续发展迫切要求我们不断深化对化工安全的认识，采用科学的方法和态度不断提高安全生产的水平，以确保化学工业能够健康、安全、持续地发展。

1.2 化学工业的危险与安全

随着生产技术的进步和生产规模的扩大，化学工业面临的安全挑战也日益凸显，安全生产成为了社会广泛关注的问题。生产过程中潜藏的各种不安全因素若不被及时识别和消除，极有可能导致事故的发生，不仅影响生产的顺利进行，更威胁到职工的人身安全与健康，甚至可能导致重大的国家财产损失。

1.2.1 化学工业危险因素

化学工业随着技术革新步伐的加快而蓬勃发展，其生产特性涵盖了易燃、易爆、易中毒、高温、高压和腐蚀性等，这些特点使得化学工业在所有工业部门中的危险性尤为突出。事故案例的统计数据令人警醒，化学工业中的爆炸事故占到了工业企业爆炸事故总数的三分之一，反映了该行业安全管理的重要性。例如，日本一年半内化工厂的二十次重大爆炸火灾事故和意大利一家三氯酚工厂的爆炸事故，不仅导致了人员伤亡和经济损失，而且还给环境造成了长期的影响。这些事件说明，仅仅控制危险因素是不够的，更重要的是要实施现代化的安全管理，确保风险处于可控状态。

提升化工生产安全性的关键在于增强设备的可靠性和采用先进的安全管理措施。化学工业应对生产过程中出现的新风险采取新的理论和技术手段，以确保与行业的快速发展同步。这不仅要求对危险性要有深入的了解和预防措施，而且还涉及安全操作的强化、监测技术的进步以及应急响应能力的提高。随着化学工业的快速发展和生产规模的不断扩大，安全生产变得尤为关键，因为生产中的任何不安全因素如果未得到及时处理，都可能导致灾难性的事故发生。化学工业的每一个进步都应伴随着安全管理水平的不断提升，以确保生产的连续性、职工的安全与健康以及国家财产的保护。

美国保险协会（AIA）对化学工业的317起火灾、爆炸事故进行调查，分析了主要和次要原因，把化学工业危险因素归纳为九个类型：①工厂选址；②工厂布局；③结构；④对加工物质危险性认识不足；⑤化工工艺；⑥物料输送；⑦误操作；⑧设备缺陷；⑨防灾计划不充分。瑞士再保险公司统计了化学工业和石油工业的102起事故案例，将九类危险因素所起的作用统计如下，见表1-1。

表1-1 化学工业和石油工业的危险因素

类别	危险因素	危险因素导致事故的比例/%	
		化学工业	石油工业
1	工厂选址问题	3.5	7.0
2	工厂布局问题	2.0	12.0

续表

类别	危险因素	危险因素导致事故的比例/%	
		化学工业	石油工业
3	结构问题	3.0	14.0
4	对加工物质危险性认识不足问题	20.2	2.0
5	化工工艺问题	10.6	3.0
6	物料输送问题	4.4	4.0
7	误操作问题	17.2	10.0
8	设备缺陷问题	31.1	46.0
9	防灾计划不充分问题	8.0	2.0

1.2.2 化工装置紧急状态

化工装置紧急状态分为以下几种：

① 运转失灵：运转发生紊乱，只要更换备用设施即可恢复正常运转；

② 故障：设备需要停车检修，但又未发生其他损坏的状态；

③ 异常：对工艺过程需要采取一定措施，否则就有可能发生事故；

④ 事故：设备损坏、生产中止或火灾、爆炸、毒物泄漏、人员伤亡等；

⑤ 灾害：不但发生了事故，而且事故状态扩展，对外界造成威胁，需要采取紧急措施，并求得外部支援。

1.2.3 化学工业安全状态

在化学工业的快速发展中，设备的安全性成为了提升整个行业安全水平的重中之重。设备安全的关键要点包括：遵循安全标准与规范进行设计，按照设计要求制造、配置必要的安全防护装置以及制定完善的维护和检查程序。尽管机械设备设计已实现标准化，但化工装置的设计尚未全面达到这一水准。设计过程应严格参照现有的标准和规范，且需按照一定的顺序进行，涵盖从基础工程到各种设备，如容器、泵、压缩机、加热器、换热器、电气设备、仪表及配管等，最终确保蒸馏塔和吸收塔以及安全消防设备的完备。在物料加工和操作安全方面，构建原料、中间体、产物及副产物的全面物性数据档案至关重要。这不仅涉及物质的基本特性数据，如闪点、沸点、熔点、燃点、爆炸极限等，还包括物质贮运、应急处置等操作过程中的详细情况。对于物质的危险性、潜在损失或危害，及其相应的预防对策，都应进行周密的分析和阐明。对操作程序的安全管理也至关重要。操作程序应分为有化学反应的和无化学反应的两类，要对可能的误操作及其潜在后果进行归类分析和风险评估，尤其要对那些可能造成重大损失或损害的操作予以特别关注。确保化学工业的安全状态，就是要在这些要点基础上，深入理解和实践安全生产的理论和方法，将安全生产的理念贯穿于化工生产的各个环节，从而实现安全生产。

1.3 化工安全理论和技术的发展动向

安全工程是一门以保障人员生命安全和促进生产发展为核心的学科，专注于识别、评估和控制生产过程中的安全风险与职业危害。它综合考虑人为因素、设备、环境、制度等多方面内容，旨在通过系统分析和必要工程技术手段预防事故的发生以及最大限度地降低危害后果，在优化生产流程、提升安全管理和系统可靠性方面发挥重要作用。

1.3.1 化工危险性评价和安全工程概述

化工危险性评价和安全工程是化学工业的重要组成部分，涵盖了对生产活动中潜在危险因素的识别、分析、评价和控制，旨在最大限度地降低事故发生的概率。危险性本质上是那些在特定条件下可能导致人员伤亡或财产损失的因素，若管理不当，它们有可能演变成事故。因此，安全工程的目标是采取预防措施，以最大限度地减少这些潜在危险发展成事故的可能性。安全工程的任务是深入研究和理解工业灾害的发生原理和规律，分析和评估生产过程中可能出现的事故，运用工程技术和科学管理手段控制危险和有害因素，预防伤亡事故、职业病、职业中毒等，从而创造一个安全、卫生、舒适的劳动环境。化工危险性评价方法包括经验系统化方法、系统解剖分析法、逻辑推导法和人为失误分析法。

(1) 经验系统化方法

经验系统化方法是指通过以往的事故经验辨识评价对象的危险性，主要包括以下方法：安全检查表法、危险性预先分析法、Dow 化学公司法。美国 Dow 化学公司在化工安全领域的贡献是显而易见的。该公司综合考虑了工厂使用的原料物性及其潜在的危险性，再将这些因素与加工工艺中的常规和特殊危险相结合，通过计算得出一个综合的爆炸指数。此指数随后用于决定工厂的危险等级，这些等级又直接影响到建筑结构、消防设施、电器和仪表的选择以及控制方法的制定。该公司的《火灾、爆炸危险性指数评价方法（第七版）》已广泛应用于化工行业，成为评估工厂安全性的重要工具。这不仅显示了科学与工程在现代化工安全管理中的融合，也强调了标准化和定量化方法在预防化学事故中的重要性。

（2）系统解剖分析法

在化学工业新工艺的开发、新装置的建造或现有装置的改造过程中，对潜在危险性的充分了解是至关重要的。在这些情形下，系统解剖分析法被广泛应用，它通过深入分析系统的每个组成部分及其相互作用，评估各部分出现故障时对整个系统可能造成的影响。英国帝国化学工业（ICI）公司所开发的“危险性可操作研究方法”便是采用了这种系统解剖的方式，通过透彻的分析确保新工艺和装置的安全性，使之在实际操作中达到预期的安全标准。这种方法不仅加深了对化学工艺和装置潜在风险的认识，而且还提高了化工生产的整体安全水平。

（3）逻辑推导法

逻辑推导法是利用缜密的逻辑推理来识别潜在的危险，其中事件树分析和事故树分析是这种方法的典型代表。事件树分析是从一个特定的初始事件出发，通过逐步逻辑推演，揭示该事件可能的发展路径，直至映射出所有可能的结局。事故树分析则是反向的一个过程，它从已知的事故结果出发，逐步追溯到事故的直接原因，再深入挖掘至更根本的原因，层层递进直到揭示出所有潜在的事故诱因。以燃油泵齿条刻度故障为例，事故树分析能够帮助我们详细了解从一个小故障到可能导致的一系列严重后果的完整链条，准确地识别出需要关注的关键点。由图 1-1 可知，事故树分析主要涉及事件和逻辑门的组合，这些元素共同描述了系统或部件的失败模式以及它们之间的逻辑联系。在此图中，事件通过其故障状态来描述系统或其组成部分的问题，而逻辑门则用于展现这些事件之间的逻辑因果关系。具体来说，矩形用于标示顶层事件或中间事件。例如，在本图中，顶层事件被定义为燃油泵齿条的刻度情况，而中间事件则关注的是停油时的气缸状态和启动时油量的状况。圆形则代表基础事件，即那些直接影响系统或部件故障模式的因素，如部件损坏、软件错误、人为操作失误或环境因素等。在图 1-1 中，基础事件具体指的是停油时气缸状态和启动油量状态的故障模式。至于逻辑门，图中带有“+”号的组件代表了或门，意味着只要任何一个输入事件发生，就会产生输出。除了或门，事故树分析中还常见的是与门、非门、表决门、异或门和顺序与门等，这些逻辑门进一步丰富了事件之间的逻辑关系表达，为系统故障分析提供了一种结构化的方法论。

（4）人为失误分析法

统计数据表明，人为失误是引发事故的主要原因，占到了事故总数的 75%～90%。人的行为受到诸如心理状态、个人素质、社会环境、家庭情况和工作环境等多方面因素的影响，这些因素复合作用可能导致工作中的失误。为了预防由人的失误引起的事故，通常采取以下一系列的预防措施：

① 设计高安全性的设备：研发安全性高的设备，即便在操作失误时也能自动防止故障的发生，从而避免事故。

② 应用人机工程学原理：在控制室设计和操作程序的制定上，应用人机工程学的原理，以降低操作复杂性，减少失误行为的可能性。

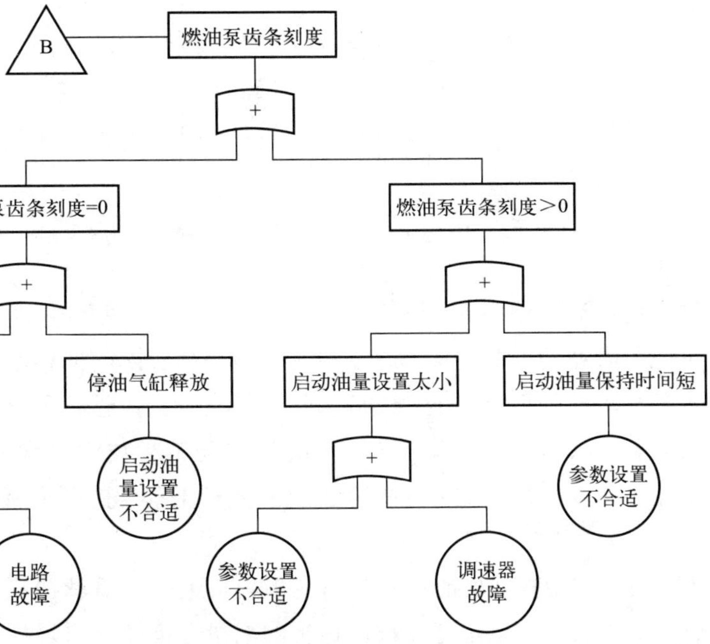

图 1-1　燃油泵齿条刻度故障事故树

③ 提升操作人员素质：通过科学的安全管理和持续的教育培训，提高作业人员的专业素质，以防止因操作不当而引发的安全事故。

通过这些综合措施，不仅能减少人为错误的发生，还能提高整个化工生产过程的安全性和可靠性，从而保障生产的顺畅和工作人员的安全。

安全工程的目的是保护人的生命安全和生产活动中的身心健康，使职工保持持久的劳动能力，提高劳动效率；同时保护设备和财产不受损害，确保生产能够安全、稳定、顺利地进行，提高经济效益。综合考虑生产过程对企业内部及环境的影响，EHS（环境、健康、安全）管理体系已成为国际上广泛采纳的综合管理方法。通过这种方法，化工生产中的新危险性得以控制，与化工行业的持续发展同步进步。

1.3.2　安全系统工程的开发和应用

安全系统工程是一门集成了系统风险预测、评价和控制的科技领域，涵盖了事故致因理论、安全评价、安全管理以及预警和应急响应等多个方面。随着互联网技术的迅猛发展，安全系统工程在保持其经典研究内容的同时，也迎来了大数据共享、评价预警系统智能化的新趋势。在这一背景下，事故树分析技术已经从传统的静态平面模型转变为动态的空间模型，实现了质的飞跃。同时，层次分析法（AHP）在模糊逻辑算法的优化和云计算模型的支持下，精确度大幅提升，能够更真实地反映实际情况，为安全评价提供了更为科学的方法论。在建筑业、矿业和化工生产等领域，安全预警系统通过智能化的升级，使得生产管理体系更加科学，能够有效提前识别潜在风险，实现事故的主动预防。此外，灾害风险预测和应急响应系统在部分试点城市的应用，增强了公共安全维护的能力，为防灾减灾提供了有力的科技支撑。综上所述，“安全系统工程的开发和应用”不仅仅是一门学科的发展，更是一个跨学科、高技术的综合体系，其不断的发展和创新为各行各业的安全管理提供了坚实的科学基础和技术支撑。

1.3.3 人机工程学、劳动心理学和人体测量学的应用

统计数据清楚地表明，人为失误是多数工业事故的主要原因。因此，工业生产中人的角色越来越受到重视，以人为中心的研究领域，如人机工程学、劳动心理学和人体测量学等，已经取得了显著的进展。人机工程学是现代管理科学的一个关键分支，结合生物学、人类学、心理学、人体测量学及工程技术科学的研究成果，探索人与机器的最佳关系以实现工作效率的最大化。人机工程学的研究领域主要涉及以下几方面。

（1）人机协作

人类具备对工作环境的认知和适应能力，但也易受精神状态和情绪变化的影响，且易疲劳。机器则能持续运行，输出稳定的能量，但缺乏自适应能力。优化人机协作，可以充分发挥各自的优势，增强人机系统的安全性和可靠性，从而实现最高的工作效率。

（2）改善工作环境

恶劣的工作环境，如高温、辐射、噪声、粉尘等，都会增加人的失误率。通过改善这些工作环境，可以提高安全性和工作效率。

（3）机具设施的优化

设计适合人体生理特征的机具，可以减少操作失误。例如，根据人机工程学原则设计控制室和操作程序，不仅能提高安全性，还能提高工作效率。

（4）技能培训

通过对操作人员进行必要的培训，提高其操作技能，并合理安排工作职责，可以减少失误并提升效率。

（5）个性化配置

研究特殊工种对人员的身体和心理要求，根据岗位性质合理安排人员，是减少失误和提升效率的重要方面。

综合以上这些措施，可以最大限度地减少人为失误，提升整个工业生产的安全性和效率。

1.3.4 化工安全技术的新进展

近年来，安全技术广泛吸纳跨学科科学技术成果后，在防火、防爆、防中毒以及防止机械装置损坏和环境污染等方面，已经取得显著的发展。安全技术现已演变成一个独立的科学技术体系。特别是随着 21 世纪的到来，计算机、自动控制、现场实时监

控和移动互联网技术快速发展，再加上人们对安全问题认知的加深，在制定严格制度的基础上，通过技术手段规避化工安全事故的发生，实现安全生产，已成为化工行业未来发展的主流方向。设备故障诊断技术和安全评价技术的快速发展，尤其是在化学工业发展和高压技术应用的背景下，无损探伤、声发射和红外热成像技术在探测容器裂纹方面的应用，以及断裂力学在评价压力容器寿命方面的应用，都显示了其重要性。同时，危险性识别和安全评价技术的积极推广，为危险性识别、定性和定量评价，并据此采取最优安全措施提供了方法。危险状况的测试、监视和报警新技术的不断涌现、新型仪器的广泛应用提升了危险状况的实时监控能力。同时，新的技术、材料和装置的研究，如放射性同位素静电中和剂和抗静电添加剂，也都有助于危险因素的消除。救人灭火技术方面亦取得了长足的进步，多国在高效能灭火剂、灭火机和自动灭火系统的研制上取得了显著成果。美国的新型灭火抢救设备和法国的耐高温弹性软管，都为紧急救援提供了有效的工具。在预防职业危害方面，安全技术亦有大幅进展，诸如防尘、防毒、通风采暖、照明采光、噪声治理、振动消除、各种辐射防护以及现场急救等都取得了显著的成效。此外，严格的技术操作规范和先进的管理技术的发展，如化工生产安全技术、设备设计制造安装的安全技术规范都在不断完善，提升了整体的管理水平。化工安全技术的新进展，不仅体现了跨学科研究的成果，也展现了行业对提升安全水平的不懈追求，为化工行业的安全生产奠定了坚实的基础。

思考题

1. 为什么说化工安全问题是伴随着化学工业的发展而来的？

2. 化工安全风险可以通过理论分析事先加以辨识并预防吗？

3. 化工安全工程这门学科包含哪些基本内容？它与人类在其他领域所遇到的安全问题的根本区别在哪里？

4. 高度发达的化学工业以及数目众多的化学产品，在为提高人类生活水平和促进文明进步做出重要贡献的同时，也给人类自身以及周边环境带来了严重的危害。人类该如何取舍？利、弊两者间是否能找到一个平衡？

5. 化工装置紧急状态有哪几种？

参考文献

[1] 惠亚琦，韩英．分析石油化工设备检修中的危险因素及预防措施 [J]. 石化技术，2023，30（12）：218-220.

[2] 李茂杰．石油化工设备检修中的危险因素与控制策略 [J]. 云南化工，2019，46（8）：180-181.

[3] 黄天柱，王瑞瑞．化工安全技术与安全控制策略 [J]. 中国石油和化工标准与质量，2025，45（10）：96-98.

[4] 钱伯章．国外化工安全技术的新进展［J］．化工劳动保护，1995（5）：9-11.
[5] 谢加令，夏长平，何猛，等．化工企业安全风险诊断良好实践应用［J］．化工安全与环境，2025，38（5）：29-31.
[6] 王迎春，王潇潇，王艳，等．探索有效保障化工安全生产的新思路［J］．化工时刊，2024，38（4）：44-46.
[7] 牟善军．化工过程安全管理与技术：预防重特大事故的系统方法［M］．北京：中国石化出版社，2018.
[8] Center for Chemical Process Safety．过程安全导论：适用于本科生与工程师［M］．酒江波，孟亦飞，路帅，等译．北京：中国石化出版社，2023.
[9] Davidson R S. Safety awareness：a chemical engineering imperative［J］．AIChE Journal，2018，64（3）：798-809.
[10] Mannan M S，Sachdeva S，Chen H，et al. Trends and challenges in process safety［J］．AIChE Journal，2015，61（11）：3558-3569.

第 2 章
化学物质与安全

知识目标

1. 了解化学物质的基本性质及其潜在危害。

2. 掌握危险化学品的分类、易燃液体的特性及毒性物质的分类、临界限度和毒性等级。

3. 了解物质的反应性质，如自燃性、过氧化性和水敏性。

4. 熟悉化学反应的潜在风险分析方法，如氧差额计算。

5. 掌握如何安全地处理和储存化学物质，防止化学事故的发生。

能力目标

1. 识别化学物质的危害并采取适当的安全防护措施。

2. 评估化学反应的潜在风险并提出预防方案。

3. 根据物质的性质选择合适的储存和处理方法，以保障人员安全和减少环境污染。

4. 具备处理危险化学品的安全操作能力。

学习“第 2 章 化学物质与安全”是至关重要的，因为它深入探讨了化学物质的性质及其潜在的危害，这对于理解化工安全与环境保护具有重要意义。通过对危险化学品的分类、易燃液体的特性、毒性物质的分类及其临界限度和毒性等级的分析，这一章为我们提供了如何安全地处理这些物质的基础知识。此外，本章详细介绍了物质的反应性质和特征，如自燃性质、过氧化性质以及水敏性质。了解这些内容不仅有助于我们在日常工作中采取恰当的安全措施，还能使我们更好地理解化工过程中可能出现的风险，从而采取有效的预防和应对措施，确保人员安全和环境保护。此外，本章中还提及了如何通过计算氧差额来预测和分析化学反应的潜在风险，进一步强调了化学知识在实际应用中的重要性。因此，深入学习和理解这一章的内容对于在化工领域工作的人员来说是十分必要的。

2.1 化学物质及其危险概述

2.1.1 危险化学品分类

依据 GB 30000.1—2024《化学品分类和标签规范　第 1 部分：通则》和 GB 6944—2025《危险货物分类和品名编号》两个国家标准将化学品按其危险性分为九大类，如表 2-1 所示，每大类又分为若干小类。

表 2-1 危险化学品分类

类别	标志
爆炸品	
气体	
易燃液体	
易燃固体、易于自燃的物质、遇水放出易燃气体的物质	
氧化性物质和有机过氧化物	
毒性物质和感染性物品	
放射性物品	
腐蚀性物品	

续表

类别	标志
杂项危险物质和物品，包括危害环境物质	 

(1) 爆炸品

爆炸品主要有爆炸性物质、爆炸性物品、为产生爆炸或烟火效果而制造的物质或物品。其中，爆炸性物质是指固体或液体物质（或物质混合物），能够通过化学反应迅速产生高温、高压气体，对周围造成破坏的物质和物品，包括烟火物质。

爆炸品按其危险性分为：

① 有整体爆炸危险的物质和物品；

② 有迸射危险但无整体爆炸危险的物质和物品；

③ 有燃烧危险并有局部爆炸危险或局部迸射危险或兼有这两种危险，但无整体爆炸危险的物质和物品；

④ 不呈现重大危险的物质和物品；

⑤ 有整体爆炸危险的非常不敏感物质和物品；

⑥ 无整体爆炸危险的极端不敏感物质和物品。

(2) 气体

气体包括压缩气体、液化气体、溶解气体、冷冻液化气体及吸附气体等。它是指在 50℃时蒸气压大于 300kPa，或在 20℃、101.3kPa 下完全为气态的物质。

气体按危险性分为易燃气体、非易燃无毒气体、毒性气体。

① 易燃气体：在 20℃、101.3kPa 下爆炸下限≤13%或爆炸极限范围≥12%；

② 非易燃无毒气体：包括窒息性气体、氧化性气体及其他非易燃无毒气体；

③ 毒性气体：其 LC_{50}≤5000mL/m^3 或对人体健康有危害的腐蚀性气体。

(3) 易燃液体

易燃液体是指闪点不高于 60℃（闭杯法）或 65.6℃（开杯法）时放出易燃蒸气的液体或含液体的混合物，或是含有固体的液体（如油漆等）。易燃液体按其闪点分为：

① 闪点低于 23℃的液体；

② 闪点在 23～60℃的液体。

液态退敏爆炸品也划入此类。

(4) 易燃固体、易于自燃的物质、遇水放出易燃气体的物质

易燃固体：易于燃烧和摩擦可能起火的固体；

自反应物质：无氧条件下也可放热分解的热不稳定物质；

固态退敏爆炸品：爆炸物经水、酒精或惰性物质稀释后形成的固态混合物；

聚合性物质：在正常运输条件下可能自加速放热聚合的物质；

易于自燃的物质：发火物质或自热物质；

遇水放出易燃气体的物质：与水剧烈反应并放出可燃气体的物质。

（5）氧化性物质和有机过氧化物

氧化性物质：本身不燃，但可放出氧，促使其他物质燃烧。

有机过氧化物：分子中含—O—O—结构的有机物，热不稳定，可能爆炸、自燃或剧烈分解。

（6）毒性物质和感染性物质

毒性物质：吞食、吸入或接触后可致人体急性或慢性损伤的物质；

感染性物质：含有病原体，能引起动物或人类疾病的物质。

（7）放射性物品

放射性物品是指放射性比活度大于 74000Bq/kg 的物品，约等于 2.02×10^{-6}Ci。（1Bq= 2.703×10^{-11}Ci；Bq 为贝克勒尔，简称贝克，是放射性活度的国际单位制导出单位；Ci 为居里，是一个核衰变强度的非国际制单位）。其运输须符合 GB 11806—2019《放射性物品安全运输规程》。

（8）腐蚀性物质

腐蚀性物质是指与人体组织接触可造成损伤，或对金属等造成显著腐蚀的物质，即与皮肤接触在 4h 内可见坏死现象，或温度在 55℃时，对 20 号钢的表面年平均腐蚀速率超过 6.25mm 的固体或液体。腐蚀性物质按化学性质可分为酸性腐蚀品、碱性腐蚀品及其他腐蚀品三类。

（9）杂项危险物质和物品（包括危害环境物质）

本类包括在运输中具有危险特性但未被前八类涵盖的物质，如：

① 磁性物品：航空运输时在 2.1m 处磁场强度 $H\geqslant0.159$A/m；

② 其他具有麻醉、毒害或类似作用，可能影响航空安全的物品；

③ 对水生环境有危害的物质、锂电池、钠离子电池等。

2.1.2 化学物质的危险性

2.1.2.1 化学危险

（1）爆炸性危险

爆炸性危险是评估物质安全性的一个重要方面，尤其是在运输和储存危险品时。按照国际危险物品运输标准，一种物质被认为具有爆炸性危险，是指它在明火影响下或是在震动、摩擦的条件下比二硝基苯更敏感，并能产生爆炸。二硝基苯由于其相对稳定的性质，被用作衡量其他物质爆炸敏感性的基准。引起爆炸的可燃物质是多种多样的，包括可燃固体、易燃液体的蒸气以及易燃气体。对于可燃固体而言，一些金属的粉尘（如铝粉、镁粉）在特定条件下极易引发爆炸，因为这些微小的金属粒子在空气中分散时，与氧气接触的表面积大幅增加，极易在点火源的作用下迅速反应产生爆炸。易燃液体本身在常温下不会爆炸，但其蒸气与空气混合形成的可燃混合物在遇到点火源时可能产生爆炸性反应。例如，汽油、乙醇等液体的蒸气混合物。易燃气体，如天然气、氢气、丙烷等，在一定的浓度范围内，与空气混合后遇到点火源同样具有极高的爆炸危险。这种爆炸的力量取决于气体的种类、混合物的浓度以及遇火的条件。综上所述，理解和识别物质的爆炸性危险对于确保危险物品的安全运输和储存至关重要。对于涉及的所有人员而言，遵守国际标准和安全规程，了解和控制可能引发爆炸的条件是预防事故发生的关键。

（2）氧化性危险

氧化性危险是指物质因得电子能力而能够促进或引发危险反应。这类物质在化学领域内扮演着氧化剂的角色，能够从其他物质中夺取电子，从而导致自身被还原，而与之反应的物质则被氧化。氧化性物质的范畴非常广泛，包括中性的（如臭氧、氧化铅、硝基甲苯）、碱性的（如高锰酸钾）以及酸性的（如氯酸、硝酸、硫酸等）。氧化性物质的危险性主要体现在以下几个方面。

① 生物作用：这些物质可能具有毒性、刺激性和窒息性，对人体健康构成威胁。例如，氯气和臭氧不仅可以引发呼吸系统的刺激和炎症，长期暴露还可能导致更严重的健康问题。

② 助燃作用：氧化性物质在参与化学反应时释放出的能量可能导致接触物质过热，甚至引发燃烧或爆炸。它们作为氧源，不仅能助燃，还可能增加燃烧的强度。这种性质使得氧化性物质在遇到易燃物质时极为危险，尤其是在封闭或限制空间内，其危害性大大增加。

③ 反应产生的副产物：氧化过程中产生的副产物往往具有较高的毒性。例如，氧化铅会产生更多的有毒铅化合物，这些副产物可能对环境和人体健康造成长期影响。

因此，对氧化性物质的安全管理至关重要，需要通过妥善的储存、使用和处置措施来控制其潜在风险。这包括使用适当的容器以及选择适宜的存储环境、避免与易燃物质或还原剂直接接触、采取有效的泄漏应急措施、确保工作人员穿戴适当的个人防护装备等。通过这些措施，可以有效减少氧化性物质的危险性，保护人员安全。

（3）易燃性危险

易燃性危险是指物质或制剂因其特有的化学性质而容易在接触点火源或高温情况下引发燃烧的风险。这些危险可以根据物质或制剂的闪点、临界温度及其与空气接触后引发燃烧的难易程度被细分为三个主要类别，分别是极度易燃性、高度易燃性和易燃性。

极度易燃性涵盖了那些闪点极低（低于 0℃）、临界温度低于或等于 35℃的物质，以及在环境温度下为气态且爆炸极限范围较宽的气体。这类物质或气体非常敏感，即使在非常低的温度下也能迅速着火或爆炸。乙醚、甲酸乙酯、乙醛等属于此类别，同样，氢气、甲烷、乙烷、乙烯、丙烯、一氧化碳、环氧乙烷、液化石油气等石油化工产品也属于极度易燃性物质。

高度易燃性描述的是那些无须外加能量，仅与常温空气接触就能变热并起火的物质或制剂。这包括那些与点火源短暂接触即可引发燃烧，并且即使点火源移除后仍能继续燃烧的固体物质或制剂，以及闪点低于 21℃的液体物质或制剂。常见的高度易燃性物质包括各种易燃气体、氢化合物、烷基铝、磷及多种有机溶剂。

易燃性指的是那些闪点在 21～55℃的液体物质或制剂。这类物质虽然相对于极度和高度易燃性物质的燃点较高，但在适当的条件下，如遇到明火或高温，同样能够引发燃烧。

易燃性危险的管理和预防对于确保工作和生活环境的安全至关重要。这包括正确的标签和储存要求、避免在易燃物质附近使用明火或高温设备、保持良好的通风条件以及采取适当的泄漏应对措施。通过了解和遵守相关的安全指南，可以有效减少因易燃物质引发的火灾或爆炸事故的风险。

2.1.2.2 生物危险

(1) 毒性危险

毒性危险涉及物质进入生物体后，通过化学作用损害生物系统，可能导致急性或慢性中毒，甚至致死。毒性的表征常通过实验动物的半致死剂量（LD_{50}）来衡量，这是指造成实验动物一半数量死亡所需的剂量，通常以毫克物质每千克体重（mg/kg）来表示。LD_{50} 提供了量化物质毒性的一种方法，帮助科研人员、安全专家评估和分类化学物质的潜在危害。毒性与物质结构之间的关联是化学和生物学研究的重要内容。物质的毒性大小很大程度上取决于其分子结构，特别是其与生物体内受体或靶点反应时所形成的化学键类型。某些结构特征和官能团的存在或改变，可以显著影响物质的毒性。

① 有机化合物的毒性与结构的关系：卤素原子（如氯、溴、碘）引入有机分子时，往往会导致毒性增加。这是因为卤素原子可能使化合物更易于通过生物膜，增强其与生物体内关键分子的反应能力。

② 官能团对毒性的影响：硝基和亚硝基官能团的引入会剧烈改变化合物的毒性，这些官能团可能参与形成亲电试剂或自由基，损害细胞结构和功能。而引入氨基官能团的影响取决于其在分子中的位置，可以增加或减少毒性。

③ 羰基和乙酰化：羰基的存在或对分子的乙酰化通常会降低化合物的毒性，因为这些改变可能影响化合物的溶解性、生物可利用性或与生物大分子的相互作用方式。管理与控制物质毒性，要求深入了解物质的分子结构以及其在生物系统中引发的作用机制。通过结构活性关系研究，科研人员可以预测新化合物的潜在毒性，设计出更安全的化学品。此外，通过制定严格的安全标准、使用个人防护装备、实施适当的工作场所安全措施和进行持续的毒性监测与评估，可以有效地管理和减少毒性危险，保障

人类健康和环境安全。

(2) 腐蚀性和刺激性危险（生物腐蚀性）

腐蚀性和刺激性危险涉及那些能够对人体组织造成伤害的物质，它们对于工作环境的安全管理以及人体健康有着显著的影响。腐蚀性物质特指那些能够引起活性细胞组织深度损伤的化合物，这类物质在接触皮肤、眼睛或其他黏膜时，不仅会造成表面伤害，还可能导致组织深层次的破坏，有时候伤害是不可逆的。最具代表性的腐蚀性物质包括酸和酸酐、碱、卤素及含卤盐、卤代烃、卤代有机酸、酯和盐，以及其他如多硫化氢、2-氯苯甲醛、肼和过氧化氢等化合物。与腐蚀性物质相比，刺激性物质虽然引起的是相对较轻的影响，但它们在与皮肤或黏膜的直接、长期或重复接触后，仍然会引起炎症反应，表现为红肿、疼痛、瘙痒等症状。这类物质的危害虽然主要局限于表面，但也不容忽视。尽管腐蚀性与刺激性之间没有明确的界限，但从安全评估和防护的角度出发，区分它们的危害等级和采取相应的预防措施是必要的。腐蚀性物质由于其严重的伤害潜力，要求在使用和储存时采取更为严格的安全措施，包括穿戴适当的防护装备（如耐酸碱手套、护目镜、防护服等），以及确保有良好的通风条件和紧急冲洗设施。针对刺激性物质，虽然所需的防护措施可能不如腐蚀性物质那么严格，但仍需要采取适当的个人防护措施来避免皮肤和黏膜接触，特别是对于长期或频繁暴露的工作环境。综上所述，正确识别和评估化学物质的腐蚀性和刺激性特性，以及实施有效的安全措施，对于保护工作人员健康和环境安全至关重要。

(3) 致癌性和致突变性危险

致癌性和致突变性危险指的是某些物质进入人体后，通过改变细胞的基因材料，增加了诱发癌症或引起遗传变异的风险。这类物质对公共卫生构成了重大威胁，因为它们不仅能够引发个体的疾病，还可能影响到未来世代的健康。致癌性物质是那些能够诱发癌症或增加癌变危险的物质，它们可以通过多种途径进入人体，包括呼吸、饮食或直接注射。1978 年，国际癌症研究机构（IARC）宣布了 26 种被确认具有致癌性的物质，随后又有 22 种物质通过动物实验被确认能诱发癌变。这些物质的危害性在于它们能够改变细胞 DNA 的结构或功能，从而促进癌细胞的形成和增长。致突变性物质则是那些可以诱发生物体内部活性物质发生变异的化学或物理因子。生物变异主要影响人或动物的生殖细胞，可能导致受害个体的后代出现不同程度的正常功能变化。这种遗传影响可跨代传递，不利于后代的健康。而躯体变异影响的是躯体细胞，这类变异可能直接诱发癌变，但其影响通常限于受害个体本身，并不会遗传给后代。识别和管理致癌性和致突变性物质的风险对于保护人类健康至关重要。这要求在工作场所、环境保护以及公共卫生政策制定中采取严格的预防和控制措施。例如，限制或禁止使用已知致癌性或致突变性物质、实施职业健康和安全标准、提供适当的个人防护设备和培训，以及进行持续的监测和研究，以更好地理解这些物质的影响并且管理其风险。通过这些措施，可以大幅度降低致癌性和致突变性物质对人类健康的威胁。

2.1.2.3 环境危险

环境危险通常是由于化学物质或制剂在水和空气中的浓度超过正常水平，从而对人类、动物乃至整个生态系统构成威胁。要准确评价化学物质对环境的潜在危害，需要通过全面的评估方法，可考虑以下几个关键方面。

① 化学物质的固有危险及其处理量。首先需要考察化学物质本身的有害性，包括其毒性、腐蚀性、致癌性等特性。此外，产生、使用和处置这些化学物质的数量也是评估环境危险的重要因素。大量使用的有害化学物质即使只有少量泄漏到环境中，也可能造成严重的环境污染。

② 化学物质的最终去向及其散落入环境的程度。化学物质在使用过程中可能会以各种方式进入环境，包括工业废水排放、大气排放和土壤污染等。了解化学物质在环境中的分布情况，以及它们如何通过水、空气和土壤迁移，是评估其环境影响的关键。

③ 化学物质分解产物的性质及其所具有的新陈代谢功能。化学物质在环境中不一定保持其原有形态，它们可能会分解成其他化合物，这些分解产物的环境影响可能与原始化学物质截然不同。了解这些分解产物的性质及其在生态系统中的作用，对于全面评估化学物质的环境危害至关重要。

2

为了降低化学物质对环境的危害，需要实施一系列的管理措施，包括但不限于：制定严格的化学物质处理和排放标准、采取有效的污染防治技术、进行持续的环境监测以及推广绿色化学和可持续发展策略。此外，提高公众对化学物质环境危害的认识，也是实现环境保护目标的重要一环。通过这些综合性措施，可以有效减少化学物质对环境的负面影响，保护我们共有的地球家园。

2.2 易燃物质的性质和特征

2.2.1 易燃物质的性质

易燃物质是在特定条件下容易点燃并持续燃烧的物质，其性质包括物理和化学属性，这些性质能够影响其点燃和燃烧的方式，了解这些性质对于安全处理和存储这类物质至关重要。下面是一些关键性质的详细解释。

(1) 闪点

闪点是指易挥发可燃物质表面形成的蒸气与空气混合物在遇点火源时能够点燃的最低温度。这是衡量液体可燃性的一个重要指标，反映了物质在常温下蒸发成可燃蒸气的能力。

（2）着火点

着火点是指蒸气与空气的混合物在开口容器中可以点燃并持续燃烧的最低温度。与闪点不同，着火点强调的是混合物能够自行持续燃烧的能力。

（3）自燃温度

自燃温度是指在没有明火或外部点火源的情况下，物质自动起火并持续燃烧的温度。这个属性表明了物质在达到一定温度时自身化学反应产生的热量足以引发燃烧。

（4）蒸气相对密度

蒸气相对密度表示的是蒸气密度与空气密度之比。这个比值决定了蒸气在空气中的扩散和积聚方式，影响着燃烧和爆炸的风险。

（5）熔点

熔点是固体变为液体的温度，在固液两相平衡共存的状态下测得。熔点可以影响物质的存储和处理条件。

（6）沸点

沸点是在大气压下，液体变为气体的温度，此时气液平衡共存。沸点低的易燃物质更容易蒸发，增加火灾风险。

（7）分子式

物质的分子式提供了其化学组成的信息。例如，纯碳和氢组成的烃类物质易燃，如果是低沸点烃类，风险更高。

（8）爆炸范围

爆炸范围也称为爆炸极限或燃烧极限，是指可燃蒸气或气体与空气混合物在特定浓度范围内，遇到引爆源能够发生爆炸或燃烧的条件。这个范围的大小直接关系到物质的安全处理。

（9）蒸发热

蒸发热是指单位质量的液体变为气体所需吸收的热量。蒸发热高的物质在蒸发过程中会从周围环境吸收更多的热量。

（10）燃烧热

燃烧热是指物质与氧气发生完全燃烧反应时放出的热量。燃烧热的大小是衡量物质燃烧能力的一个指标，反映了燃烧过程中的能量释放程度。

综合这些性质，我们可以更好地评估易燃物质的潜在危险，制定合适的安全措施和存储条件。例如，了解物质的闪点和自燃温度有助于制定防火策略，确保在物质可能自燃或在低温下发生闪火的环境中采取预防措施。同样，了解物质的沸点和蒸发热可以帮助我们评估在泄漏或暴露于高温环境时的蒸发速率和热量需求，从而采取适当的通风和冷却措施。理解物质的蒸气相对密度对于防止火灾和爆炸同样重要，因为它影响蒸气在空气中的扩散行为。例如，相对密度大于1的蒸气会在地面或低处积聚，可能在不被注意的情况下形成爆炸性混合物。相对密度小于1的蒸气则会上升，可能在较高处积聚并形成潜在的火险区域。了解物质的爆炸范围是制定安全防护措施的关键，因为它告诉我们在何种浓度下蒸气或气体与空气的混合物可能会在遇到点火源时爆炸。这有助于我们在设计通风系统和选择防爆设备时做出科学决策。对燃烧热和蒸发热的了解则有助于评估事故发生时潜在的热量释放和所需的灭火方法。例如，燃烧热较高的物质在燃烧时会释放大量热量，可能需要特定类型的灭火剂才能有效扑灭。

总之，易燃物质的性质是多方面的。这些性质共同决定了物质的可燃性、燃烧性和爆炸性，对安全管理、事故预防和应急响应至关重要。因此，准确了解和评估这些性质，对于处理和存储易燃物质、保障人员和财产安全具有重大意义。

2.2.2 易燃物质的类别和火险等级

易燃物质的类别和火险等级是根据物质的燃烧特性来划分的，这种分类有助于在处理、储存和运输这些物质时采取适当的安全措施。美国消防协会和美国国家科学院对易燃物质的类别及火险等级有不同的划分标准，下面是一个简要的概述。

2

（1）美国消防协会分类

0 级：不能燃烧的物质。这类物质在任何条件下都不会引起火灾。

1 级：必须预热才能引燃的物质。这意味着物质在正常环境下不容易着火，需要一定的温度条件才能燃烧。

2 级：必须适度加热或暴露在相当高的环境温度中才能引燃的物质。这类物质比 1 级更易燃，但仍需要外部热源来促使燃烧。

3 级：在任意环境温度下都能引燃的液体和固体。这类物质极易燃烧，不需要额外的热量即可着火。

4 级：在常温大气压下能够迅速完全汽化或容易分散到空气中且容易燃烧的物质。这类物质燃烧速度极快，是最危险的类别，需要特别注意。

（2）美国国家科学院分类

0 级：无危险。这些物质基本不会引起火灾。

1 级：闪点在 60℃ 以上。在这个类别中的物质相对安全，但在高温下仍有燃烧的可能。

2 级：闪点在 38～60℃。这类物质的燃烧风险高于 1 级，需要在较低温度下就采取预防措施。

3 级：闪点在 38℃ 以下，而沸点在 38℃ 以上。这类物质在常温下非常容易着火，需要严格的安全控制措施。

4 级：闪点在 38℃ 以下，沸点也在 38℃ 以下。这是最危险的分类，表示物质非常容易蒸发，并且在非常低的温度下就可以着火。

通过这两种分类方法可以看出，随着火险等级的升高，物质的可燃性增强，所需的安全措施也更为严格。在实际应用中，了解和遵守这些分类标准对于预防火灾和保障安全至关重要。

2.2.3 物质易燃性评估

物质易燃性评估是一项关键的安全措施，旨在确定物质在特定条件下着火和燃烧的潜在危险性。这一过程涉及测定一系列物性数据，以评估气体、可燃液体和可燃固体的易燃性。下面将概述不同物质状态下所需测定的关键物性数据。

2.2.3.1 气体易燃性评估

① 燃烧极限：气体与空气混合物中能够支持燃烧的气体浓度范围。

② 最大爆炸压力：气体爆炸时产生的最大压力。

③ 爆炸混合物的类别：根据气体与空气混合物爆炸的特性分类。

④ 与水基灭火剂反应的类型：气体是否与水基灭火剂反应及反应类型。

⑤ 最小点火能：引发气体混合物着火的最小能量。

⑥ 表示爆炸性危险的氧含量：支持爆炸所需的最低氧气浓度。

⑦ 完全燃烧速率：气体完全燃烧的速度。

⑧ 最大安全间隙：在一定条件下（0. 1MPa，20℃）刚好能够使火焰熄灭的通道尺寸。

2.2.3.2 可燃液体易燃性评估

① 蒸气的闪点：可燃液体加热后，其蒸气与火焰接触时发生瞬间闪火的最低温度。

② 燃点（着火点）：液体蒸气与空气混合物在开放条件下能够持续燃烧的最低温度。

③ 燃烧速率：液体燃烧的速度。

④ 燃烧过程中的温升速率：液体燃烧时温度上升的速度。

2.2.3.3 可燃固体易燃性评估

① 可燃性类别、着火点及自燃温度：根据固体物质的易燃性进行分类，并确定其点火和自燃的条件。

② 与水基灭火剂反应：分析固体物质与水基灭火剂之间的反应类型。

③ 自热温度、不完全燃烧温度和自燃温度（适用于疏松的、纤维状或块状的固体）：评估物质在没有明火情况下自发加热直至着火的性质。

④ 燃烧低限、最大爆炸压力、空气中粉尘爆炸所需的最小能量以及表示爆炸性危险的最小氧含量（适用于粉状固体）：特别针对粉尘的特性进行评估，以理解其在空气中形成爆炸性混合物的条件。

通过这些评估，可以全面了解不同状态物质的易燃性和潜在风险。物质易燃性评估是确保化学品安全管理的基石，它帮助识别物质在特定条件下的燃烧和爆炸潜力，从而为制定有效的预防和应对措施提供依据。通过综合考虑物质的燃烧极限、爆炸压力、燃烧速率等关键物性数据，可以有效地评估物质的危险性，并采取合理的安全措施来减轻这些风险。安全是一个持续的过程，需要不断地评估、监控和改进，以保护人员、财产和环境免受火灾和爆炸事故的危害。

2.3 毒性物质的性质和特征

2.3.1 毒性物质的类别

化工中有毒有害物质可用多种方法分类，按照毒性物质物理状态的分类如下。

① 粉尘。物质（岩石、矿石、金属、煤、木材、谷物等有机或无机物）在加工（粉碎、研磨、撞击、爆破和爆裂）时所产生的固体粒子。无静电作用时，粉尘一般不絮凝；粉尘在空气中不扩散，但在重力影响下沉降。

② 烟尘。熔融金属等挥发出的气态物质冷凝产生的固体粒子，常伴有化学反应（如氧化）发生。烟尘会发生絮凝，有时会凝结。

③ 烟雾。气体冷凝成液体，或通过溅落、鼓泡、雾化等使液体分散而产生的悬浮液滴。

④ 蒸气。它是指固体或液体的气体形式。增加压力或降低温度可使其恢复原态。蒸气会发生扩散。

⑤ 气体。气体是指临界点以上能充满整个封闭容器空间的无定形流体。增加压力和降低温度的复合作用能使其变至液态或固态。气体会发生扩散。

以上分类不包括明显有害的固体和液体类别，也不包括医学试剂。

2.3.2 毒性物质的临界限度和致死剂量

在处理和评估毒性物质时，了解临界限度和致死剂量是至关重要的。这两个指标为我们提供了关于化学物质安全水平和潜在危害的关键信息，帮助我们制定合理的安全措施和防护指南。

临界限度（threshold limit value，TLV）是指工人在标准工作日（8h/d，40h/周）内重复暴露于某种化学物质而不受到危害的最高浓度。这个指标是基于时间加权平均浓度计算的，旨在保护工人免受长期职业暴露的危害。临界限度的表征方式取决于物质的形态：对于气体和蒸气，临界限度通常以空气中的百万分数（parts per million，ppm）表示；对于烟尘、烟雾和某些类型的粉尘，临界限度以每立方米空气中的质量（mg/m^3）给出；对于含有特定成分（如二氧化硅）的粉尘，一般会用单位体积空气中粒子的百万个数来表示。

影响有效剂量（即安全剂量）的因素包括物质的量或浓度、物质的分散状态、暴

2

露时间以及物质在人体组织液中的溶解度和对人体组织的亲和力。半致死剂量（LD_{50}）是描述有毒物质或辐射毒性的一种常用指标，表示在规定时间内通过指定途径使某种动物（通常是实验动物）半数死亡所需的最小细菌数或毒素量。LD_{50} 通常以毫克毒素每千克体重（mg/kg）为单位。最小致死剂量是指使一组实验动物中的至少一只死亡所需的单位体重的毒物量。与 LD_{50} 相比，这一指标提供了更为具体的单只动物致死阈值。

了解临界限度和致死剂量对于评估化学物质的安全性和制定有效的安全管理措施至关重要。这些数据不仅有助于制定职业安全标准，确保工人健康，而且对于公众健康和环境保护也具有重要意义。通过实施基于这些指标的安全措施，可以有效减少毒性物质的健康风险，保护人们免受化学物质的危害。

2.3.3 毒性物质的毒性等级和危险等级

毒性物质的毒性等级和危险等级是评估和管理化学物质风险的重要标准。这两个等级可以系统地帮助识别物质的潜在危害，从而指导在生产、运输、存储和使用过程中采取适当的安全措施。

(1) 毒性等级

毒性等级反映了物质的固有毒性，即物质本身对生物组织的伤害能力。其从未知毒性到重度毒性不等，分为以下几个类别。

U（未知毒性）：毒性未知的物质。

0（无毒性）：对生物体基本无毒害。

1（轻度毒性）：对生物体造成轻微伤害。

2（中度毒性）：能引起中等程度的生物体伤害。

3（重度毒性）：对生物体造成严重伤害。

(2) 危险等级

毒性物质的危险等级基于物质的半致死剂量（LD_{50}）来划分，这一指标衡量的是导致一定比例动物死亡所需的物质量，通常以毫克毒素每千克体重（mg/kg）来表示。根据 LD_{50} 值，危险等级分类如下。

0（无毒性）：$LD_{50}>15g/kg$，表明此类物质对生物体几乎无害。

1（实际无毒性）：$5g/kg<LD_{50}<15g/kg$，表明此类物质毒性非常低。

2（轻度毒性）：$0.5g/kg<LD_{50}<5g/kg$，表明此类物质具有轻微毒性。

3（中度毒性）：$50mg/kg<LD_{50}<500mg/kg$，表明此类物质的毒性处于中等水平。

4（毒性）：$LD_{50}<50mg/kg$，表明此类物质毒性极强，极少量即可能致命。

通过对化学物质进行毒性等级和危险等级的评估，可以有效地指导相关人员采取必要的防护措施，如使用个人防护装备、控制暴露浓度、严格遵守安全操作规程等，以保护人类和环境免受毒性物质的伤害。这种等级系统也有助于法规制定机构和工业界在处理、运输和使用这些物质时做出科学合理的决策。

2.4 物质的反应性质和特征

2.4.1 化学物质的反应性能

化学物质的反应性能是其十分重要的特性之一，它决定了物质在特定条件下如何与其他物质反应。本部分将围绕三个主要方面展开：自燃性、过氧化性、水敏性的定义、反应机制及具有这些性质的具体化学物质。

(1) 自燃性

自燃性反映了化学物质在没有外界点火源的情况下自行发生燃烧的能力。这种性质通常与物质的反应活性高度相关，意味着它们能够在与空气接触时迅速氧化，甚至在高速水解的过程中引发燃烧。自燃性物质的范围很广，但与结构关联的特定类型包括：粉状金属、金属氢化物、部分或完全烷基化的金属氢化物、烷基金属衍生物、非金属的类似衍生物、金属羰基化合物。

(2) 过氧化性

过氧化性描述了某些化合物在与空气有限接触和光照条件下，通过缓慢的氧化反应，首先生成氢的过氧化物，随后形成聚合过氧化物的特性。聚合过氧化物在蒸馏过程中浓缩和加热时极其不稳定，这增加了其危险性。具有过氧化性的化合物通常具有以下结构特征：醚和环醚中的 O—C—H 结构、异丙基化合物中的—$CH(CH_3)_2$ 结构、烯丙基化合物中的—CH_2—CH═CH—结构、乙烯基化合物中的—CH═CH—结构、异丙基苯中的 Ar—C—$(CH_3)_2$ 结构、苯乙烯中的 Ar—CH═CH_2 结构。

(3) 水敏性

水敏性表明某些化合物与水（尤其是有限量的水）接触时会发生剧烈反应。这些化合物包括：碱金属和碱土金属、无水金属氧化物、非金属卤化物、非金属卤化氧化物、非金属氧化物。这些化合物在与水反应时可能会释放大量的热能，甚至产生易燃或有毒的气体，因此需要特别注意操作安全。

综上所述，化学物质的反应性能是理解和预测其在实验室或工业应用中行为的关键。正确评估这些性质不仅有助于提高化学反应的效率和选择性，而且有助于确保化学实验和生产过程的安全。

2.4.2 物质不稳定性的结构因素和热力学表征

(1) 物质不稳定性的结构因素

化工事故中经常起作用的是一些相同的或类似的物质结构。表 2-2 列出了常见的具有潜在不稳定性的结构基团。

表 2-2 常见的具有潜在不稳定性的结构基团

结构基团	物质	结构基团	物质
—C≡C—金属	乙炔金属化合物	$—ClO_4$	高氯酸盐
═N—O—	胺氧化物	$—O—NO_2$	硝酸盐
—N═N═N—	叠氮化合物	—O—NO	亚硝酸盐
$—ClO_3$	氯酸盐	$—NO_2$	硝基化合物
—N═N—	偶氮化合物	—NO	亚硝基化合物
—O—O—	过氧化物	—OOO—	臭氧化合物
—O—O—H	过氧化氢物	—CO—O—O—H	过酸化合物

（2）物质不稳定性的热力学表征

根据热力学稳定性条件，只有 $\Delta G<0$ 反应过程才能自发进行。

$$\Delta G=\Delta H-T\Delta S \tag{2-1}$$

式中，ΔH 为产物和反应物间的焓差；ΔS 为产物和反应物间的熵差。在通常温度下，$T\Delta S$ 的值一般很小，ΔH 与之相比则相当大，只有当 ΔH 的值很小时，$T\Delta S$ 对反应的影响才变得重要，而这种情况并不多。因此应特别注意 ΔH 为负即放热反应的情形。

2.4.3 反应物质的氧差额

氧差额是一个关键概念，用于描述化学反应系统中氧的供需状况。它衡量的是系统实际含氧量与该系统中的碳、氢及其他可氧化元素完全氧化所需氧量之间的差值。这个指标可以用来预测和分析化学反应的潜在风险，尤其是在涉及氧化过程的情况下。氧差额反映了一个系统的氧化环境或还原环境程度。如果一个系统的实际氧含量少于将系统中的所有可氧化元素完全氧化所需的氧量，那么该系统被认为是缺氧的，其氧差额为负值。相反，如果系统中的氧含量超过了完全氧化所需的量，系统则被认为是有剩余氧的，其氧差额为正值。在处理化学品，特别是进行化学实验或化工制造时，了解氧差额非常关键。多数化学事故发生在氧化系统中，因为氧化反应往往伴随着能量的释放，有时甚至会导致爆炸或火灾。通过评估氧差额，可以预测反应的潜在危险，从而采取适当的安全措施。

安全评估：在化工生产和实验室工作中，通过计算氧差额来评估化学反应或存储物质的潜在危险性是常见做法。这有助于制定相应的安全措施，如控制氧气浓度、使用惰性气体保护等。

过程设计：在设计化学反应过程时，通过考虑氧差额可以优化反应条件，确保反应高效且安全进行。例如，通过调整反应物的比例，可以避免因过量的氧引起的不必要的副反应。

事故调查：在化学品事故的调查过程中，分析事故前的氧差额可以帮助理解事故发生的原因，特别是在涉及火灾和爆炸的情况下。

总之，氧差额是化学安全管理中一个非常重要的概念。通过理解和计算氧差额，可以有效预测化学反应的行为，防止可能的事故发生，确保化学实验和生产过程的安全。因此，对于化学工程师、安全专家和实验室人员来说，掌握氧差额的计算和应用是必要的。

2.5 压力系统的危险性

2.5.1 实际化工过程中常见的温度对蒸气压的影响

2

纯物质蒸气压与温度的近似关系为

$$\ln p = A/T + B \tag{2-2}$$

式中，A、B 为经验常数；p 为纯物质蒸气压；T 为热力学温度。A 为负值，纯物质蒸气压只是温度的函数。很显然，物质的蒸气压随温度的增加而明显增加。在蒸气混合物中，蒸气混合物的总压等于各组元分压之和；对于理想气相混合物，组元 i 的分压与其摩尔分数成正比；对于理想气液系统，组元 i 的分压与液相摩尔分数有关。所以应注意：

① 空气中污染组元的浓度与其饱和蒸气压成正比，随温度的升高而增加；

② 少许易挥发杂质的存在会降低液体的闪点，如通常粗柴油的闪点为 60℃，当含有 3%的汽油时，会降至环境温度以下。在使用混合溶剂时，此点非常重要。

在实际的化工过程中，温度对蒸气压的影响是至关重要的。通过理解蒸气压与温度之间的关系，我们可以预测和控制化工过程中可能出现的各种现象，包括易燃蒸气的产生、毒性蒸气浓度的增加以及过压情况的发生。

空气中产生易燃蒸气：在高温环境下或在进行明火作业、焊接等活动时，易燃溶剂的蒸气压增加，从而超过其闪点，导致空气中易燃蒸气的产生。这增加了火灾或爆炸的风险，对操作人员的安全构成严重威胁。

空气中产生过高浓度的毒性蒸气：以汞为例，其蒸气压随温度的升高而增加（表 2-3）。当环境温度升高时，汞的蒸气压显著提高，导致空气中汞蒸气浓度增加，对人体健康极为不利，尤其是通过呼吸道吸入汞蒸气，可能导致重大健康问题。汞在 0～150℃的蒸气压可以由以下方程式计算。

$$\lg p^s = -3212/T + 8 \tag{2-3}$$

式中，p^s 为汞的蒸气压，Pa；T 为热力学温度，K。从表 2-3 中可以看出环境温度每升高 10℃左右，汞的蒸气压增加一倍。当 20℃的空气以 $1dm^3/min$ 的速率在表面积为 $0.1dm^2$ 的汞液上方通过时，出口空气中汞的浓度近于 $3mg/m^3$。经验表明，在室温下，如果通风不充分，工作间空气中汞蒸气的浓度可达 $1mg/m^3$。目前汞的时间加权职业暴露极限即临界限度值确定为 $0.05mg/m^3$。

表 2-3　汞的蒸气压数据

温度/℃	15	25	125
蒸气压/Pa（mmHg）	0.0933（0.0007）	0.2132（0.0016）	133.322（1.0000）

过压：在化工过程中，由于吸热、化学反应或操作失误等，系统内部压力可能迅速上升，造成过压。如果压力容器没有适当的压力释放系统，过压可能导致容器破裂，进而引发严重的安全事故。

事故案例

2024 年 5 月 3 日，四川某科技有限公司五氟碘乙烷合成反应釜发生爆炸，造成 3 人死亡，直接经济损失约 676.78 万元。经初步调查，反应釜搅拌机泄漏的丙三醇（机封液）与釜内物料发生反应，采用蒸汽升温后，釜内四氟乙烯发生爆聚并因超温超压引发爆炸。

2020 年 5 月 7 日，印度维沙卡帕特南 LG 聚合物工厂发生苯乙烯泄漏事故。由于工厂在疫情期间关闭，储存的苯乙烯罐缺乏维护，制冷系统故障使温度升高，液体化学药品蒸发，蒸气压增加。当日凌晨 2 点 30 分到 3 点工人进行复工前维修活动时，引发苯乙烯气体泄漏，飘散到邻近的村庄，最终工厂 5 千米（3.1 英里）半径范围内的村庄有 200 到 250 户家庭撤离，造成至少 13 人丧生，超过千人身体不适。

为了应对这些由温度对蒸气压影响引起的风险，必须采取以下措施。

① 监控和控制操作环境温度：通过控制操作环境的温度，可以减少易燃和有毒蒸气的生成。

② 增强通风：提高工作场所的通风效率，降低有害蒸气在空气中的浓度。

③ 使用压力释放系统：在压力容器设计中，应安装适当的压力释放系统，以防止因过压导致的事故。

④ 安全操作和培训：对操作人员进行适当的安全培训，确保在操作过程中采取必要的预防措施，避免引起过压或释放有害蒸气。通过理解和应用蒸气压与温度的关系，化工行业可以更有效地控制风险，保障人员安全和环境健康。

2.5.2　相变引起的体积变化

相变引起的体积变化是化工过程和安全操作中的一个重要考虑因素。这种体积变化不仅影响物料的处理和储存，还可能导致安全风险，包括物料喷射、燃烧气氛的形成和内爆。理解这些变化及其后果有助于采取适当的预防措施，保障操作的安全。

（1）液体蒸发成蒸气

当液体蒸发成蒸气时，体积会伴随着巨大的变化。例如，液体在变成蒸气的过程中体积显著增加，这种体积的增加可能导致压力的快速上升，如果不进行适当管理，可能引发蒸气“爆炸”和物料喷射等情况，造成严重的安全隐患。

（2）凝结过程

凝结过程会导致体积的显著减小。当蒸气凝结成液体时，占据的空间大大减小，这可能导致压力下降和内爆，尤其是在封闭或限制空间中。内爆不仅可能损坏设备，还可能对操作人员造成伤害。

（3）易燃或毒性液体汽化

在有限空间内，少量易燃或毒性液体汽化可能迅速形成高浓度的燃烧或有害气体环境。例如，液氨、二氧化硫、液氯、四氯化碳和溴的蒸发都会导致体积的显著增加，形成大量的蒸气，这些蒸气在空气中的体积可以远远超过原始液体体积，形成毒性气氛，危及职工健康和安全。当易燃物质的环境浓度超过其燃烧下限1%时，便认为形成了燃烧气氛。毒性物质的暴露程度达到百万分数（10^{-6}）量级就会危及健康。表2-4列出了常见毒性液体的蒸发体积变化及相应的形成毒性气氛的空气体积。

表2-4　常见毒性液体的蒸发体积变化及相应的形成毒性气氛的空气体积

化合物	液体体积	净蒸气体积	毒性气氛的空气体积
液氨	1	1.2×10^3	4.9×10^6
二氧化硫	1	5.0×10^2	1.0×10^8
液氯	1	4.7×10^2	4.7×10^8
四氯化碳	1	2.3×10^2	2.3×10^7
溴	1	4.4×10^2	4.4×10^9

为了防止由相变引起的体积变化所导致的安全问题，必须采取以下预防措施：

① 适当通风。确保有足够的通风来稀释可能形成的有害或易燃蒸气，防止达到危险浓度。

② 压力控制。使用压力释放系统和压力监测设备来控制蒸发和凝结过程中可能产生的压力变化。

③ 泄漏检测。安装泄漏检测系统以及迅速响应机制，以便在易燃或毒性物质泄漏时立即采取行动。

④ 安全培训。对操作人员进行安全培训，使他们了解相变引起的体积变化及其潜在风险，以及如何在紧急情况下正确响应。

通过理解和管理相变引起的体积变化，可以有效地降低化工过程中的安全风险，保障人员安全和环境健康。

2.5.3 不同物质蒸气和液体的密度

不同物质的蒸气和液体的密度在化工安全中占据着至关重要的位置。理解这些密度特性有助于识别潜在的安全风险，并采取适当的预防措施。

(1) 气体或蒸气的相对密度

气体或蒸气的相对密度是其密度与空气密度的比值，这个比值决定了气体在空气中是上升还是下降。分子量较大的气体或蒸气在相同的温度下恒压密度也较大，而密度总是与温度成反比。例如，氯、二氧化硫和光气等具有较大的相对密度，意味着它们比空气重，会在低处聚集，增加燃烧、爆炸和毒性危险（表 2-5）。相反，氨和 HF 蒸气的相对密度较小，说明它们在空气中会上升到较高位置。

表 2-5 毒性物质的密度数据

物质	分子量	密度(20℃)/(kg/m^3)	相对密度
氯	71	2.95	2.46
氨	17	0.71	0.59
二氧化硫	64	2.66	2.22
光气	99	4.12	3.43
HF 蒸气	20	0.83	0.69
HCN 蒸气	27	1.12	0.94
溴蒸气	160	6.65	5.54
丙烯腈蒸气	53	2.20	1.84

(2) 液体的相对密度

液体的相对密度是其密度与水的密度比，这种密度差异在加工和储存过程中可能导致非互溶液体分层，以及在排放到污水处理系统时密度较小的液体（如汽油、煤油）会漂浮在水面上，导致火险和毒性危险。

(3) 气体密度差异的危险

密度大于空气的蒸气倾向于在低处聚集，形成潜在的燃烧、爆炸和毒性危险区域。而密度较小的气体可能在高处聚集，如果通风不良，同样会构成安全隐患。

(4) 液体密度差异的危险

在加工和储存过程中，一旦开始搅拌，非互溶液体的分层可能会引起剧烈的化学反应。同时，当密度较小的液体覆盖在密度较大的液体上时，可能导致火灾和毒性风险。

为了防止由蒸气和液体的密度不同所导致的安全问题，必须采取以下预防措施：

① 适当通风和控制空气流动，以确保气体和蒸气不会在危险区域内聚集；

② 安全存储和处理，根据液体和气体的相对密度特性安全地存储和处理物质，防

止分层和不安全的化学反应；

③ 泄漏检测和应急措施，安装泄漏检测系统并制定应急响应计划，以快速应对可能的化学泄漏或其他安全事故。

通过了解和应用这些关于不同物质蒸气和液体的密度信息，可以显著提高化工过程的安全性，预防事故发生，保护人员和环境的安全。

2.6 化学反应系统物化原理与安全

2.6.1 化学反应动力学

化学反应动力学是研究化学反应速率及其变化规律的科学，它揭示了反应速率与反应物浓度、温度、催化剂以及其他因素之间的关系。这一领域的知识对于设计和优化化工过程、预防化学反应失控事件至关重要。

(1) 反应速率和 Arrhenius 方程

化学反应的速率通常服从 Arrhenius 方程，它是描述化学反应速率与温度之间关系的一个基本方程，由瑞典化学家 Svante Arrhenius 在 1889 年提出。这个方程表明，化学反应速率随着温度的升高而增加，并且这种变化与反应物的活化能（一个衡量化学反应进行所需能量的指标）紧密相关。Arrhenius 方程的一般形式如下：

$$k = Ae^{\frac{-E_a}{RT}} \tag{2-4}$$

式中，k 是反应速率常数；A 是指前因子（或频率因子），它与反应物分子碰撞的频率有关；E_a 是活化能，即启动反应所需的最小能量；R 是理想气体常数；T 是热力学温度；e 是自然对数的底数。

Arrhenius 方程揭示了温度对化学反应速率的影响机制，强调了温度对化学反应速率的重要影响，并且通过活化能提供了反应速度对温度依赖性的定量描述。Arrhenius 方程不仅适用于许多简单的化学反应，也能够描述复杂反应中各个步骤的温度依赖性，是化学动力学中的一个基本工具。

对于放热反应（如聚合、分解等），温度是反应失控的主要因素。此外，均相反应的速率还受到反应物浓度的显著影响，这可以通过速率方程 $r = kc_A^a c_B^b$ 来描述，其中 r 是反应速率，k 是反应速率常数，c_A 和 c_B 是反应物 A 和 B 的浓度，而 a 和 b 是它们的化学计量系数。

(2) 反应物浓度对反应速率的影响

在进行化学反应时，使用适当浓度的反应物至关重要。过高的反应物浓度可能会使安全过程转变为危险事故。一般情况下，10%左右的浓度水平是较为常见的选择。

对于可能产生剧烈反应的化学物质，更低的浓度（如5%或2%）是更为合适的。

（3）温度对反应速率的影响

① 非均相反应：这类反应的速率可能受到相间扩散阻力的控制，其反应速率随温度升高而缓慢增加；

② 爆炸反应：这类反应在达到着火点后，反应速率会急剧增加；

③ 催化反应：这类反应的速率受吸附速率的控制，而吸附量可能随温度的升高而减少；

④ 温度对副反应的影响：随着温度的升高，由于副反应的加剧，反应可能会变得更加复杂；

⑤ 低温和反应平衡：在某些情况下，低温有利于平衡转化，反应速率依赖于反应平衡的移动方向，随着温度的升高，反应速率可能会减小。

总之，化学反应动力学在化工安全和过程优化中扮演着重要角色。通过深入理解反应速率与各种影响因素之间的关系，工程师和科学家可以设计更安全、更高效的化学过程，同时避免潜在的危险情况。正确管理反应物的浓度、控制反应温度以及选择合适的反应条件是确保化学过程安全进行的关键。

2.6.2 反应物质的非互容性

反应物质的非互容性是化学安全管理中的一个重要方面，涉及化学物质在接触时可能产生的危险反应。非互容物质可能导致毒性物质的产生、剧烈化学反应，甚至爆炸。正确识别和管理非互容物质对于预防事故和保护人员安全至关重要。

（1）引起毒性危险的非互容物质

某些化学物质组合在一起时，可能会产生剧毒物质。例如，某些化合物与氯化物反应，可能生成有害的氯气或其他有毒气体。这要求严格的隔离措施和控制条件，以防止这些物质之间的意外接触。对这类物质的管理包括储存条件的严格控制、使用专用容器和提供适当的通风条件。表2-6列出了一些非互容物质的毒性危险。A列与B列的物质必须完全隔绝，否则会生成C列的毒性物质。

表2-6 非互容物质的毒性危险

A（反应物）	B（反应物）	C（产物）	A（反应物）	B（反应物）	C（产物）
含砷物质	任何还原剂	砷化氢	亚硝酸盐	酸	亚硝酸烟雾
叠氮物质	酸	叠氮化氢	磷	苛性碱、还原剂	磷化氢
氰化物	酸	氢氰酸	硒化物	还原剂	硒化氢
次氯酸盐	酸	氯/次氯酸	硫化物	酸	硫化氢
硝酸盐	硫酸	二氧化氮	碲化物	还原剂	碲化氢
硝酸	铜或重金属	二氧化氮			

(2) 引起剧烈反应的非互容物质

某些物质组合可能在接触时发生剧烈的化学反应，甚至爆炸。例如，酸和碱接触会发生剧烈反应产生大量热量和气体；有机物与氧化剂接触可能迅速反应并释放大量能量。管理这些物质的关键是确保它们在使用、储存和运输过程中被适当地隔离，并采取必要的预防措施以防止它们之间的接触。表 2-7 列出了一些会发生危险反应的非互容物质。A 列和 B 列物质不能在无控制条件下接触，否则会发生剧烈反应。

表 2-7 有反应危险的非互容物质

A	B
醋酸	铬酸、硝酸、含羟基化合物、乙二醇、高氯酸、过氧化物、高锰酸盐
丙酮	浓硝酸和硫酸混合物
乙炔	氟气、氯气、溴、铜、银、汞
碱金属和碱土金属	二氧化碳、四氯化碳、烃氯代衍生物
氨(无水)	汞、氯气、溴、碘、次氯酸钙、氟化氢
硝酸铵	酸、金属粉、可燃液体、氯酸盐、亚硝酸盐、硫黄、粉碎的有机物或可燃物
苯胺	硝酸、过氧化氢
溴	氨、乙炔、丁二烯、丁烷和其他石油气、氢气、碳化钠、松节油、苯、粉碎的金属
氧化钙	水
活性炭	次氯酸钙
氯酸盐	铵盐、酸、金属粉、硫、粉碎的有机物或可燃物
铬酸和三氧化铬	醋酸、萘、樟脑、甘油、松节油、乙醇和其他易燃液体
氯气	氨、乙炔、丁二烯、丁烷和其他石油气、氢气、碳化钠、松节油、苯、粉碎的金属
二氧化氯	氨、甲烷、亚磷酸盐、硫化氢
铜	乙炔、过氧化氢
氟气	与任何物质隔绝
肼	过氧化氢、硝酸和其他氧化物
烃(苯、丙烷、丁烷、汽油、松节油等)、氢氰酸	过氧化物
氟化氢	硝酸、碱金属
过氧化氢	氨(含水或无水)
硫化氢	铜、铬、铁等大多数金属及其盐类,任何易燃液体,可燃物质,苯胺,硝基甲烷
碘	发烟硝酸、氧化性气体
汞	乙炔、氨(无水或含水)
浓硝酸	乙炔、雷酸(产生于硝酸-乙醇的混合物)、氨
硝基烷	醋酸、丙酮、乙醇、苯胺、铬酸、氢氰酸、硫化氢、可硝化物质(纸张、纸板、布匹等)
草酸	无机碱、胺
氧气	银、汞

2

续表

A	B
高氯酸	油、脂、氢气，易燃液体、固体或气体
有机过氧化物	醋酐、铋及其合金、乙醇、纸张、木材、脂、油
磷(白)	酸(有机或无机)，避免摩擦或低温贮存
氯酸钾	空气、氧气
高氯酸钾	酸，其余与氯酸盐同
高锰酸钾	酸，其余与高氯酸同
银	甘油、乙二醇、苯甲醛、硫酸
亚硝酸钠	乙炔、草酸、酒石酸、雷酸、氨化合物
过氧化钠	硝酸铵或其他铵盐
硫酸	任何可氧化的物质，如乙醇、甲醇、冰醋酸、醋酐、苯甲醛、二硫化碳、甘油、乙二醇、醋酸乙酯、酰酸甲酯以及糠醛等；氯酸盐；高氯酸盐；高锰酸盐

(3) 引起水敏性危险的物质

水敏性物质在与水或潮气接触时会发生反应，有的会放热，有的甚至会产生易燃或爆炸性气体。例如，碱金属（如钠、钾）或某些碳化物（如碳化钙）与水反应产生氢气和相应的氢化物，这些气体可能是易燃的，有时甚至是自燃性的。管理这类物质需要保持干燥的存储环境，并在操作时采取特别的预防措施以避免它们与水或湿气接触。

总之，对于非互容物质的管理，关键在于识别潜在的危险反应，实施适当的隔离措施，并采取预防措施以防止危险的化学反应发生。这包括合理的储存、标签管理、紧急应对计划以及员工培训。通过这些措施，可以大大降低化学事故的风险，保障人员安全和环境健康。

2.6.3 化学反应类型及其危险性

化学反应的类型繁多，每种类型都具有独特的反应条件、产物和潜在危险性。在化学工业中，这些反应的应用广泛，但同时也带来了各种安全风险，特别是当反应条件不当或控制失效时。以下是一些常见的化学反应类型及其潜在的危险性。

(1) 燃烧反应

燃烧反应是十分常见的化学反应之一，涉及氧化剂（通常是氧气）和燃料的迅速结合，释放出大量的热能和光能。燃烧反应的危险性包括火灾与爆炸，尤其是当易燃物质与空气形成可燃混合物时。

(2) 氨化反应

氨化反应是引入氨基或氨到有机或无机化合物中的过程。这类反应可能产生有毒副产品，若使用氨气时发生泄漏可能导致危险的气体暴露。

(3) 氧化和还原反应

氧化和还原反应涉及电子的转移，常常同时发生，是许多化学过程的基础。这类反应可能会剧烈放热，导致温度升高，从而引起火灾或爆炸。

(4) 卤化反应

卤化反应指将卤素（氯、溴、碘等）引入有机分子中。某些卤化反应可能极为剧烈，特别是使用液态或气态的卤素时，需要严格控制反应条件以避免危险。

(5) 中和反应

中和反应是酸与碱相互作用产生水和盐的过程。虽然通常认为中和反应是相对安全的反应类型，但如果涉及浓酸、浓碱，反应可能会放出大量热量，存在烫伤操作人员的风险。

(6) 磺化反应

磺化反应涉及硫酸或磺化试剂与有机化合物的反应。这些反应可能会产生剧毒的硫氧化物气体，且反应放热，需要妥善控制。

(7) 电解和水解反应

电解是在外加电场作用下，导电液体（电解质溶液或熔盐）发生的化学反应。水解是化合物与水反应。这些反应可能产生易燃、有毒或腐蚀性的产物，需小心处理。

(8) 复分解、加氢和煅烧反应

这些反应类型各有特点，可能涉及高温、高压或特殊催化剂，反应条件的不当控制可能导致危险事故。

(9) 硝化、缩合、酯化和聚合反应

这些反应在合成高分子材料、爆炸物和其他化学品中非常重要。它们可能产生高反应性的中间体，有时需要使用强氧化剂或具有剧毒的试剂，因此存在着火、爆炸和毒性风险。

总之，化学反应类型的多样性要求化工生产中必须采取专门的安全措施，以识别和管理潜在的化学危险。这包括适当的工艺设计、反应物和产物的安全存储、紧急应对计划以及对操作人员的适当培训。通过这些措施，可以最大限度地减少化学反应可能带来的危险。

2.7 化工操作原理与安全

2.7.1 传热装置的热量传递

传热装置在化工生产中扮演着至关重要的角色，它们通过提供或移除热量来控制反应器内的温度，或者在不同的流体之间传递热量。然而，这些装置的运行也伴随着一系列潜在的操作问题和安全风险，尤其是在不当管理时。以下是一些常见的传热装置操作问题及其带来的危险。

(1) 热壁泄漏

在传热装置中，传热壁的完整性对于确保两侧物流不会相互接触至关重要。一旦发生泄漏，两种不同的物质可能会混合，如果这两种物质能够相互反应，那么这种混合可能导致剧烈反应甚至爆炸。这种风险在处理高反应性或相互不兼容的化学品时尤其显著。

(2) 传热面结垢

随着时间的推移，传热表面上可能会结垢，这会降低传热效率。结垢减少了热量的有效传递面积，导致必须在更高的温度下操作以维持所需的热传递水平。这种过热可能导致局部温度过高，从而引发反应失控，特别是在进行温度敏感反应的过程中失控的可能性更大。

(3) 温度测控不准确

准确的温度测量和控制对于维护化工过程的安全和效率至关重要。如果传热装置的温度测控系统不准确，可能导致操作条件偏离设计参数，增加发生化学事故的风险。温度控制失准可能由传感器故障、测量位置不当或控制系统故障等引起。

为了确保传热装置的安全和有效运行，需要采取一系列措施来防止上述问题。这包括定期检查传热壁的完整性，以及采用适当的维护程序来防止和减少结垢。同时，通过定期校准和维护确保温度测量和控制系统的准确性和可靠性。通过这些措施，可以显著减少传热过程中可能发生的危险，确保化工过程的安全运行。

2.7.2 组元分离操作危险性

组元分离是化工过程中至关重要的一步，它涉及将混合物中的不同成分分离出来。常见的分离方法包括蒸馏、吸收、液液萃取和结晶。尽管这些方法在工业上广泛应用，但它们各自带有潜在的操作风险和安全隐患，需要通过适当的控制和预防措施来管理。

(1) 蒸馏

蒸馏是利用组分之间沸点差异来实现分离的一种方法。蒸馏操作的危险性主要包括以下几点。

① 过热和压力积累：不当的加热或冷凝器故障可能导致系统压力过高，引发爆炸；

② 易燃蒸气泄漏：操作过程中易燃物质的蒸气可能泄漏，与空气形成爆炸性混合物；

③ 有毒物质暴露：某些蒸馏操作可能涉及有毒组分，泄漏或不当操作可能导致有毒物质暴露。

(2) 吸收

吸收是通过让气体溶解在液体中来分离组分。吸收过程的潜在危险性包括以下几点。

① 化学反应风险：吸收剂与被吸收组分间可能发生化学反应，生成有毒或腐蚀性的物质；

② 溢出和泄漏：设备过载或操作失误可能导致吸收液溢出或泄漏，造成环境污染或人员伤害。

(3) 液液萃取

液液萃取是利用两种不混溶液体之间的相互溶解度差异来分离组分的方法。液液萃取的潜在危险性包括以下几点。

① 化学兼容性问题：萃取剂和原料之间可能存在化学兼容性问题，从而导致容器腐蚀或反应物质的不稳定；

② 易燃液体泄漏：许多萃取剂为易燃液体，泄漏可能引发火灾或爆炸；

③ 有毒物质暴露：操作过程中可能会暴露有毒物质，对操作人员和环境构成威胁。

(4) 结晶

结晶是通过形成固体晶体来从溶液中分离组分的过程。结晶的潜在危险性包括以下几点。

① 温度控制不当：可能导致反应失控或产物质量不符合标准；

② 处理高浓度化学品：在结晶过程中可能需要处理高浓度化学品，这增加了化学暴露和泄漏的风险。

总之，在执行组元分离操作时，识别和评估潜在的危险性至关重要。通过采用适当的安全措施，如使用合适的个人防护装备、确保设备维护良好、实施严格的操作程序以及进行定期的安全培训，可以显著减少事故发生的风险，保障人员安全和减少环境污染。

2.7.3 相混合与相分离

相混合与相分离是化学工程和工业过程中的基本操作，关系到从原料到产品的转化过程中物质的状态和纯度。这些操作涵盖了从将两种或两种以上的物质混合以形成均匀体系，到将混合物中的各个组分分离出来的过程。常见的操作包括混合、蒸发、干燥、过滤和离心等。每种方法都有其特定的应用场景、优点和潜在的操作风险。

(1) 混合

混合是将两种或多种不同的物质均匀混合在一起，形成单一相或多相系统的过程。混合操作的目的是确保物质之间的均匀分布，提高反应效率或实现所需的物理性质。然而，混合过程中可能会遇到不同物质的化学反应，导致温度升高或产生有害气体，因此需要妥善控制混合条件和时间。

（2）蒸发

蒸发是通过加热使溶剂从溶液中蒸发，以浓缩溶液或分离溶剂和溶质的过程。蒸发过程中的主要风险包括过热、压力增加和易燃溶剂的泄漏，这可能导致火灾或爆炸。因此，需要精确控制加热温度和系统压力。

（3）干燥

干燥是去除物质中的水分或其他溶剂，以得到干燥固体的过程。干燥过程可能会遇到的风险包括物料过热导致热分解、粉尘爆炸和静电放电。在进行干燥操作时，应选择合适的干燥设备，并确保良好的通风条件。

（4）过滤和离心

过滤和离心是通过物理手段分离固体和液体的两种常用方法。过滤是利用介质（过滤材料）阻挡固体颗粒，而让液体通过。离心则是利用旋转产生的离心力来加速颗粒的沉降，从而实现分离。这两种方法的风险主要来自于处理有毒、有害或易燃物质时可能发生的泄漏和暴露。

总之，相混合与相分离操作是化工过程中不可或缺的部分，它们对于产品质量和过程效率至关重要。然而，这些操作也伴随着一定的风险，需要通过适当的设备选择、过程控制和安全措施来管理。实施有效的安全管理措施，可以最大限度地减少操作过程中的风险，确保人员安全。

2.7.4 物料的输送与机械加工

物料的输送与机械加工是化工生产和处理过程中的关键步骤，它们涉及原料、中间体和最终产品在不同的生产单元之间有效地转移和加工。根据物料的状态，输送和加工的方法有所不同，包括固体物料输送、液体物料输送和气体物料输送。每种输送方式都有其特定的技术要求和潜在的操作风险。

（1）固体物料输送

固体物料的输送通常涉及螺旋输送机、皮带输送机、振动输送机等设备。机械加工则可能包括破碎、磨粉、筛分等过程，以满足后续生产步骤的物料粒度要求。固体物料输送和加工的主要风险包括粉尘爆炸、设备堵塞和机械故障。因此，需要采取粉尘控制措施、定期维护和清理设备以降低风险。

（2）液体物料输送

液体物料的输送可以通过管道、泵送等方式进行。这些过程可能涉及加热、冷却、混合等机械加工步骤。液体输送的潜在风险包括泄漏、溢出和化学反应失控。为了确保安全，需要确保管道和泵的完整性，采用适当的密封和阀门，并在必要时进行化学兼容性评估。

（3）气体物料输送

气体物料的输送通常通过管道系统进行，并可能涉及压缩、冷却或净化等过程。

气体输送的风险主要包括泄漏、压力过高和有害气体的暴露。安全措施应包括使用泄漏检测系统、压力控制设备和适当的通风系统。

总之，无论是固体、液体还是气体物料的输送与机械加工，都需要综合考虑物料特性、过程要求和潜在风险，采取适当的技术和安全措施。这包括选择合适的输送和加工设备、实施定期的设备维护和检查、采用有效的风险控制措施等。通过这些努力，可以确保物料输送与机械加工过程的高效和安全，从而保障化工生产的顺利进行。

思考题

1. 危险化学品是如何分类的？
2. 化学物质的生物危险有哪些？
3. 毒性物质的类别包括哪些？
4. 毒性物质侵入人体的途径有哪些？会造成什么伤害？
5. 在工业上防止职业中毒有哪些技术措施？
6. 简述化学反应的类型及其危险性。
7. 简述蒸馏、吸收等化工单元操作的原理及风险控制。

参考文献

[1] 孙万付，郭秀云，李运才，等．化学品分类与鉴定［M］．北京：化学工业出版社，2021.
[2] 李振花，王虹．化工安全概论［M］．4版．北京：化学工业出版社，2023.
[3] 郭玉鹏，屈学俭，李政．高校实验室常用危化品安全信息手册［M］．北京：化学工业出版社，2020.
[4] 姜琴，施鹏飞．防火防爆技术与应用［M］．南京：南京大学出版社，2022.
[5] 张麦秋，于育新，唐淑贞，等．化工安全技术［M］．北京：化学工业出版社，2024.
[6] 孙茜，王媛媛，王欢，等．物理化学［M］．2版．北京：化学工业出版社，2024.
[7] 周长丽，任珂，黄华圣．化工原理实验［M］．北京：化学工业出版社，2024.

第 3 章
化工厂设计和操作安全

知识目标

1. 了解化工厂安全在规划、设计、建厂、试车到投产全过程中的核心作用。
2. 掌握化工厂选址、布局、设备配置、结构材料选择对安全的影响。
3. 学习化工厂设计初期及全生命周期内对安全的持续审视与优化方法。
4. 了解化工工艺流程图，进行管线配置及工艺物料的安全评价。
5. 了解化工厂在防范危险气体排放及废料处理方面的安全措施。
6. 掌握化工企业在实施安全措施中的风险管理和应急响应策略。

能力目标

1. 能够在化工厂设计和规划阶段有效考虑安全因素。
2. 能够通过合理的选址和布局，优化化工厂的安全性能。
3. 能够识别和分析化工厂设计、运营中的潜在安全风险并提出预防措施。
4. 能够为化工厂的安全设计提供有效的流程图和管线配置方案。
5. 能够采取科学的措施避免环境污染，确保废料和废气的安全处理。
6. 能够构建多道防护线，降低事故风险并提高应急响应能力。

学习本章知识至关重要，因为化工厂安全是贯穿于化工企业从规划、设计、建厂、试车到投产的全过程的核心问题。正确的选址和布局、恰当的设备配置和结构材料的选择对化工安全有着直接和深远的影响。安全问题不仅应在工厂设计的初始阶段就考虑进去，还需要在整个工厂的运营生命周期内不断进行审视和优化。本章不仅介绍了化工厂设计和操作在安全方面的重要考虑，而且强调了在化工行业中实施安全措施的必要性。这些措施包括了如何进行高效的风险管理，如何在设计和运行过程中实施预防措施以及如何构建多道防护线以降低事故造成的影响等。详细的安全考虑内容包括了工厂的定位、选址和布局，如何在化工工艺设计中绘制工艺流程图以确保操作安全，以及如何进行管线配置和工艺物料的安全评价。这些都是化工行业专业人员必须精通的知识，不仅因为它们直接关系到人员安全、环境保护和工厂资产的保护，而且在更广泛的层面上，它们还关系到化工企业的社会责任和公众形象。此外，通过这一章的学习，相关人员可以更深入地了解如何在工厂选址和规划中考虑安全问题，如何避免危险气体的排放，以及如何对液体或固体废物进行妥善处理以防止环境污染。这些知识不仅有助于从源头上减少工厂操作中的风险，还能够在出现紧急情况时提供有效的应对策略。总的来说，学习本章内容，化工专业人员将能够在设计和运行化工设施时更好地遵循安全原则，从而在提高生产效率的同时确保人身安全和减少环境污染，实现化工生产的可持续发展。

3.1
工厂的定位、选址和布局

工厂的地理位置、周边环境以及内部组件的布局对化工厂的安全性有着重要的影响。这关乎化工厂的选址、定位以及整体布局设计，这三个方面构成了化工安全的基础。本节将专注于探讨这些方面，而对于单元区域的具体规划，则在其他部分详细阐述。

3.1.1 危险和防护的一般考虑

在保障工业安全时，识别并有效管理潜在的风险至关重要。本小节将讨论“危险和防护的一般考虑”，包括一级危险（潜在的危险）和二级危险（直接的危险）的区分，以及如何通过三道防护线来降低这些危险造成的影响。

（1）一级危险的特点与防护

一级危险定义为在正常条件下不会直接导致人身或财产损害的潜在危险，包括易燃物质、热源、火源、富氧环境、压缩物质、毒性物质、人员失误和机械故障的可能性，以及人员、物料和车辆在厂区内的流动和由于蒸气云降低能见度等因素。对这类危险的防护主要关注预防措施，如设备的精细制造工艺（无破损、无泄漏）和工厂布局的安全规划。例如，将火源置于易燃物质释放点的上风侧，为人员和物流提供充足的通道。

（2）二级危险的特点与防护

二级危险即直接危险，如火灾、爆炸、游离毒性物质释放、跌伤、倒塌和碰撞等，能直接对人身和财产造成损害。针对这类危险，除了上述的预防措施外，还需实施额外的保护措施以最小化潜在损害。这包括将高危区域与人员密集区隔离开，并在关键位置配备灭火设备。

（3）防护线的构建

第一道防护线，主要针对一级危险，通过优化设备和工厂布局减少危险发生的可能性；第二道防护线，旨在减轻二级危险造成的直接损害，通过工厂选址和规划等手段实现，如危险区与常入区的隔离、灭火器材的安置；第三道防护线，提供有效的急救和医疗设施，以便受伤人员能得到及时治疗。

（4）防护措施的实施

一方面利用地形、水源、主风向等自然条件进行选址与布局以最大限度降低事故暴露风险；另一方面通过人为构建手段，如设置安全隔离与缓冲区、对危险物料进行合理分区与明确标识、布置救火水系统与急救站及其他应急设施，实现事故预防、蔓延控制与快速响应三重保障。

总之，通过对一级和二级危险的细致分类及对应的防护措施，可以有效地管理和降低工业操作中的安全风险。实施这些措施不仅依赖于技术和设备的先进性，还需要对自然条件的深入理解和合理利用，以及严格的安全管理制度和培训。这种综合性的安全策略，通过构建多道防护线，为保护人员安全和减少财产损失提供了坚实的基础。

3.1.2 工厂的定位问题

工厂的选址是一个复杂而关键的决策过程，尤其是对于化工行业。这一过程不仅涉及技术、环境和安全因素，还深受经济条件的影响。本小节将概述化工厂选址的基本原则、应避免的地区以及在特定地形中的考虑要点。

为确保生产效率、经济性及环境安全，化工厂的选址遵循以下几个基本原则。

① 原料和产品流通：选址需确保原料、燃料供应和产品销售的流通条件良好，以减少运输成本和提高市场响应速度；

② 协作环境：需要有贮运、公用工程和生活设施等方面的良好协作环境，以支持工厂的日常运营和员工的生活需要；

③ 水源供应：充足的水源对于化工生产至关重要，用于原料处理、产品生产及设备冷却等；

④ 交通条件：便利的交通条件对于原料进厂和产品出厂以及员工通勤非常重要；

⑤ 地质和水文气象条件：良好的工程地质和水文气象条件可以减少建设和运营风险，降低维护成本。

为了保证化工厂的安全与环境保护，有些地区应在选址时予以避免。

① 地震频发和断层地区，因为这些地区的地质活动增加了建筑和设备损坏的风险；

② 自重湿陷性黄土地区，厚度较大的Ⅲ级区域容易导致地基不稳定；

③ 山区及其他易遭受自然灾害（如洪水、泥石流、滑坡）影响的地区；

④ 有开采价值的矿藏地区，以避免冲突和资源浪费；

⑤ 对机场、电台等设施使用有影响的地区；

⑥ 受国家保护的历史文物、生物保护区和风景游览地区；

⑦ 人口密集的城镇地区，以减少工业活动对公众的潜在影响。

在丘陵地区建设化工厂时，需要特别注意以下几点：

① 易燃物的源头不宜设置在坡上，以防火灾风险；

② 重要设施如锅炉房、变电站、泵站应设置在相对高地，以避免洪水期间的影响；

③ 贮罐区需考虑洪水影响，避免罐体漂浮造成连接管线断裂和泄漏。

工厂的选址决策在很大程度上受到经济因素的影响。原料成本、运输成本、土地成本和劳动力成本等都是重要的考虑因素。因此，虽然安全和环境因素极为重要，但经济效益和成本效率同样是决定工厂定位的关键。

综上所述，化工厂的选址是一个综合考虑多种因素的决策过程。通过遵循上述原

3

则和避免特定地区的风险，可以在确保生产安全、环境保护和经济效益的前提下，做出合理的选址决策。

3.1.3 工厂选址中的安全问题

在化工厂的选址过程中，安全问题占据了重要地位。化工厂的运营涉及多种危险化学物质的处理和存储，这些活动可能对周边社区造成危害。因此，考虑以下安全因素对于确保工厂及其周边区域的安全至关重要。

（1）气体排放

气体排放是化工厂对周围环境造成影响的主要来源之一。有毒或有害气体的逸散可能危及居民区和人口稠密的地方。选择孤立地区或根据主导风向，将工厂置于社区下风侧区域，可以减少这种风险。

（2）充足的水源

拥有充足的水源对于应对火灾等紧急情况至关重要。最理想的情况是工厂附近有河流或湖泊，这样可以直接利用自然水源进行灭火，而不必完全依赖地下泵或城市供水系统。

（3）高构筑物

高构筑物的坍塌可能对社区造成伤害。因此，必须确保高构筑物与社区保持足够的间距，并遵守建筑法规，以防止可能的伤害。

（4）地形

工厂选址时应考虑地形因素，工厂地势应相对较高，避免在低洼地建厂，防止有害气体或液体在地面积聚。

（5）废液排放

化工厂产生的废液必须经过妥善处理，以防止污染社区饮用水源和对海洋生物造成毒性影响。确保废液处理和排放系统不会穿过公共或私人土地，减少环境影响。

（6）社区

工厂选址应考虑社区应急响应资源（如消防、医疗、疏散通道等）的可获性，但优先应保证与居民区/人口密集区之间有足够的缓冲和安全隔离距离，以减小事故对社区的潜在影响。

（7）主要进出口

工厂的交通安全同样重要。需要特别注意工厂的主要进出口点，合理安排交通流量，避免高峰时段的拥堵和潜在的交通事故。

（8）综合评估

在选址过程中，需要对所有潜在的选址进行全面审核，考虑管线、公路、铁路和电力线路等因素，综合评估各种安全风险。通过仔细规划和评估，可以选择一个相对安全的地点，尽量减少化工厂可能对周围社区造成的影响。安全应始终是化工厂选址考虑的首要因素，确保在保护了工厂的资产和人员的同时，也维护了社区居民的健康和安全。

3.1.4 工厂布局的安全问题

化工厂的布局设计直接关系到工厂的安全、效率和可持续运营。合理的布局不仅可以优化生产过程，还能在发生紧急情况时最大限度地减少潜在的损害。以下是针对化工厂各个区块的安全要求和建议。

（1）工艺装置区

这是工厂中最具有潜在危险的区域，需要特别注意以下几点。

① 位置选择：与工厂边界保持一定的间隔，集中分布，并结合主导风向合理安排，使公众区域处于上风向或远离事故扩散方向，同时避免火源靠近或位于装置下风向，以最大限度降低安全风险；

② 间距保持：确保不同过程单元间保持足够的间距，以避免交叉危险；

③ 安全评价：对操作温度、压力、物料类型和量、设备类型、相对投资额以及紧急操作所需空间进行综合安全评价。

（2）罐区

存储容器贮存大量能量或有毒物质，其安全性至关重要。

① 专用区域：应在工厂内划分专门的贮罐区域；

② 罐区布局：与人员、操作单元和其他贮罐之间保持足够的距离，考虑拦液堤所需面积并置于下风区。

（3）公用设施区

应远离其他危险区域，特别注意管线配置和锅炉、配电设备的安全布局，避免成为潜在的火源。

（4）运输装卸区

① 边缘规划：铁路支线应规划在工厂边缘地区；

② 下风区布置：罐车装卸设施应置于下风区，原料库和成品库等频繁进出的设施应避免设在必须经过工艺装置区和罐区的路径上。

（5）辅助生产区

维修车间和研究室等应远离主要生产区域，同时废水处理装置应置于下风向远端区域。

（6）管理区

办公区应设于工厂边缘，与工厂危险区域保持隔离，以保护人员安全。应特别考虑以下几点。

① 地形影响：在不平坦的地形中，应考虑高低差异，避免将易燃物源头设置在坡上，确保紧急情况下设备的安全运转；

② 物理屏障系统：为阻止液体流动或火灾蔓延，需要考虑设置物理屏障。

总之，化工厂的安全布局要求细致的规划和充分地考虑潜在的安全风险。通过科学的布局设计，可以有效降低事故发生的风险，保护人员安全。

3.2 化工工艺设计

3.2.1 工艺流程图

在化工厂设计中，工艺流程图（图 3-1）的绘制是一个至关重要的初始阶段。它不仅为后续的管线配置图、平面图、设备图等提供了基础，而且在整个过程设计中对安全考虑至关重要。工艺流程图的绘制过程中，设计者需要详细考虑原料使用、过程放大效应、操作模式变化等多方面因素及其对安全的影响。

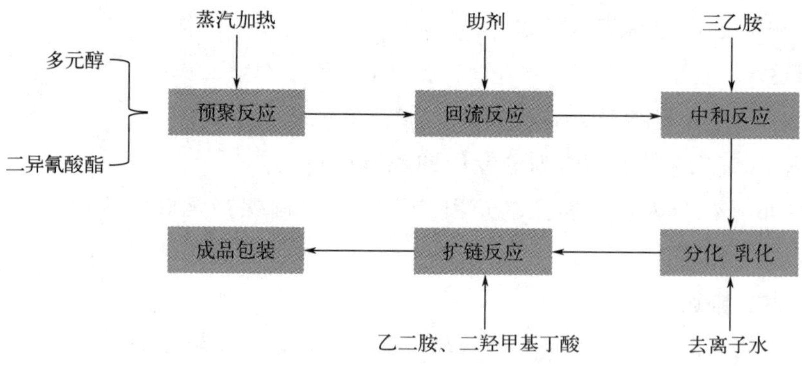

图 3-1 水溶性聚氨酯树脂生产工艺流程图

在化工过程设计中，以下放大问题需要特别关注。

① 工业原料和不纯化学品的使用：应评估原料纯度对反应和产品质量的影响以及可能引起的安全问题；

② 传质、传热和物质传递方法的放大效应：放大过程中，应确保传热和传质效率，防止局部过热或物料堆积等问题；

③ 不同停留时间的影响：停留时间的变化可能影响反应的完全性和产品的质量，需要精确控制；

④ 原料、中间产物和产品贮存量：妥善设计贮存系统，防止过量积累或短缺，确保生产连续性和安全性；

⑤ 连续操作中残余物积累的影响：在连续操作中，需要注意残留物的处理和积累，避免造成设备堵塞或降低产品质量；

⑥ 结构材料差异的影响：材料的选择对设备的耐腐蚀性、强度和寿命有重要影响，需要根据介质特性合理选择；

⑦ 操作监控等级差异：从间歇操作到连续操作的转变，要求更高级别的自动化和监控系统，确保过程稳定和安全。

工艺流程图的绘制通常遵循以下基本步骤。

① 基本过程计算：从最初的化学反应和物理过程的计算开始，确保所有过程参数合理、可行；

② 危险识别和评估：识别过程中可能的危险点，如高压、高温、有毒化学品处理等，并对其进行详细评估；

③ 相应措施的采取：针对识别的危险，制定相应的安全措施，如加压保护、温度控制、泄漏检测等。

为了更细致地考虑安全因素，整个化工过程可以划分为若干个子区间。

① 反应区间：考虑反应动力学和条件，确保反应控制在安全范围内；

② 分离区间：应用蒸馏、吸收、萃取等方法分离产品和副产品，评估这些过程的安全性；

③ 贮存区间：对固体、液体和气体物料的安全贮存进行分析，考虑贮存条件、容器设计和紧急情况下的处理措施。

通过以上步骤，设计者可以确保化工工艺流程的安全性，从而在设计初期就预防可能的风险，保障生产过程的顺利进行。

3.2.2 管线配置图

管线配置图是化工过程工程中的核心文档之一，它详细记录了工厂内的管路和仪表布局。这份图纸不仅是设计和施工阶段的基本工作文件，也是日后运维和改造的重要参考。管线配置图的绘制需要考虑以下关键要素。

① 操作类型：包括开启、关闭、紧急和普通操作的所有细节，确保每种操作都可以安全、有效地执行。

② 过程设施：细致描述所需的所有过程设施，包括但不限于容器、反应器的操作。

③ 设计参数：明确每台设备的设计温度和压力，这是确保过程安全和设备完整性的基础。

④ 管路细节：包括每条管路的直径、绝热要求及其材料类型，确保管路符合过程需求和安全标准。

⑤ 装置标高：记录设备和管路的具体标高位置，对于确保物料流动和设备维护至关重要。

⑥ 物流方向：标注物料在管路中的流动方向，以优化过程效率和安全性。

⑦ 安全设备：详细标出释放阀、安全膜等安全装置的设定压力，为紧急情况下的

安全提供保障。

⑧ 过程和管路识别：清晰识别主要过程和起始管路，确保工程人员能快速定位和识别系统组成部分。

⑨ 排水要求：根据工艺需求，规划排水系统以防止积水和污染。

⑩ 仪表和控制点：列出所有仪表、控制点及其功能，包括在仪表失灵时的应对措施和联锁装置。

⑪ 特殊备忘录：记录管路配置中的特殊要求或注意事项，作为设计和施工的补充指导。

⑫ 设备尺寸和负荷数据：提供所有主要设备的尺寸和负荷数据，对于设备选型和布局规划至关重要。

综合以上要素，管线配置图已成为连接设计、施工和操作的桥梁，从而确保化工过程的安全、高效运行。绘制管线配置图时，应充分考虑工艺流程的复杂性和安全要求，采用标准化符号和编码系统，以提高图纸的可读性和实用性。

3.2.3 过程物料的安全评价

过程物料的安全评价是化工生产中的一项基本而重要的工作。这项评价涉及对过程内物料和过程辅助物料的详细审查，旨在确保化工过程的安全性和环境的可持续性。以下是进行过程物料安全评价时需要考虑的关键要素和资料。

（1）一般性说明资料

① 物料识别：包括物料的名称、别称、分子结构式、分子量，提供基本的物料识别信息；

② 物理状态与纯度：明确物料的物理状态（固体、液体、气体）和纯度水平；

③ 外观与气味：描述物料的外观（颜色、形状）和气味，以辅助识别和处理；

④ 腐蚀性、用途与危险性：指出物料的腐蚀性、主要用途以及潜在危险性和防护措施；

⑤ 污染因素：评估物料对环境的潜在污染影响。

（2）基础物性资料

包括蒸汽密度、相对密度、熔点、沸点、溶解度、黏度等基础物性参数，这些数据对理解物料的物理行为至关重要。

（3）易燃性资料

详细记录闪点、着火点、燃烧极限等易燃性指标，对于评估物料的火灾风险至关重要。

（4）反应性资料

包括差热分析、撞击实验、热稳定性等反应性资料，帮助识别和预防可能的化学反应危险。

（5）毒性资料

提供物料的毒性危险等级、卫生标准、最大允许浓度等，对保护工作人员健康和环境安全至关重要。

（6）暴露作用

分析物料通过吸入、食入或皮肤接触的潜在危害，包括对呼吸系统、皮肤和眼睛的刺激性及敏感性反应。

（7）放射性资料

如果物料具有放射性，需进行放射性测试并评估 α 射线、β 射线、γ 射线和中子辐射的暴露危害。

通过这些详细的评估，可以全面了解过程物料的安全风险和处理要求。这不仅有助于化工企业在设计和运行过程中采取适当的安全措施，还能有效防止事故发生，保障工作人员的安全和保护环境。在化工生产中，对过程物料的安全评价是一个持续的过程，需要根据新的科学研究和实践经验不断更新和完善。

3

3.2.4 过程（工艺）路线的选择

在化工领域，过程（工艺）路线的选择是确保生产安全、经济高效的关键步骤。这一选择需综合考虑潜在的危险、反应过程的安全性、操作的风险以及间歇与连续过程的比较。以下是详细讨论。

（1）有潜在危险的过程

爆炸、爆燃或强放热过程和含易燃物料的过程应尽量避免或采取特殊防护措施。粉尘或烟雾生成的过程要采用有效的集尘或净化系统。对于不稳定化合物的处理和高毒性物料的使用，要特别注意安全防护和应急措施。对于高温、高压或冷冻条件下的操作，需采用特定材质和结构的设备，以确保安全运行。

（2）反应过程的安全分析

反应的不稳定性和副反应的危险性需要通过实验和模拟计算进行评估，确保反应条件的安全。物料的相对浓度变化或操作条件的调整对反应安全的影响要事先进行评估。杂质的影响和催化剂的行为（包括老化、中毒等）也需在选择工艺路线时考虑。

（3）有潜在风险的操作

易燃或毒性物质的处理应考虑防泄漏、防扩散措施，以及急救和应急排放系统。强氧化剂和可燃物的混合、易燃物质的雾化等高风险操作需要严格控制和专门设计。

（4）间歇过程和连续过程的比较

连续过程通常在大批量生产中更经济、更高效，但对过程控制和安全要求更高。间歇过程提供了更灵活的操作条件和产品转换能力，但可能涉及更频繁的清洗和准备工作，增加了操作的复杂性和安全风险。表 3-1 就间歇和连续两种过程方式进行具体比较。

表 3-1 间歇过程和连续过程的比较

间歇过程	连续过程
间歇过程各操作单元之间易于隔绝，单元设备过程物料持有量较大	连续过程各操作单元连通，过程物料持有量较少
间歇过程劳动强度较大，紧急状态下操作者有较多的机会介入	连续过程更多地依靠自动控制
间歇过程产物纯度容易控制，过程物料易于识别	连续过程不稳定状态或周期性波动（如开车或停车）较少
间歇过程有详尽的指令和操作规程，可以减少操作失误或设备的损坏	连续过程的容器或设备很少需要清洗，不稳定状态的物料输入也较少
间歇过程有较长的暴露时间	在连续过程中，有潜在危险的中间体无须贮存

在选择过程（工艺）路线时，应根据生产规模、产品特性、原料可用性、经济效益和环境安全等因素综合考虑。对于具有高风险的化学反应和操作，设计时必须采用先进的工程技术和严格的安全措施，包括但不限于过程控制、安全阀、泄压系统、应急停车装置等，以确保全过程的安全和稳定。此外，对于每一种工艺路线，还需定期进行安全评估和风险分析，以应对可能的变化和潜在的安全隐患。

3.2.5 工艺设计安全校核

工艺设计安全校核是化工过程设计中的一个关键环节，旨在确保所有设计元素都符合安全标准，以预防火灾、爆炸或有害物质泄漏等潜在危险。安全校核涵盖了物料和反应的安全、过程安全的总体规范，以及非正常操作的安全问题。以下是详细的安全校核步骤和要点。

(1) 物料和反应的安全校核

① 危险物质鉴定：识别所有过程中涉及的危险物质，包括原料、产品、副产物等，并收集相关的安全信息；

② 毒性评估：评估物料的毒性及其对人体不同暴露方式的短期和长期影响；

③ 气味与毒性关系：考察物料的气味是否能作为毒性警示，以及是否令人厌恶；

④ 工业卫生控制：鉴定和评估工业卫生控制措施的有效性；

⑤ 物性数据评估：确保所有物性数据的来源和可靠性，以支持安全操作；

⑥ 物料量和状态：评估生产、加工和贮存各阶段的物料量和物理状态，并关联其危险性；

⑦ 运输中的危险：考虑产品运输对相关人员和公众的潜在危险；

⑧ 化学反应鉴别：识别所有可能的化学反应，包括预期和意外反应；

⑨ 反应控制：评估反应速率、变量关系和控制措施，以防止不必要的反应和过多的热量产生。

（2）过程安全的总体规范

① 过程规模和类型：评估过程的规模、类型是否适宜，并考虑是否有更安全的过程路线或设计方案；

② 过程顺序和物料选择：考虑是否可以通过改变过程顺序或选择更安全的物料来提高过程安全；

③ 排放控制：评估物料排放的必要性和安全性，确保符合操作规范和环保法规；

④ 设计校核：确保过程设计合理，所有参数得到有效控制；

⑤ 过程放大：校核过程放大是否正确，考虑所有相关的安全因素。

（3）非正常操作的安全问题

① 偏离正常操作的风险：评估在非正常操作条件下的潜在风险，确保采取了预防措施；

② 紧急情况下的安全措施：确保在紧急情况下可以迅速而安全地降低工厂的压力或过程物料的负载；

③ 操作参数的极限值：明确所有必须校正的操作参数的极限值；

④ 开车和停车操作：考虑开车和停车操作中的物料相态变化和潜在危险。

进行工艺设计安全校核时，应详细考虑以上要点，并采取相应的安全措施，如安装报警系统、自动断开装置、优化物料处理和储存条件等，以确保整个化工过程的安全性。此外，持续的安全教育、培训和安全文化的建设也是保障工艺安全的关键部分。

3.3 化工单元区域规划

化工单元区域规划是一个复杂而细致的过程，旨在确定化工厂内各个单元（如反应器、分馏塔、换热器等）的相对物理位置。这项规划任务要求兼顾经济效率与安全性，是化工项目设计中的关键环节。从经济角度看，单元的紧密排列能显著缩短管道长度、减轻泵送需求，从而降低配管成本。此外，紧凑的布局还有助于减少所需土地面积，进一步节省地皮成本。这种布局策略适用于那些设备间相互作用频繁、物料传输距离短的场合。然而，紧密排列的单元增加了安全风险，尤其是在处理易燃、易爆或有毒物质的化工过程中。为了减轻这些风险，规划时需考虑足够的间隔距离，以隔离潜在的危险源。这种分散的布局策略有利于在紧急情况下（如火灾、泄漏等）进行有效的紧急响应操作，保障人员的安全撤离和消防救援工作的顺利进行。因此，在化工单元区域规划中，必须综合考虑经济效率与安全性的需求，寻求二者之间的平衡点。一方面，要尽量压缩布局，减少投资和运营成本；另一方面，要确保足够的安全距离，以防止事故的发生和扩散。通常，采用开放式区域规划，留有足够的自由活动空间，既满足安全要求，又在一定程度上考虑经济效益，是比较合理的选择。在实际应用中，化工单元区域规划还应考虑其他因素，如环境保护、运营便利性、未来扩展的可能性等，确保长期的可持续发展。通过科学合理的规划，可以在保障安全的前提下，实现化工生产的高效率和低成本。

3.3.1 加工单元区域的规划

3.3.1.1 设备配置的直线排列

在化工工程设计中，设备配置的直线排列是一种通用的区域规划方法，旨在通过将单元中的主要设备（如塔、筒体、换热器、泵）以及主要管线沿直线狭长排列来优化空间利用率和提高生产效率。这种排列方式不仅有助于简化管线布局，还能提高设备维护和操作的便捷性。

（1）基本原理

该方法通过将过程单元内的主要设备排列成一系列平行的、并排的直线，以实现高效的空间规划和物料传输。这些直线簇的相邻区域分布着过程单元的其余组件，它们沿着设备配置直线的端点向外延伸。这种布局既促进了过程单元之间的紧密协作，同时也便于对设备进行监控和维护。

（2）管线配置

在设备配置直线排列中，管线配置分为两个主要部分：整个过程区的主管线和由主管线引出的沿设备配置直线排布的各条支管线。这样的分布有助于优化管线的长度和布局，降低材料和安装成本，同时便于管线的维护和检修。

（3）设施布局与安全考虑

设备配置直线的两侧与道路连接，确保在紧急情况下，主要设备两侧都有便于抢险工作的通道。此外，连接道路还可以作为阻火空间，有效地将设备配置线与厂区的其他部分隔离，从而增强安全性。泵排的设计考虑了维修的便利性，位于设备配置直线旁边并与道路邻接，确保上方无障碍物阻碍维修工作。

（4）其他设施的整合

设备配置直线排列方式还应考虑统一管架、管廊的设置，便于工艺物料的输送。统一的电缆桥架设计，便于敷设动力电缆、信号电缆和伴热电缆，从而提高了驱动和控制的便利性。围堰的设置旨在截留可能泄漏的易燃或毒性溢流物，防止其通过雨水管线、污水管线扩散至其他区域，增加了环境安全性。

综上所述，设备配置的直线排列不仅提高了化工单元的生产效率和操作便捷性，而且通过完善的安全与环保设计，有效地降低了潜在的安全风险。这种规划方法体现了化工工程设计中对效率、安全和环境保护的综合考虑。

3.3.1.2 非直线排列设施的设备

在化工单元区域规划中，除了考虑设备的直线排列外，非直线排列的设施配置也是至关重要的。这种配置重点考虑设备的功能、安全和操作便捷性，以确保整个化工单元的高效和安全运行。以下是针对几种关键设施的非直线排列设备配置原则。

(1) 控制室

作为单元的神经中枢，控制室应置于单元区域的周边，而不是中心，以最小化从操作点到控制室的距离，同时确保安全。考虑到控制室的潜在危险性，在发生重大事故时，控制室极易受到波及。此外，对于处理有毒物质的单元，控制室应位于上风区域，以防有毒气体泄漏对控制室的影响。需要与高温或高压容器、易燃或毒性液体容器保持适当距离。

(2) 压缩机

由于运转剧烈且易泄漏气体，压缩机应与其他危险设备保持适当隔离，并置于单元的下风区。压缩机应避免室内安装，以降低潜在的安全风险。

(3) 公用工程设施

为了安全，电力线应从地下进入加工单元。紧急释放阀或烟气管线等设施应远离火险或其他危险区域。消防栓或监控器的位置应兼顾有效性和紧急时的可访问性。必须保证有无障碍的通道，以便必要时可以迅速撤离。

(4) 加热炉

加热炉作为火源，设置在上风区可能会导致烟道气飘过其他设施，因此最好设置在侧风区域。应与其他危险设备适度分离，以降低火灾风险。

(5) 反应器

主要考虑提供足够的空间以及反应器内部安全操作设施和相关催化剂的需求。一些高热运转的反应器需要作为火源来处理，需考虑其对周围设备的潜在影响。

通过上述原则的应用，化工单元可以在确保生产效率的同时，最大限度地提高安全性。这要求在规划阶段对每一个设施的位置、功能以及与其他设施的相对位置进行仔细考虑，以实现一个既高效又安全的生产环境。

3.3.1.3 室内装置的配置

室内装置的配置是化工生产中对特定过程的一种特殊考虑，特别是那些需要精确温度控制或经常由操作员观察的单元。这些设施通常被安置在室内，以便更好地控制过程条件和提高安全性。与室外装置相比，室内装置在规划时需考虑的因素有所不同。主要考虑因素有如下几方面。

① 隔离和安全措施：由于室内没有主导风向且受距离的影响减小，隔离变得尤为重要，必须通过适当的隔离措施确保过程安全；

② 通风系统：高容量的通风系统是室内装置不可或缺的部分，它有助于保持空气质量，防止空气-蒸气或空气-粉尘混合物达到其爆炸极限；

③ 排水系统：高效的排水系统能快速排出泄漏的液体，防止滑倒事故发生并降低环境污染风险；

④ 遥控操作：通过遥控操作加工装置，可以在必要时从远处安全地控制过程，降低操作人员直接暴露于危险环境的风险；

⑤ 自动灭火系统：包括水喷雾、蒸汽覆盖、泡沫或惰性气体系统等，这些系统能

在发生火灾时迅速反应，控制火势或灭火；

⑥ 安全通道系统：与室外装置相比，室内装置需要更严格地规范撤离通路，确保在紧急情况下，人员能迅速且安全地撤离。

室内装置的设计原则：室内装置的配置和设计必须综合考虑操作的安全性、效率和环境影响。设计时不仅要考虑工艺设备本身的需求，还要兼顾操作人员的安全和舒适。为此，必须确保室内装置拥有足够的空间以便于操作和维护，同时，应充分考虑到紧急情况下的人员疏散需求。

在进行室内装置规划时，应充分考虑这些特殊的安全设施和措施，通过科学合理的设计，确保化工生产的高效率和高安全性。这不仅有利于保护操作人员的健康和安全，也有助于保护环境，防止事故的发生。

3.3.2 单元区域的管线配置

3.3.2.1 设备配置的规划

在化工工厂中，设备配置的直线排列是一种旨在最小化风险和提高效率的设计原则。这种配置考虑到了化学品泄漏的主要因素，包括管线长度、排放口数量以及管线的简单性。以下是基于防止管件泄漏的简洁设计规则的直线排列配置原则。

(1) 管线设计简化

① 减少分支和死角。简化管线设计，通过直线排列减少管线的分支和死角数量，以降低泄漏点出现的可能性。

② 减少小排放口数量。通过限制小排放口的数量，减少泄漏风险。

(2) 标准化与严格检验

① 统一设计标准。所有管线，包括小口径的支管，都应遵循统一的设计标准，并接受与主管相同的严格检验。

② 热膨胀考量。考虑管件或容器的热膨胀，设计管线时应包含足够的伸缩性，如适当配置波纹管。

(3) 易于监控与维护

① 直接卸料的排放口应具有可见性。排放口应设在操作人员易于观察的位置，确保工作系统能定期检查和报告。

② 密封性能保障。确保密封垫与管内流体在最大操作温度下兼容，并在最大内压下保持紧密密封。

(4) 设备安全与支撑

① 减少真空管线上的法兰盘数量。简化真空系统的设计，减少泄漏风险。

② 增强管道支撑。充分支撑管道，减轻放料或安全阀作用下的管道力量，以避免因不当力量作用导致的管道损伤。

③ 管道布局应避免机械损伤。管道的布局应避免通过可能导致机械损伤的区域。

(5) 访问与维修便利性

① 保障通道和扶梯的充分性。设计中应包括足够的通道和扶梯，以避免在维修或检查时需要攀越管件。

② 使用高强度螺栓。对于承受高温的大法兰盘，使用高强度螺栓确保稳定性和安全性。

这种直线排列的设备配置不仅优化了化工工厂的操作效率，而且显著降低了泄漏和其他安全风险，通过精心设计的管线和设备布局，提升了工厂整体的安全性和可靠性。

3.3.2.2 软管系统的配置

从油船、罐车等装卸液体物料时，软管系统的配置和使用需要格外注意，以确保操作的安全性和高效性。以下是软管系统配置的关键准则。

(1) 软管的选择和适用性

① 遵循标准。选择软管时，应考虑其适用性，并确保其符合相关软管使用的标准。这包括对材料、压力等级和化学兼容性的考量。

② 设置紧急隔离设施。在软管的一端设置紧急隔离阀，以便在紧急情况下快速切断流动。另一端应设止逆阀，以防止流体逆流。考虑使用过流阀来替代远程隔离阀，以增加操作的灵活性和安全性。

(2) 软管固定和支撑

① 螺栓固定的软管夹。使用螺栓固定的软管夹而非侧卸式软管夹，以确保软管在使用过程中的稳定性和安全性。

② 支撑设施。在软管系统使用期间，应有充分的支撑设施，以避免软管因不当支撑而导致损坏。在不使用时，也应采取措施防止软管被压破或其他形式的损坏。

(3) 操作和安全特性

① 排空阀配置。对于所有高于大气压操作的可移动软管，应设置排空阀。这是为了在降压时防止软管折断或损坏，增加操作过程中的安全性。

② 定期检查和维护：软管及其配件应定期进行检查和维护，以确保其良好状态，并防止因磨损或老化引起的泄漏或断裂。

通过遵守上述准则，可以确保软管系统在液体物料装卸过程中的安全运行。这不仅包括正确选择和使用软管，还涉及在整个操作过程中的细致管理和维护，从而防止事故的发生，确保人员安全和防止环境污染。

3.3.2.3 管线配置的安全考虑

在化工厂等工业场所，管线配置的安全至关重要，它直接关系到整个生产过程的安全性和稳定性。以下是管线配置时需要考虑的五个主要安全方面。

(1) 材料选用

① 化学兼容性。选择与输送介质化学性质兼容的材料，以避免化学反应导致的管线腐蚀、磨损或泄漏。

② 耐压性能。材料应具备足够的强度和耐压性能，以承受管线内部的最大工作压力，防止因压力过大而引发管线破裂。

③ 温度适应性。管线材料应能够适应运输介质的温度范围，包括极端的高温或低温条件。

（2）高低压报警

① 压力监测。安装压力传感器，实时监控管线内部的压力变化，及时检测出压力异常。

② 报警系统。配置高效的报警系统，一旦检测到压力超出正常工作范围，即刻发出警报，以便采取紧急措施。

（3）安装止逆阀

① 防止流体逆流。在适当位置安装止逆阀，防止介质逆流，保护下游设备和工艺流程的安全。

② 安全隔离。止逆阀还可以在系统失效时隔离部分管线，防止事故扩散。

（4）安装紧急隔离阀

① 快速切断。在关键位置安装紧急隔离阀，以便在紧急情况下快速切断管线内的流体流动，有效控制事故发展。

② 操作便捷性。紧急隔离阀应设计为易于操作，确保在紧急情况下能够迅速有效地执行关闭动作。

（5）软管的使用

① 软管选择。选用适合特定介质的软管，确保其耐压、耐温和化学稳定性满足要求。

② 软管管理。对于可移动软管，需要有专门的管理措施，包括使用前的检查、使用中的监控和正确的存放方法，防止软管损坏导致泄漏。

综上所述，通过在管线配置中综合考虑材料选用、高低压报警、安装止逆阀、安装紧急隔离阀以及软管的使用等安全措施，可以显著提高工业设施的安全性，预防和控制事故的发生，保障人员和设备的安全。

3.3.3 单元装置和设施的安全设计

（1）装置的安全设计

装置的安全设计是确保在化学过程或单元操作中，装置、仪表和辅助设施能够在出现故障或操作失误时保持最小的危险状态，从而保障工厂的安全。在设计阶段，采用了两个重要的概念来确保安全性，即“故障自动保险”和“二次概率设计”。首先，故障自动保险确保了系统在装置、仪表或过程控制回路出现故障时能够自动恢复到最小危险状态。这意味着系统被设计成能够在故障情况下自动切断相关的部分，以防止事故进一步扩大。例如，当装置或仪表出现压力异常时，系统应当自动切断相关部分以释放压力或降低压力，从而防止爆炸或其他危险情况的发生。其次，二次概率设计是指在操作失误或设备故障时，通过启动备用设备来预防危险或降低危险性。这意味着在设计装置时应考虑到备用设备的设置，以确保在主要设备失效时可以迅速切换到备用设备以保持生产运行或避免事故。例如，容器的压力释放装置，用于在主要装置出现压力异常时释放压力以减小危险；设备或建筑物的爆炸卸荷设施，用于控制爆炸的影响范围；贮罐周围的围墙防护，用于防止物质泄漏或溢出造成的环境污染或人员伤害；等等。此外，还应设置紧急关闭系统和报警装置。紧急关闭系统可以在发生紧急情况时立即切断相关设备或过程，以防止事故进一步扩大。报警装置则可以在过程参数达到高限或低限阈值时发出警报，提醒操作人员注意并采取必要的措施，以避免事故的发生。综上所述，装置的安全设计通过故障自动保险和二次概率设计等措施，确保在化学过程或单元操作中能够最大程度地降低事故发生的可能性，并在事故发生时能够迅速采取措施以保障工厂的安全。

（2）辅助工程设施的安全设计

辅助工程设施的安全设计至关重要，其中包括电气设备、蒸汽系统、过程用水和锅炉用水、压缩空气系统、惰性气体供应、消防用水系统以及冷却水系统。这些设施的安全设计考虑了供给量、可靠性以及关闭时备用设备或紧急贮存器的供应。在设计排水系统时，必须确保其能够有效排除易燃液体，防止其与救火消防水混合并排出。优化的排水系统设计应该能够迅速将泄漏的易燃液体引导至蓄污池，从而减少因泄漏造成的损失。装置的抗污染性也是至关重要的。例如，在应用蒸汽灭火时，消防蒸汽供给线应当与正常蒸汽供给线隔离，以防止烃类泄漏物污染正常蒸汽。压缩空气系统的过程污染可以通过物理隔离的方法避免。地面水和污水必须隔离排放，而对于惰性气体供应，则需要确保在日常操作和紧急状态下都有充足的供给量，并防止污染。对于易燃液体或气体加工区域，应采取放开构造，以便于气体或蒸汽泄漏物的集中通风，并提供最大可能的爆炸排放面积，同时也有利于救火。此外，应在没有其他过程的放开区域设置粉尘捕集装置和过滤器，以保证安全性和保护环境。

3.4 压力容器的设计、制造、检验与安全

3.4.1 压力容器概述

3.4.1.1 压力容器规范化

压力容器规范化的历史可以追溯到 19 世纪末，当时已经开始对锅炉和压力容器制定规范。20 世纪初期，锅炉爆炸事故频繁发生，造成了大量人员伤亡，引发了人们对压力容器制造与安装的重视和规范化的呼声。1907 年，美国马萨诸塞州提出了世界上

第一部锅炉制造和安装的法规，随后其他州和城市也相继制定了类似的法规和条例。然而，美国不同州的技术规范缺乏一致性，制造者无法生产出符合各州标准的产品。为解决这一问题，美国机械工程师协会于 1911 年成立了专门的锅炉规范委员会，开始制定统一的压力容器规范。类似的趋势也在其他国家出现，许多国家相继成立了压力容器规范的立法和管理机构，并颁布了各自的压力容器规范。在中国，国家劳动总局（现人力资源和社会保障部）于 1979 年颁布了《气瓶安全监察规程》，1980 年颁布了《蒸汽锅炉安全监察规程》，1981 年颁布了《压力容器安全监察规程》。尽管有了这些规范，但在实际应用中仍然存在非规范化压力容器，这些容器不能满足设计、制造、检验和鉴定规范的最低要求。这些非规范化容器不得在接受美国机械工程师协会规范的区域安装，因为它们可能存在着较高的风险。近年来，压力容器爆炸事故频发，给人们的生命财产安全带来了巨大威胁。各国政府和相关部门加强了对压力容器规范化的管理和执行，以确保压力容器的安全性和稳定性。只有严格遵守规范，才能有效预防和减少压力容器爆炸事故的发生，保障人们的生命财产安全。

事故案例

2022 年 6 月 27 日 16 时 15 分，约旦亚喀巴港一辆起重机的电缆系统发生故障，将一个约 25 吨（55000 英镑）重的装有高压液化氯气的货柜掉到船上，货柜破裂导致氯气从容器中泄漏。气体随后蔓延到整个港口。氯气对人体有毒，吸入后会造成肺水肿、急性呼吸窘迫综合征、慢性呼吸问题，甚至死亡。该港口立即实施疏散，伤者被送往医院。最终事故造成 14 人死亡、265 人受伤。

山东“9·24”压力容器事故：2020 年 9 月 24 日上午，山东省济南某建筑材料有限公司一台蒸压釜正常生产使用，用于加气混凝土砌块加工，在生产过程中该设备密封使用蒸汽加压到 1MPa，保持压力 3 小时后泄压，达到正常压力后，打开蒸压釜取出加气混凝土砌块。24 日中午蒸压釜加压到 1MPa 时，操作工即停止加压，在 1MPa 压力下保压 10 多分钟后由于安全联锁装置失效，设备运行过程中釜盖发生周向滑动并滑脱蒸压釜，釜内蒸汽迅速外泄，发生爆炸。爆炸导致蒸压釜盖向北飞出约 102 米穿出北面厂房落地，蒸压釜体向南移动 88 米击穿生产车间、办公用房，造成 4 人死亡，3 人受伤，生产车间和办公用房损坏，直接经济损失约 575.5 万元。

3.4.1.2 固定式压力容器分类

固定式压力容器根据其用途和设计压力的不同，可以进行多种分类。以下是按照用途和设计压力大小进行的分类方法。

(1) 按用途划分

① 反应容器。用于完成物料的物理、化学反应，如反应器、反应釜、聚合釜、合成塔、变换炉等。

② 换热容器。用于完成物料和介质间的热量交换，如热交换器、冷却器、冷凝器、蒸发器等。

③ 分离容器。用于完成物料的流体压力平衡缓冲和气体净化分离，如分离器、过滤器、汽提塔、吸收塔、干燥塔、洗涤器等。

④ 储存容器。用于储存或盛装气体、液体、液化气体等，如各种形式的储罐。

（2）按设计压力大小划分

① 低压容器。设计压力在 0.1MPa$\leqslant p<$1.6MPa 范围内。

② 中压容器。设计压力在 1.6MPa$\leqslant p<$10MPa 范围内。

③ 高压容器。设计压力在 10MPa$\leqslant p<$100MPa 范围内。

④ 超高压容器。设计压力超过 100MPa。

以上分类方法根据压力容器的不同特性和用途，对压力容器进行了细致的分类，有助于安全监察和管理工作的开展。

3.4.1.3 结构材料的力学性能

结构材料的力学性能是指材料在受到外力作用时所具有的抵抗变形和断裂的能力。常见的力学性能包括强度、塑性、韧性、硬度以及安全系数等。

3

（1）强度

① 抗拉强度：材料在拉伸试验中所能承受的最大表观应力；

② 屈服强度：材料在拉伸试验中出现屈服现象时的应力值，或者是塑性变形量达到试样原始长度 2%时的应力值；

③ 疲劳极限：材料经过循环加载，不发生破坏的最大应力值；

④ 屈强比：屈服强度与抗拉强度的比值，是表征材料力学性能的特征参数。

（2）塑性

① 延伸率：材料在拉伸断裂前所能承受的最大塑性变形量，与制造过程中的冷加工和焊接密切相关；

② 端面收缩率：材料在拉伸试验中断裂时端面收缩的百分比。

（3）韧性

韧性是指材料抵抗冲击载荷的能力，通常用吸收的能量来衡量，表示为材料在断裂前吸收的冲击功。

（4）硬度

硬度是指材料抵抗硬物压入或刻刮的能力，可以用不同的方法来表示，如洛氏硬度和布氏硬度等。

（5）安全系数

安全系数是压力容器设计中的重要因素，用于提供设备使用期间对各种可能损害设备安全的因素的适当安全裕度。

结构材料的力学性能直接影响着压力容器的安全性和稳定性。因此，在设计和制造压力容器时，需要综合考虑材料的各项力学性能，并确保满足相应的要求，以保障压力容器在使用过程中的安全可靠。

3.4.2 压力容器设计

(1) 设计的一般要求

设计压力容器时，有一些一般要求需要遵守，以确保设计的合法性和安全性。

① 设计单位资质：设计单位必须持有设计许可证书，方可承担设计任务。无许可证的单位不得擅自进行压力容器的设计工作。压力容器的设计应由设计单位的技术负责人进行批准。

② 签字要求：设计图纸上必须有设计、校对和审批人员三级签字。此外，设计总图除了以上要求外，还必须有单位技术负责人签字和设计单位批准书的编号和批准日期。没有批准书编号和批准日期的图纸不得在社会上流通，制造单位有权拒绝加工。

③ 审批程序：全国性锅炉定型设计应依法经由国家特种设备安全监督管理的主管部门审查批准。非全国性锅炉定型设计需经省、自治区、直辖市主管部门审批；

④ 锅炉定型设计的设计总图审批：应按照特种设备安全法规规定履行审批程序，设计单位技术负责人或其授权人应签署审批意见；如地方安全监察机构有加盖审批标记的要求，应依照地方主管部门的规定执行。

以上一般要求旨在确保设计单位具有相应资质、设计过程规范、审批程序合法，并且保证图纸的准确性和可靠性，以保障压力容器的设计和制造安全可靠。

(2) 压力容器结构

压力容器的结构主要由以下几个部分构成：筒体、封头（或端盖）、接管、人（手）孔盖和支座（图 3-2）。

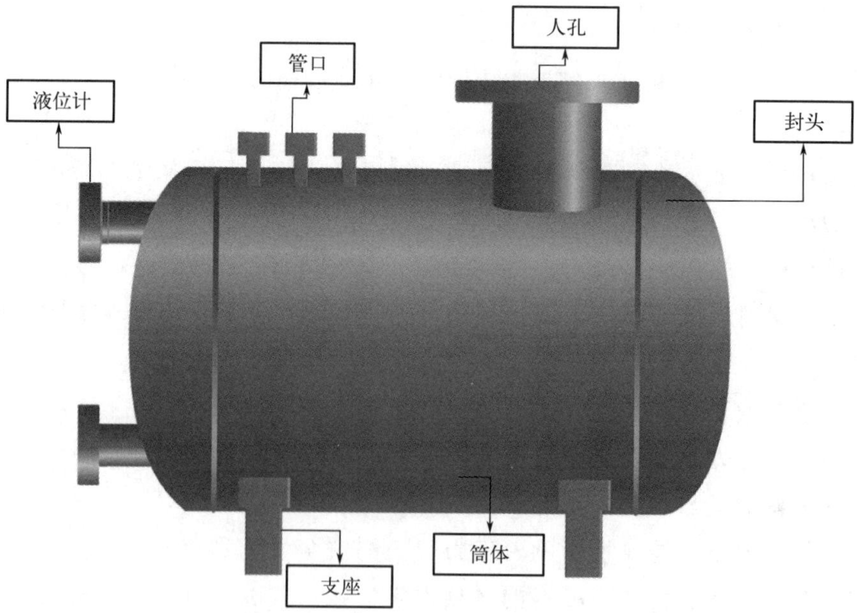

图 3-2 压力容器结构示意图

① 筒体。压力容器的主体部分，通常为圆筒形状，负责承受内部介质的压力。为了避免应力的集中或局部受力状况的恶化，筒体在设计时应尽可能避免几何形状的突变或其他结构上的不连续，以减少不连续应力的产生。

② 封头（端盖）。位于压力容器的两端，用于封闭容器的内部。封头的形状通常为椭圆形或球形，球形封头在相同直径和压力下所需壁厚最小，但由于加工困难，常采用椭圆形封头。

③ 接管。连接压力容器与其他设备或管道的部件，用于输送介质或进行其他工艺操作。

④ 人（手）孔盖。用于人员进入压力容器内部进行检修、清洁或维护。为了减少应力集中，人（手）孔盖的结构应合理设计，并采取适当的补强措施。

⑤ 支座。用于支撑压力容器，使其稳固地放置在地面或支架上，并分担容器的重量和压力。

在压力容器的结构设计中，还应考虑材料的选择。选用的钢材应具有良好的力学性能，如高强度、良好的塑性和韧性、低的冷脆倾向等，并且应符合国家标准和相关技术要求。另外，在材料选择时应尽量避免使用沸腾钢，而应采用镇静钢，以保证材料的均匀性和冲击韧性。

(3) 设计基础

压力容器设计基础涉及设计压力和设计温度、最小板材厚度、外压或真空条件、材料选择、支撑物对壳体的作用以及封头类型等方面的要求。

① 设计压力和设计温度：对于非旋转容器，设计压力通常要高出操作压力的 10%或 0.1MPa，而旋转容器的设计压力则要高出预期最高压力的 5%至 10%。设计温度一般要高出不会引起规范许可应力减少的最高温度 30℃。

② 最小板材厚度：设计规范规定，大直径压力容器的板材厚度不应小于（$D-2.54)/1000$，其中 D 是筒体的最小直径。焊接结构的最小板材厚度通常为 5mm 或 6mm。

③ 外压或真空条件：许多压力容器在外压或真空条件下操作。设计规范允许容器偶尔承受 0.1MPa 及以下的外压，无须考虑外压结构的规范要求，但应充分考虑可能的后果，如容器破裂引起的人员危险和财产损失等。

④ 材料选择：材料在设计压力和温度下的允许应力并不需要过量的壁厚。应根据压力容器操作条件选择适当的材料，同时考虑材料的耐腐蚀性和成本因素。

⑤ 支撑物对壳体作用：压力容器及其支架的设计必须与各项负荷匹配，包括容器和内容物的重量、内外部设施的重量、风力和地震负荷等，以避免过量的局部应力。

⑥ 封头类型：压力容器的封头类型包括半球形、椭球形、锥形、准球形、平板形等。不同类型的封头在应力分布、制造成本等方面有所差异，选择时应根据具体情况综合考虑。

综上所述，设计基础是压力容器设计的基础，设计人员应严格按照规范要求进行设计，确保压力容器的安全可靠运行。

3.4.3 压力容器的制造和安装

（1）压力容器制造

压力容器的制造需要严格符合国家规定，确保制造质量和使用安全。以下是压力容器制造的一般要求。

① 制造许可证：制造锅炉、压力容器的专业单位必须经过主管部门和劳动部门的审查、批准，发放制造许可证书。无证单位不得制造承压设备，非专业单位若自制自用压力容器，也需要办理申请、审查和批准手续。

② 材料复验：材料的质量和可靠性对承压设备的使用安全和寿命至关重要。材料必须具有质量合格证明书，根据材料的力学性能和化学成分进行必要的复验，并按照相关技术标准进行复验程序。

③ 连接方法：压力容器的制造可以采用栓接、铆接、锻冶、浇铸、钎接等连接方法的组合。铆接结构和螺栓连接在现代压力容器中已较少采用，焊接结构则是主要的制造方式。

④ 焊接工艺：焊接是压力容器制造中常用的连接方法。焊接工艺有多种，如电弧焊、气焊、钎焊等。压力容器一般采用手工或自动的电弧焊或气焊。焊接质量直接影响着压力容器的制造质量，因此对焊接工艺和操作者的要求都有详细的规定。

⑤ 焊接质量控制：由于焊接接头可能存在各种焊接缺陷，如气孔、夹渣、裂纹等，因此焊接质量的控制至关重要。制造厂应严格培训和考核焊工，保持良好的焊接环境，按照评定合格的焊接工艺进行施焊，并做好焊接的预热、后热及焊后的热处理工作，以提高焊接质量和接头的性能。

综上所述，压力容器制造需要严格遵守规定，从材料选择到焊接工艺都需要精心控制，以确保制造出安全可靠的压力容器。

（2）压力容器安装

压力容器的安装需要严格遵守国家规范，并经劳动部门审核批准的专业安装单位进行。以下是压力容器安装的一般要求。

① 资质审批：安装单位必须经劳动部门审核批准后才能从事承压设备的安装工作。安装作业必须严格按照国家规范和安装规程的要求进行。

② 安装质量验收：安装过程中应对安装质量进行分段验收和总体验收。验收由使用单位和安装单位共同进行，总体验收应有上级主管部门和劳动部门参加。

③ 安全技术措施：安装过程中应考虑设计中的安全技术措施和制造中的安全技术要求，确保安装过程的安全性。

④ 附件制作和安装：支柱、平台、扶梯等附件的制作和安装都应符合相关规定的要求，确保安装完整且安全可靠。

⑤ 基础和接管安全：在安装过程中应考虑基础沉降危险和接管安全的问题，采取

必要的措施确保基础稳固，并防止接管出现安全隐患。

⑥ 焊接质量要求：组装焊件时不得用强力使焊件对正，焊接耳柄、拉筋板等应选用与容器相同或相似焊接性能的材料。现场组装的焊接容器应对焊缝进行表面探伤。

⑦ 胀接质量控制：对于胀接，应提前做好试胀工作，确定合理的胀管率，并在胀接过程中随时检查胀口的质量，及时发现并消除缺陷。

综上所述，压力容器的安装必须符合严格的审批程序和规范要求，并注重安全技术措施的实施，以确保安装质量和使用安全。

3.4.4 压力容器定期检验

(1) 检验周期

压力容器的检验周期根据其技术状况和使用条件可分为外部检查周期、内外部检验周期和全面检验周期三种类型。具体要求如下。

① 外部检查周期：每年至少进行一次外部检查，以确保容器外部结构完好，无明显损伤或磨损情况。

② 内外部检验周期：每三年进行一次内外部检验，对容器内外部进行全面检查，以评估容器的整体状态和安全性。

③ 全面检验周期：每六年进行一次全面检验，对容器的内外部结构、焊缝、附件等进行全面而彻底的检查和评估。

在特定情况下，检验周期可能需要缩短或延长：对于用于强腐蚀介质的容器，如发现严重缺陷，应每年至少进行一次内部检验。无法进行内部检验的容器，应每三年进行一次耐压试验。使用期已达到 15 年的容器，应每两年进行一次内外部检验；达到 20 年的容器，应每年进行一次内外部检验。对于介质对容器材料腐蚀情况不明、焊接性能差或经多次返修的容器，交付使用满一年后应进行内外部检验。停用两年以上的容器，在恢复使用前应进行内外部检验，必要时进行全面检验。

同时，以下情况下检验周期可以适当延长：如果非金属衬里完好，壳体无损坏，全面检验周期可适当延长，但不得超过八年。对于非腐蚀介质或有可靠的金属衬里，经过 1 至 2 次内外部检验确认无腐蚀情况的容器，全面检验周期也可适当延长，但不得超过九年。需要强调的是，检验周期的延长必须有可靠的科学依据，并且需要进行慎重考虑。

(2) 检验内容

压力容器的检验内容可分为外部检查、内外部检验和全面检验三个方面。

① 外部检查。检查压力容器及其配管的保温层、防腐层和设备铭牌，确保完好无损。观察容器外表面是否存在裂纹、变形、腐蚀和局部鼓包等缺陷。检查焊缝、承压元件和可拆连接部位是否有泄漏迹象。检查容器开孔是否有漏液、漏气现象。检查安全附件是否完备可靠，紧固螺栓是否有松动或腐蚀。检查设备基础和管道支撑是否适当，是否存在下沉、倾斜、裂纹等不良迹象。确认容器的运行是否符合安全技术规程。

3

② 内外部检验。在外部检查的基础上，进一步检查内外表面的腐蚀、磨损情况。检查所有焊缝、封头过渡区、接管处、人孔附近和其他应力集中部位，是否存在裂纹或其他破损，衬里是否有突起、开裂或腐蚀。对于高压容器的主要紧固螺栓，进行宏观检查并进行表面探伤。

③ 全面检验。包括内外部检验的全部内容，并加上以下项目。

a. 对焊缝进行无损探伤，以确保焊接质量和完整性；

b. 进行耐压试验，以评估容器的耐压性能和密封性。

以上检验内容确保了对压力容器的全面评估，从外部到内部再到焊缝和耐压性能，以确保其安全可靠的运行状态。

(3) 压力试验

压力容器的压力试验可分为耐压试验和气密性试验两个阶段。

① 耐压试验。对容器强度、制造工艺质量等进行的综合性试验。耐压试验应在内外部检验合格后进行。如果规范设计图纸要求使用气体代替液体进行耐压试验，则可以采用气压试验；否则，应使用液压试验。液压试验的压力为设计压力的 1.25 倍。气压试验的压力，对于低压容器为设计压力的 1.20 倍，对于中压容器为设计压力的 1.15 倍，对于高压或超高压容器，不采用气压试验。容器在耐压试验后应无泄漏、无明显变形；返修焊缝经无损探伤检查无超标缺陷；对残余变形率有要求时，残余变形率应符合规定的标准。

② 气密性试验。用于检验容器的严密性。气密性试验一般在设计压力下进行。在达到规定的试验压力后，应保持 30min。在试验过程中，在焊缝和连接部位涂抹肥皂水进行试验，或将容器浸入水中进行试验。无气泡即可认为合格。

通过这两个阶段的试验，可以确保压力容器在设计压力下具有足够的强度和严密性，以保证其安全可靠地运行。

3.4.5 压力容器安全附件

压力容器的安全附件包括安全阀、爆破片、压力表和液位计等，它们在保障承压设备安全运行方面起着至关重要的作用。

(1) 安全阀

安全阀的选用应考虑容器的工作压力、温度、介质特性等因素。重锤式安全阀适用于压力不高的承压设备，高压容器则多采用弹簧式安全阀，而脉冲式安全阀通常用于大口径管路上（图 3-3）。安全阀必须具有足够的排放能力，在超压时能迅速排出介质，以保证压力不超过规定值。

(2) 爆破片

爆破片主要用于压力瞬间急剧上升、不允许介质泄漏以及产生沉淀或黏附物的情况下。爆破片分为平板型和预拱型两种（图 3-4），都有材料选用、泄放面积计算、厚

重锤式安全阀　　弹簧式安全阀　　脉冲式安全阀

图 3-3　不同种类安全阀及其内部结构图

度计算等设计要求。通常每 6 个月或 12 个月更换一次爆破片，如果爆破片破裂或有明显变形应立即更换。

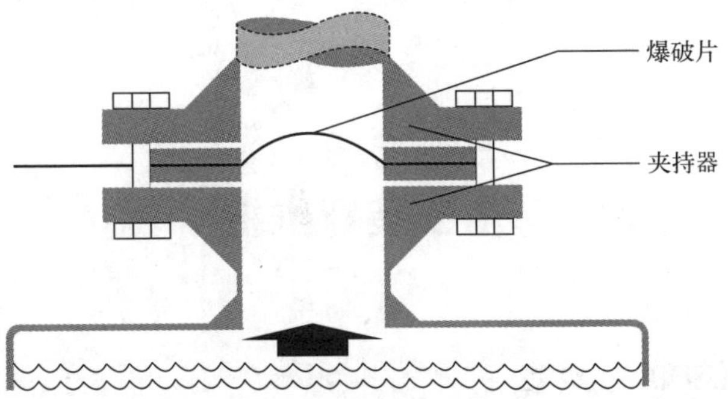

图 3-4　爆破装置示意图

(3) 压力表

压力表的选用应根据容器的设计压力或最高工作压力确定（图 3-5），其精度级别不同。应根据实际情况选择合适的表盘尺寸和量程，以便于观察和减少视差。

卡箍式　　螺母式　　矩形法兰式

图 3-5　不同规格压力表

(4) 液位计

液位计的安装位置应便于观察并有足够的照明。根据容器高度和液位计类型的不同，可以选择浮球液位计、超声波液位计、磁翻板液位计、雷达液位计、电容式液位传感器等（图 3-6）。

浮球液位计　超声波液位计　磁翻板液位计　雷达液位计　电容式液位传感器

图 3-6　不同类型液位计

这些安全附件的正确选择、安装和维护对于承压设备的安全运行至关重要，应严格按照相关规定和标准执行。

3.5 化工装置维护

3.5.1　化工装置维护的必要性

化工装置维护的必要性在于其特殊性和潜在的危险性。化学工业不仅涉及各种物料和过程，如液体、气体和粉状固体的搬运，还涉及广泛温度范围内的混合、蒸煮、冷却和搅拌等操作。这些操作依赖于复杂的设备系统，包括但不限于管线、传送设备、叉车和封闭容器。化学工业的设备，从实验室的小型反应釜到大型的工业塔器，尺寸和类型各异，设计用于承受高度腐蚀的环境，处理易燃液体、毒性或有害物质，这些特有的问题增加了操作的危险性。

维护的缺失不仅增加了设备故障的风险，还可能导致重大的安全事故。

事故案例

历史上的多起事故证明了化工装置维护的重要性。比如第 2 章中提到的印度维沙卡帕特南 LG 聚合物工厂苯乙烯泄漏事故，由于缺乏维护，苯乙烯储罐的制冷系统故障导致温度升高，最终引发苯乙烯气体泄漏，造成人员伤亡。

2019 年 3 月 21 日，江苏响水某化工厂发生了爆炸事故。该公司长期违法贮存危险废物，未及时处理，导致自燃并引发爆炸，造成 78 人死亡，数百人受伤。事故调查显示，企业在安全管理和设备维护方面存在严重疏漏。

再如，2019 年河南某气化厂发生的空分装置爆炸事故，由于其空气分离装置冷箱泄漏未及时处理，引发连锁反应，造成大量人员伤亡和经济损失。这一事件突显了维护在预防事故中的关键作用。

这些案例说明了化学工业中维护工作的重要性，尤其是在安全操作方面。定期的维护不仅能够识别并修复潜在的设备问题，还能够防止事故发生，保护人员安全，避免经济损失。因此，对化工设备进行高质量的维护是至关重要的，这不仅是为了保障设备的正常运行，更是为了确保作业人员的安全和保护环境。

3.5.2 预防维护

预防维护是一种策略性的维护方式，旨在通过定期检查和维修来预防设备故障和延长其寿命，从而避免意外停机和提高生产效率。它基于对装置或设施可能故障的频率进行预测，以便在设备失效前进行必要的维护工作，如检验、维修或更换部件。

化工厂泵的预防维护程序提供了一个典型的工作流程示例，可以分解为以下几个步骤。

① 计划和协调：区域维护工程师与操作部门管理人员共同制定泵的检验频率和大修计划，并决定何时安装备用泵。这一计划通常是基于年度的，考虑泵的运行情况和制造商的维护建议。

② 调度：泵的停机维护时间会被安排在生产管理日程中，以便与其他设备的维护工作同步进行，以减少对生产的影响。

③ 记录和通知：维护工作的具体日期和时间会记录在工作程序管理系统中，并提前一周通知相关操作管理人员，以便做好设备停机前的准备工作。

④ 工作准备：维护领班和团队会在维护前再次检查工作程序，协调所需的人员、设备和材料。

⑤ 执行维护：进行维护工作，并将结果记录在设备维护记录卡上，确保所有的活动都有迹可循。

⑥ 后续计划：根据维护结果和设备状态，规划下一次的大修日期。

通过实施这样的预防维护程序，不仅可以降低设备的故障率，还能从根本上提高作业的安全性。对操作人员、维护人员和环境的保护是预防维护的三个重要方面。确保安全的措施包括避免维护活动中的环境危险、预防操作条件引起的危险以及通过标准化维护方法来预防维护人员自身的安全风险。这要求在进行任何机加工或操作活动前获取相应的操作许可，并确保所有的维护工作都按照既定的步骤和标准执行，从而减少意外和危险的发生。

总的来说，预防维护不仅是设备管理的最佳实践，更是确保工作环境安全、提高生产效率和降低运营成本的关键策略。通过实施周密的预防维护计划，化工厂可以有效地避免严重的设备故障和安全事故，保障员工的健康和安全，同时确保生产过程的顺畅进行。

3.5.3 非常规运行和有关作业的维护

(1) 停车和开车

在化工生产过程中，停车和开车是一项充满挑战的任务，要求精密的计划和严格的操作控制。这些操作涉及设备的安全交接、预防热应力和机械应力引发的设备故障，以及确保人员安全的各项措施。首先，明确责任是停车和开车过程中的关键步骤。操作团队在将设备交给维护组之前，必须确保设备已经经过适当的排空、冲洗、蒸汽吹除、惰性气体吹除或其他安全措施，以保障维修过程的安全。维护团队在接手设备前，需要从维修的可行性角度进行检查，确认安全处理措施是否已经完全实施。其次，管理热应力和机械应力是防止设备泄漏和破裂的重要环节。停车和开车过程中，设备将经历温度变化，导致接头松动等问题。这要求在加热和温度平衡时采取额外的预防措施，确保设备稳定运行。无论是计划内的停车还是意外停车，都必须遵循事先制定的书面规程，以防止设备故障。再者，确保人员安全也是至关重要的。例如，如果管道未进行充分的加载防护，禁止人员穿越管线区域，以避免由管道操作不当造成的事故。

事故案例

2023 年 9 月 7 日，内蒙古鄂尔多斯市某生态农业开发有限公司气化车间发生高压气体泄漏事故，造成 10 人死亡、3 人受伤。据初步了解，8 月 24 日该公司全线停车进行年度大检修，9 月 7 日气化 B 炉点火启动后，在对粗合成气外送阀门压盖进行拆除检查过程中，管道内高压气体喷出，将外送阀压盖、检修作业人员和现场管理人员从五楼顶部一起吹落至厂区地面，造成人员伤亡。

上述事故案例是一个警示，说明了在停车和开车操作过程中，安全控制措施的重要性。该事故中，在检查过程中未能妥善控制高压气体，导致严重的人员伤亡。这一悲剧强调了严格遵守操作规程、确保设备安全处理措施得到有效实施的重要性。

综上所述，化工生产中的非常规运行和有关作业的维护停车及开车过程，要求高度的专业性和严谨的操作控制。通过明确责任、管理热应力和机械应力以及确保人员安全，可以有效地预防事故发生，保护员工生命安全和设备完好，确保生产过程的顺利进行。

(2) 容器内作业

容器内作业是一项高风险活动，尤其是在化工行业，因为这涉及进入封闭或半封闭的空间进行维修、检查或清洗等操作。考虑到潜在的危险，采取严格的安全预防措施是必需的，以确保作业人员的生命安全和健康。以下是进行容器内作业时必须遵循的防护措施。

① 彻底清洗：在作业前，容器必须由操作人员彻底清洗，以去除所有潜在的危害物质。

② 断开并封堵管线：所有连接到容器的管线都必须断开并进行必要的封堵，以防止任何物质进入或离开容器。

③ 切断电源：所有电力驱动的设施，如搅拌器等，必须在断路开关处切断电源，以防意外启动。

④ 气体检测：必须采集空气样本进行检测，证明容器内无易燃蒸气、无毒性或不卫生物质，且含有正常量的氧气。

⑤ 签发进入许可证：在对容器等受限空间进行操作和维护前，必须按规定签发受限空间进入许可证，并在入口处张贴明显的危险标志，标明“进入需许可证”等提示，以防止未授权人员进入。

⑥ 使用安全带和绳索：进入容器的工人及观察者必须系上安全带和绳索。

⑦ 呼吸保护与防护装备：大多数情况下，进入容器的人员需要配备空气面罩和新鲜空气供应系统，以及适当的防护服装。

⑧ 持续观察：容器出口处必须有观察者保持与容器内人员的联系。容器内至少应有另一人负责在紧急情况下呼救，绝不允许工人单独进入容器。

3

⑨ 安全进入方式：当直梯不能使用时，可以使用木制或金属横档连起来的绳梯或链梯。应避免在没有撤退设施的情况下进入容器。

⑩ 防止紧急情况下的困难撤退：为了确保在紧急情况下可以迅速撤退，不允许工人通过狭窄空间进入容器。

然而，尽管有这些预防措施，仍然发生了严重的容器内作业事故。

事故案例

上海某石油化工有限责任公司苯罐闪爆导致6名作业人员死亡；安徽某有限公司因未采取有效的安全隔离措施和气体检测等，导致3人死亡、2人昏迷后死亡。上述两个案例造成了人员伤亡和经济损失，凸显了严格遵守安全规程的重要性。

这些事故强调了制定和执行严格的安全协议、持续的安全教育和培训，以及监督和遵守所有安全规定的重要性。通过这种方式，可以最大程度地减少容器内作业的风险，保护作业人员的生命安全。

(3) 紧急维护

紧急维护也称为紧急维修，是针对设备故障或系统故障在无预警的情况下进行的即时修复活动。与常规维护计划不同，紧急维修通常发生在意料之外，需要立即行动以避免更严重的损失或危害。因此，制定紧急维修预案成为确保快速、有效响应的关键。紧急维修预案应详细说明在特定紧急情况下的操作步骤，包括但不限于以下方面。

① 关闭程序：对于地下管道破裂等情况，必须明确如何快速安全地关闭管道系统以防止事故扩大。

② 挖掘和清理：紧急情况往往需要挖掘土方以到达损坏的管道或设施，紧急预案应包含挖掘的指导原则和清洗破裂管道的方法。

③ 堵漏措施：紧急维护预案应具体说明如何堵塞管道的开口或裂口以保证管道的清洁，包括塞孔套的选用和使用方法。

④ 支撑和恢复：针对管道和其他受损设施的支撑方案，确保在维修期间和之后的稳定性和安全性。

⑤ 电力恢复：对于电线短路等电力问题，预案应包括供电线路的转换方案和配电设施的备用选项，确保能迅速恢复电力供应。

⑥ 生产损失评估：紧急情况下操作的突然中断可能导致生产损失，预案中应估计潜在损失并制定相应的缓解措施。

紧急维护的典型问题及其解决方案的事先规划不仅可以减少事故发生时的混乱，还可以大幅降低经济损失和安全风险。因此，对于任何可能面临紧急维修需求的组织而言，制定全面的紧急维护预案是管理的重要组成部分。这不仅要求对设备和系统有深入的了解，还需要对可能发生的紧急情况进行全面的风险评估和准备，以确保在紧急情况发生时能够迅速、有效地响应。

(4) 切割、焊接和其他动火作业

切割、焊接以及其他动火作业是许多行业中常见的操作，尤其在制造、维修和建筑领域。然而，这些活动由于涉及明火或高温，极易引发火灾或爆炸，因此需要严格遵循特定的安全程序来减少相关风险。实施特殊程序的要点如下。

① 许可证系统：任何切割、焊接或其他动火作业都应在操作监察的负责下进行，且必须获得气割许可证或热加工许可证。这些作业应限制在指定的焊接车间和规定的焊接区内，以控制火险。

② 资质人员：执行这些作业的人员必须具有相应的资格证书，确保他们拥有进行此类作业所需的技能和知识。

③ 安全监测和防护：在作业期间，安全或防火组织应指派动火观察员监控作业现场，确保安全规程的遵守。工作人员还应具备必要的防火和急救知识，以应对可能发生的紧急情况。

事故案例

山东齐鲁某制药有限公司冻干车间地下室发生的事故是一个悲剧性的例子，展示了在未能妥善管理切割、焊接及其他动火作业风险时可能发生的后果。在该事故中，电焊火花引燃了低温传热介质，产生的烟雾导致10名工作人员中有8人当场窒息死亡，另外2人在抢救过程中不幸丧生。

这一事故强调了以下几点：①风险评估。在进行任何动火作业之前，进行全面的风险评估至关重要，以识别和控制潜在的火灾和爆炸风险。②安全培训。所有涉及动火作业的人员都应接受适当的安全培训，了解如何安全地进行这些作业以及在紧急情况下如何反应。③监控与防护措施。作业现场必须有适当的监控和防护措施，包括但不限于现场动火观察员的派遣、消防设备的配备以及紧急撤离路径的明确。

通过遵循严格的安全程序和预防措施，可以大大减少切割、焊接和其他动火作业的风险，保障工作人员的安全和生产场所的安全。

3.5.4 设备的维护

设备的维护是确保工业操作安全、有效的关键组成部分。它包括一系列标准化程序和措施，旨在保持设备的最佳运行状态，并防止故障或事故的发生。以下是设备维护的几个重要方面。

(1) 设备的试压

设备的试压是一种重要的维护活动，用于验证容器在超过正常操作压力时的耐压能力。这通常通过使用水进行液压试验来完成，因为水的使用比空气或其他气体更安全，减少了试验过程中的风险。在无法使用水的情况下，可以选用其他非危险性的液体，但应尽量避免使用气体。如果必须使用气体，必须采取额外的安全措施，如设置隔墙，以防容器破裂时的飞散物和冲击力造成伤害。

3

事故案例

1986年，上海某石化总厂发生的换热器爆炸事故凸显了试压操作中的风险。该事故因为未完全安装所有紧固螺栓并使用了不合规的螺栓长度进行气密性试验而导致爆炸，造成4人死亡。

这一悲剧强调了遵循正确试压程序和使用适当试压介质的重要性。

(2) 化学污染设备的处理

所有离开操作区的设备应当保持清洁。最佳做法是在设备移动之前完成清洗和净化工作。如果无法立即清洁，应将设备移至有充分消防条件的区域进行处理，并在设备停用后立即标明其化学品污染状况，以防止化学污染带来的风险。

(3) 设备维护作业

制定和遵循书面维护程序对于确保设备和工作人员的安全至关重要。这些程序包括以下几点。

① 检查设备及其控制系统：操作监察应定期检查，确保设备运行正常。

② 锁定控制系统：在维护作业前，相关人员应锁定并保留控制系统的钥匙，以确保设备在作业期间不会被启动。

③ 设备重新检查：在开始作业前，再次检查设备确保其正常启动。

④ 作业完成后的程序：维护完成后，应执行相应的程序来重新启动设备，包括解锁控制系统并将设备交还给操作监察。

设备维护是一项复杂但至关重要的任务，需要通过综合的管理、合格的操作人员以及严格的安全措施来确保执行的高效与安全。通过这样的方式，最大限度地减少设备故障和事故发生的风险，保证生产过程的顺利进行和工作人员的安全。

3.6 公共工程设施安全

3.6.1 电气设施的配置

电气设施的配置在易燃和易爆环境中尤为重要，其设计和布局需要严格按照安全规范进行，以降低甚至消除火灾和爆炸的风险。以下是针对上述环境中电气设施配置的关键点。

① 隔离防护：当无法控制易燃液体、气体和粉尘时，应将电气设施隔离在防护罩下或置于通风橱中，以隔绝火源和潜在的火花。

② 接地措施：电气设施应接地良好，以消除静电积累，防止静电火花的产生。

③ 明确标志：所有电气设备和控制系统应有清晰和准确的标志，以降低因操作失误导致的风险。

④ 防爆措施：助听器和普通电话在拨号、呼叫和打印时可能产生高能火花，因此应尽量安装和使用防爆电话。

⑤ 电气仪表的安全使用：选择和安装电气仪表时应严格遵循规范，操作时应特别谨慎。有时可通过连续吹送清新空气流对仪表进行清洗和净化，或将电气仪表封闭以防火花外泄。

⑥ 避免使用金属物件：在靠近供能电导线或设备的区域，应避免使用金属尺、金属安全帽、金属扶梯或其他可能引起火花的金属物件。

电气设施的配置过程，从细致的设备防护到各项操作流程的明确标识，展现了在高危环境下对电气安全的严格把控。恪守这些详尽的安全准则，能够有效地减少火灾与爆炸事故的威胁，确保工作人员及设备的安全得到切实保障。

3.6.2 水和蒸汽的配置

水和蒸汽系统的配置在工业环境中至关重要，其设计和使用须严格遵守安全标准以防止烧伤和其他安全事故。

① 控制高温水使用：57℃以上的水温能造成皮肤烧伤，对于使用超过这一温度的水的工作人员，应提供适当的培训，并对水的使用进行严格控制。

② 热水生成：禁止直接混合蒸汽和水来产生热水，必须使用热交换器来加热水，以避免因温度不均匀而引起的危险。

③ 安全淋浴设施：处理腐蚀性或毒性物料的区域应配置安全淋浴器，以便在紧急情况下快速冲洗，减少伤害。

④ 饮用水安全：确保饮用水系统安全无污染，防止水回流，不仅要依赖止逆阀，还需使用附加设施来防止供水压力下降时发生虹吸现象。所有非饮用水的出水口都应标明，以防误用。

⑤ 蒸汽管线鉴别：对于超过 0. 1MPa 压力的蒸汽系统，应依靠压力标识来区分蒸汽管线，确保正确识别和使用。

事故案例

山西某煤化工有限责任公司尿素车间发生的蒸汽冷凝液灼烫事故，造成了两名工作人员因接触高温气体和液体而受到严重的烧烫伤，最终不幸死亡。此案例凸显了正确维护蒸汽系统的重要性以及在蒸汽系统周围工作时的危险性。

贵州省镇远县某电冶厂发生的喷炉灼烫事故导致五人死亡，提醒我们对蒸汽和热物质进行操作时必须采取充分的安全防护措施。

这些事故再次提醒我们在水和蒸汽的配置中，安全预防措施和紧急应对措施是十分重要的，在处理高温流体时对工作人员进行适当培训是必要的。通过这些安全措施的实施，可以显著降低工业环境中的灼伤风险，保障工作人员的健康和安全。

3

3.6.3 供氧空气和辅助气体设施

供氧空气和辅助气体无论是作为工艺气体、动力源还是呼吸空气都在工业生产中起着至关重要的作用。正确的配置和严格的管理对于保障工作环境和工作人员的安全至关重要（图 3-7）。

图 3-7 气体管道装置（来自深圳沃飞科技有限公司官网）

(1) 供氧空气配置

① 空气纯净度：提供给人员呼吸的空气必须干净且无污染，应筛除一氧化碳、油蒸气、锈粉末或其他可能的杂质。氧气、氮气和二氧化碳的比例必须符合安全标准。

② 压缩机质量控制：空气压缩机在连续操作中产生的高温可能会导致润滑油裂解，污染空气。因此，这些压缩机需要配置一氧化碳报警器、油蒸气移出装置和气味消除装置，确保供应空气的质量。粉尘和颗粒物必须被过滤掉。

③ 防污染措施：在输送过程中需确保供氧空气的清洁，避免通过管道传输过程中的污染。连接设备时，应在管道出口安装过滤器和除尘护罩，防止杂质和湿气进入。

（2）辅助气体管理

氮气、二氧化碳和其他惰性气体作为辅助气体，通常在 1MPa 或略低压力下操作。正确鉴别气体类型至关重要，以避免在罐内或封闭空间工作时误用为呼吸气体，导致窒息等安全事故。

事故案例

安徽昊源化工集团有限公司的事故凸显了在受限空间作业时，安全管理的疏忽可能带来的致命后果。在该事件中，作业人员因未能检测到二氧化碳浓度超标以及通风不彻底等问题，导致 3 人窒息死亡。这一不幸的事故强调了执行安全规范、进行有效通风以及进行必要的气体检测的重要性。

通过严格遵守安全操作规程，确保供氧空气和辅助气体的纯净和正确使用，可以最大程度地减少工业生产中的安全事故，保障员工的生命安全。

3.6.4 废料处理设施

废料处理设施的设计和运作对环境保护和公共健康至关重要，必须确保所有废气和废液在排放前处理至安全水平。以下是废料处理设施的关键要求。

① 废气排放控制：所有释放到空气中的气体，包括粉尘、特殊物质、烟雾和蒸气，必须控制在无害浓度以下。排风系统或烟囱排放的有害气体和悬浮微粒的浓度须符合环境法规的规定。

② 废液和废固处理：所有排放到外部环境的液体和固体废物，包括排入公共下水系统的化学废液，都必须在排放前经过彻底的处理，以清除有害化学物质。

③ 易燃物料的特别注意：处理易燃挥发性物料时，使用地下管道系统排放废液需特别小心，以防止管道内空气的间隙形成爆炸性混合物。

④ 化学地窖的使用：对于危险废料，有两种类型适宜存放于化学地窖中。一种是能够通过生物降解方法消除其危险性的废料；另一种是非生物降解型废料，这种废料在地窖中将长期存在而不会消散。

正确管理废料处理设施不仅有助于防止环境污染，还能防止对人类健康造成影响。所有的废料处理操作都应遵循严格的规程和最佳实践，以确保废料被安全地处理和存储。通过这些措施，可以有效地减少工业活动对环境的负面影响，确保可持续发展。

思考题

1. 化工厂定位、选址和布局一般要考虑哪些内容？

2. 化工厂一般包括哪几个区？简要回答每个区的功能和安全防护。

3. 罐区布局应考虑哪三个基本问题？

4. 按照用途，压力容器如何划分类别？其操作特点和结构有何不同？

5. 如果按压力容器的设计压力划分等级，应分几类以及数值范围是多少？

6. 压力容器可能的安全隐患是什么？

7. 从放大设计到满负荷的工厂，工艺设计者需要考虑哪些放大问题？

8. 有潜在危险的操作包括哪些？

9. 简要回答容器内作业应注意哪些事项。

参考文献

[1] 崔宁波．工厂设计中关于选址的安全考虑［J］．有色金属设计，2022，49（1）：125-128.

[2] 孔繁森．工厂规划与设计指南［M］．北京：机械工业出版社，2022.

[3] 张茂富，赵勇坚，刘小兵．化工工程设计中的安全问题［J］．化学工程与装备，2023（6）：242-244.

[4] 钱才富，沈鋆，吴志伟．压力容器分析设计技术基础［M］．北京：化学工业出版社，2024.

[5] 喻九阳，徐建民，郑小涛．压力容器与过程设备［M］．2版．北京：化学工业出版社，2022.

[6] 崔政斌，王明明．压力容器安全技术［M］．3版．北京：化学工业出版社，2020.

[7] 李振花，王虹．化工安全概论［M］．4版．北京：化学工业出版社：2023.

[8] 梁志武，高红霞，李江胜，等．化工安全与环保［M］．北京：化学工业出版社，2022.

第 4 章
化工防火防爆安全技术

知识目标

1. 掌握燃烧与爆炸的基本原理及特征参数。
2. 掌握火灾爆炸危险性分析与防控措施。
3. 掌握危险物质的贮存、运输与处理原则。
4. 掌握火灾与爆炸事故的调查分析方法。
5. 掌握常用灭火剂及灭火设施的类型与适用范围。

能力目标

1. 能够分析化学工业中的燃烧和爆炸安全风险并提出有效管理措施。
2. 具备应对和正确处理化学工业中燃烧和爆炸事故的能力。

本章系统阐述了燃烧与爆炸的基本原理及其安全防控技术，旨在构建从理论认知到实践应用的完整知识体系。具体而言，首先介绍了燃烧的本质为发光发热的氧化反应，明晰其发生需同时具备可燃物质、助燃物质与点火源三要素构成的“火焰三角”；进一步深入探讨燃烧形式（均相/非均相燃烧）、特征参数（燃烧温度、热值、速率）及类别差异（如 A/B/C/D 类火灾的特异性）；继而剖析爆炸的物理与化学机制与不同的爆炸类型，包括受限空间爆炸、蒸气云爆炸、粉尘爆炸等典型类型，强调爆炸极限理论与计算对风险评估的核心价值；随后介绍了危险性物质管理，明晰了燃烧性物质的储存原则（如分类隔离、温湿度控制）、运输安全（车船防护、管道防泄漏）及爆炸物销毁流程，结合安全事故案例强调违规操作的灾难性后果；最后针对防火防爆实践，本章提出工艺参数精准控制（温度、配比、投料速率）、惰性介质保护、自动联锁系统等关键技术措施，并剖析灭火剂（水、泡沫、干粉、二氧化碳）的适用场景与灭火设施（喷淋、泡沫、气体灭火系统）的操作逻辑，形成覆盖风险识别、应急处置到灾因溯源的闭环安全管理框架，为工业实践中火灾爆炸风险的系统性防控提供理论支撑与技术路径。

4.1 燃烧要素和燃烧类别

4.1.1 燃烧概述

燃烧是一种特殊类型的化学反应，其中可燃物质（如氢气、木材或金属钠等）与助燃物质（通常是氧气或其他氧化剂，如氯气）发生反应，伴随发光和发热现象。这种反应通常涉及氧化过程，但关键特征是必须同时产生光和热。

(1) 氧化反应的多样性

氧化反应并不仅限于与氧气的反应。例如，氢在氯气中的燃烧会生成氯化氢，这个过程是一个典型的燃烧反应，因为它伴随着光和热的释放。类似地，金属钠和炽热的铁在氯气中燃烧也都会产生强烈的氧化反应和明显的发光发热现象。

(2) 燃烧与其他反应类型的区分

虽然所有燃烧反应都是氧化反应，但并非所有氧化反应都能被定义为燃烧反应。例如，金属与酸的反应虽然可以形成盐且涉及氧化还原，但由于这种反应没有发光和发热，因此不被视为燃烧。同理，电灯泡中的灯丝虽然涉及发光和发热，但因为这不是一个氧化反应，所以也不能归类为燃烧。

燃烧是一个严格定义的化学反应类型，它要求反应不仅是氧化过程，还必须伴有光和热的释放。这种定义帮助我们区分哪些化学过程属于燃烧，哪些与之相似但不符合燃烧的具体条件。

4.1.2 燃烧要素

燃烧是一个复杂的化学过程，需要三个基本要素——可燃物质、助燃物质和点火源同时存在才能发生。这三个要素共同构成了燃烧的“火焰三角”。了解并控制这三个要素是防火防爆安全技术的核心。例如，在无惰性气体覆盖的条件下处理易燃物质（如丙酮）时，可以通过以下措施来防止燃烧的发生：

① 保持环境温度低于丙酮的闪点（$-10℃$）；

② 切断氧气的供应，防止助燃物质的参与；

③ 清除所有潜在的点火源，如烟头、火星等；

④ 安装良好的通风设施，快速排除任何可能形成的丙酮蒸气，以避免达到易燃混合物的危险浓度。

燃烧反应的极限值（或极限区间）意味着，只有当可燃物质的浓度处于其上下极限浓度之间时，燃烧才可能发生。燃烧不仅依赖于温度、压力、化学组成和点火条件的配合，而且这些因素本身也有各自的极限。具体来说，只有当可燃物质和助燃物质的浓度达到一定水平，且点火源能够提供足够的温度或热量时，燃烧才会被引发。如果可燃物质和助燃物质的浓度低于某个临界值，或点火源未能达到必要的温度或热量，即使看似具备燃烧所需的三大要素，实际上燃烧是不会发生的。例如，当氢气在空气中的浓度低于4%时无法被点燃，而普通的可燃物质在空气中的氧含量低于14%时也不会引发燃烧。

在大多数情况下，燃烧可以被描述为燃料与氧之间的一种伴随发光和发热的化学反应。除了少数自燃情况，燃烧通常需要外部的点火源来激发。因此，燃烧的基本要素可以概括为燃料、氧气和点火源这三项关键条件。

(1) 燃料

燃料的性质是防火安全中的首要考虑因素。由于燃料的物理形态和化学性质对其燃烧行为有极大影响，理解这些特性对于制定有效的防火措施至关重要。

燃料的物理形态及化学性质如下所述。

① 蒸气和气溶胶：蒸气或其他微小分散状态的燃料极易与氧气发生反应，引发燃烧。例如，油漆蒸气、煤尘和粉尘在空气中的悬浮可以迅速点燃。

② 固体燃料：固体材料如木材、塑料等在被研磨成粉末后，其比表面积增大，与氧气的接触面积扩大，从而更易引发燃烧。另外，固体燃料在加热过程中可能蒸发，释放可燃蒸气，这也增加了起火的风险。

③ 液体燃料的闪点：指其蒸气与空气形成可燃混合物的最低温度。闪点低的液体如汽油、丙酮等，其火险等级较高，因为它们在常温下就可能释放足够的蒸气与空气形成易燃混合物。

为了排除燃料方面的潜在火险，可以采取以下策略。

① 安全包装和存储：使用带排气管的密封容器存放易燃液体，以控制蒸气的释放，并防止其在空间中积聚。

② 安全的物理环境：将易燃物料存放在耐火建筑内，可以大幅度降低火灾发生的风险。

③ 通风措施：确保充分的通风是预防燃料蒸气积聚的关键。特别是在处理密度较大的蒸气时，因为这些蒸气易于向下沉积，在地面附近形成高浓度区，增加了火灾风险。

④ 连续监测：使用爆炸或易燃蒸气检测器连续监测环境中的蒸气浓度，以实时识别潜在的火险情况。

通过对燃料的严格管理和环境控制，可以有效地减少火灾的发生，确保工作和生活环境的安全。

(2) 氧气

助燃物质，特别是氧气，在燃烧过程中扮演着至关重要的角色。氧气不仅是最常见的助燃物质，而且其浓度水平直接影响燃烧的速度和强度。

① 氧气需求：几乎所有类型的燃烧反应都需要氧气来维持。在一个典型的燃烧过程中，可燃物质如木材、煤炭或气体燃料与氧气反应，释放出能量、光和热。

② 氧浓度的影响：氧气浓度的增加可以显著提高燃烧的速度。例如，纯氧环境下的燃烧要比空气中的燃烧更为迅速和激烈，因为空气中的氧气含量仅约为21%。

控制氧浓度是防止或控制燃烧的一种有效方法，特别是在处理容易自燃的物料时，控制氧气的供应至关重要。

① 降低氧浓度：在许多工业应用中，需要将氧浓度维持在远低于大气中的21%的水平，以防止物料自发燃烧。例如，处理易燃的化学品或金属粉末时，必须在严格控制的氧气浓度下进行。

② 隔绝空气：对于某些高度反应性的物质，即使是常温下暴露在空气中也可能迅速起火。在这些情况下，将物料置于真空容器中或者处于充满惰性气体（如氩或氮）的环境中进行处理，可以有效隔绝氧气，阻止燃烧发生。

在高风险工业环境中，例如化工厂或特殊材料加工厂，通常采用特殊的防火安全措施来控制氧气浓度。这包括使用气体监测系统来实时监测氧气和其他易燃气体的浓度，确保它们保持在安全范围内。此外，操作人员需经过严格培训，了解如何在低氧或无氧环境中安全操作，以预防意外火灾的发生。通过这些方法，可以有效地管理和减少因氧气过量而导致的火灾风险，确保人员和设施的安全。

（3）点火源

点火源是燃烧过程的直接触发因素，根据其性质和环境作用不同，可以分为多种类型。理解这些类型有助于采取适当的防火措施。

① 明火：包括喷枪、火柴、焊枪等。在特定的工业场合，如裂解气或油品管线的泄漏也可能成为潜在的火灾源。防火措施包括使用隔墙和耐火建筑物来有效地阻隔火焰传播，并使用喷水器等灭火设备；易燃液体应使用安全罐储存，并确保所有容器都设有通向安全区的溢流管道。

② 电源：涉及电力供应和电加热设施，如电动机和照明设施。安全措施包括使用防爆电动机、特殊设计的加热设备以及防爆的电气控制元件。在易燃环境中，所有的电气装置都应采取防爆措施并确保安全接地。

③ 过热：指设备或环境温度超过物质自燃点的情况。防止过热的措施包括将易燃物料与热源保持安全距离，并对设备进行定期监控和维护以防偶发过热。

④ 热表面：运行中的设备如燃烧室、干燥器和蒸气管线的热表面可能点燃周围的易燃蒸气。适当的绝热和安全措施是必需的。

⑤ 自燃：在封闭不通风的环境中，积累的热量可能足以触发某些物质的自燃。防止自燃的措施包括保持良好的通风和避免易燃物料的积聚。

⑥ 火花：设备操作中产生的火花，如焊接、锅炉操作或机械故障回火，是常见的火源。应禁止在易燃环境中吸烟，并使用防火花设备和材料。

⑦ 静电：通过物体表面的摩擦产生，并可在低湿度环境中引发火灾。为防止静电火花，必须进行适当的接地和静电释放。

⑧ 摩擦：机械摩擦，如通风机叶片与保护罩的摩擦，可能产生足够的热量引发火灾。定期检查和维护设备，保持良好的润滑是必要的。

通过理解这些火源类型及其潜在风险，可以有效地设计和实施一系列预防措施，从而显著降低火灾的发生概率。

4.1.3 燃烧形式

燃烧作为一个复杂的化学过程，其形式取决于可燃物质与助燃物质的相态、混合程度及燃烧环境的具体条件。以下是对燃烧形式的基本分类及其特征的概述。

(1) 按燃烧形式分类

① 均相燃烧：在这种形式中，可燃物质与助燃物质均处于同一相态（通常是气态），燃烧过程发生在单一的相中。例如，氢气在氧气中燃烧，或煤气在空气中燃烧，都属于均相燃烧。

② 非均相燃烧：可燃物与助燃物处于不同相态，如液态的石油或固态的木材在气态的空气中燃烧。这种形式比均相燃烧更为复杂，涉及可燃物的加热、蒸发或热分解。

③ 混合燃烧：在燃烧前，可燃气体与助燃气体已经预先混合，燃烧速度快且温度高，常见于爆炸反应。

④ 扩散燃烧：可燃气体从一个容器或管道中释放，与周围空气或氧气混合后发生燃烧。这种形式常见于不完全燃烧，可能产生炭黑等副产物。

(2) 特殊燃烧类型

① 蒸发燃烧：液体燃料通过蒸发转变为可燃蒸气后的燃烧，多见于汽油和其他挥发性液体。

② 分解燃烧：固体或不易挥发的液体通过加热分解产生可燃气体，然后发生燃烧，如木材和煤的燃烧。

③ 表面燃烧：涉及固体物质的表面，特别是在固体分解停止后继续在表面上燃烧的过程。金属燃烧常见于此类，因为它们燃烧时不需要吸收蒸发热。

(3) 完全与不完全燃烧

① 完全燃烧：所有可燃物质完全转化为最终氧化物（如 CO_2 和水），无副产品生成。

② 不完全燃烧：由于氧气供应不足或燃烧条件不理想，生成一氧化碳、烟雾和其他有毒气体作为副产品。

(4) 按易燃物质分类

根据可燃物质的具体类型，燃烧还可以细分为更具体的类别，如易燃液体可能出现溢流燃烧、深层燃烧等多种形式；金属燃烧则可能是粉末型、液态型或切削型。

通过对燃烧形式的了解和分类，可以更有效地理解火灾的潜在风险，并采取适当的防范措施来预防和控制火灾事故的发生。

4.1.4 燃烧类别、类型及其特征参数

4.1.4.1 易燃物质燃烧类别

易燃物质的燃烧可以按其特性和行为分为几个基本类别，每种类别都有其独特的燃烧特点和相应的灭火策略。

（1）A 类燃烧

A 类燃烧涉及普通可燃物质，如木材、纤维制品和纸张。这类物质在燃烧过程中会生成灼烧余烬，如木炭在燃烧时能够持续形成余烬和碳化物。虽然某些橡胶和塑料在燃烧初期表现类似于 B 类物质（液体燃烧），但在燃烧的后期，它们的行为更接近于 A 类物质，因为它们最终留下灼烧的固体残留物。

（2）B 类燃烧

B 类燃烧涉及易燃液体如石油制品和其他油脂，以及某些固体物质如萘，其在燃烧时会熔化并表现出类似液体的特征。这类燃烧不会产生灰烬。此外，金属烷基化合物常用于化工行业，由于它们自燃温度非常低且与水反应激烈，故它们的燃烧给人们带来了特殊的灭火挑战。易燃气体虽然不属于任何特定的燃烧类别，但在处理时应当作 B 类物质。

（3）C 类燃烧

C 类燃烧主要涉及电气设备。灭火时首要考虑的是灭火介质的电绝缘性能。电气设备在切断电源后，如果含有易燃液体，如变压器油，则需要使用适用于 B 类燃烧的灭火材料。如果场合涉及 A 类和 B 类物质的复合物，建议使用水喷雾或多功能干粉灭火剂。

（4）D 类燃烧

D 类燃烧指的是可燃金属的燃烧，如钠、钾等低熔点金属，以及镁、钛等高熔点金属。低熔点金属如钠和钾在燃烧时迅速变成低密度液态，使得大多数灭火干粉沉没而无法有效灭火，且这些金属与水接触时可能发生激烈反应，增加了灭火的难度。高熔点金属燃烧时形态多样，需要特定类型的灭火剂来应对不同形式的金属燃烧。此外，金属氢化物的燃烧同时涉及氢和金属的燃烧，需要使用专用的干粉金属灭火剂。

了解这些燃烧类别及其特点对于实施有效的灭火措施和策略至关重要，可以大大提高应对火灾的效率和安全性。

4.1.4.2 燃烧类型及其特征参数

燃烧可以根据起因分为闪燃、点燃和自燃三种基本类型，每种类型都有其对应的特征参数，包括闪点、着火点和自燃点，这些参数是物质的燃烧行为和安全处理方法的决定性因素。

（1）闪燃和闪点

闪燃是指可燃液体表面的蒸气与空气形成的混合气体在接近点火源时发生的瞬间燃烧现象，通常伴随瞬间火苗或闪光。闪点则是发生闪燃的最低温度，用于指示可燃液体在一定温度下其蒸气与空气混合形成可燃混合物的危险程度。闪点越低，液体越易燃。不仅适用于液体，一些固体如樟脑和萘在升华成蒸气时，也有相应的闪点。一些可燃液体的闪点列于表 4-1，一些油品的闪点列于表 4-2。

表 4-1 一些可燃液体的闪点和自燃点

物质名称	闪点/℃	自燃点/℃	物质名称	闪点/℃	自燃点/℃	物质名称	闪点/℃	自燃点/℃
丁烷	−60	365	苯	−11	498	四氢呋喃	−14.5	321
戊烷	−49	260	甲苯	4	480	醋酸	39	485
己烷	−22	225	邻二甲苯	30	465	醋酐	49	316
庚烷	−7	220	间二甲苯	25	540	丁二酸酐	157	—
辛烷	13	220	对二甲苯	25	540	甲酸甲酯	−19	449
壬烷	31	205	乙苯	18	432	环氧乙烷	<−17.7	429
癸烷	46	210	萘	80	540	环氧丙烷	−37	430
乙烯	—	440	甲醇	9	440	乙胺	−17	385
丁烯	—	385	乙醇	12	400	丙胺	−37.2	320
乙炔	−18	305	丙醇	15	371	二甲胺	15.6	400
丁-1,3-二烯	−76	414	丁醇	29	345	二乙胺	−28	312
异戊间二烯	−48	220	戊醇	43	320	二丙胺	7	—
环戊烷	−37	320	乙醚	−45	180	氢	—	560
环己烷	−18	260	丙酮	−18	465	硫化氢	−17	270
氯乙烷	−50	519	丁酮	−9	505	二硫化碳	−30	90
氯丙烷	−32	—	甲乙酮	−9	505	六氢吡啶	16	—
二氯丙烷	16	557	乙醛	−38	185	水杨醛	77	—
溴乙烷	−20	511	丙醛	−30	207	水杨酸甲酯	101	450
氯丁烷	−12	245	丁醛	−12	230	水杨酸乙酯	107	—
氯乙烯	−78	472	呋喃	−35	390	丙烯腈	−1	481

表 4-2 一些油品的闪点和自燃点

油品名称	闪点/℃	自燃点/℃
汽油	≤−21	约 210
煤油	38～52	210
柴油	52	254～285

(2) 点燃和着火点

点燃是指可燃物质在充足氧气的条件下，达到一定温度与火源接触后引发的着火，火源移开后仍能持续燃烧超过 5min。着火点是点燃的最低温度，通常比闪点高 5～20℃，但当闪点低于 100℃时，着火点与闪点可能相同。着火点是描述物质火险的另一重要参数。

(3) 自燃和自燃点

自燃描述的是物质在无外部火源的条件下自行引发的燃烧。这种现象可能由物质内部的物理、化学或生化变化产生的热量引起，当热量积累到一定程度，达到自燃点时便会自燃。自燃点是指物质发生自燃的最低温度。

影响自燃的因素如下。

① 热量生成速率：过程热（如氧化、分解、聚合等）与反应速率的乘积。物质的过程热越大，热量生成速率也越高，反应速率随温度升高而增加。

② 热量积累：保温条件、导热率及物质的紧密堆积程度均影响热量的积累。良好的保温和低导热率会助长热量积累，从而增加自燃风险。空气流通情况则有助于散热，降低自燃可能性。

③ 压力、组成和催化剂：较高的压力和特定的化学组成（如化学计量比）会降低自燃点，活性催化剂也能降低物质的自燃点。

有机化合物自燃点的规律性：

① 同系物中自燃点随其分子量的增大而降低；

② 直链结构的自燃点低于其异构物的自燃点；

③ 饱和链烃比相应的不饱和链烃的自燃点更高；

④ 芳香族低碳烃的自燃点高于同碳数脂肪烃的自燃点；

⑤ 较低级脂肪酸、酮的自燃点较高；

⑥ 较低级醇类和醋酸酯类的自燃点较低。

了解这些燃烧类型及其特征参数对于评估物质的火灾风险、制定安全策略以及应对火灾情况具有重要的实际意义。

4.2 燃烧过程和燃烧原理

4.2.1 燃烧过程

燃烧是一种化学反应过程，主要涉及可燃物质和氧气之间的反应，释放出热量和光，通常伴随火焰的生成。燃烧的具体过程依赖于物质的状态（气体、液体或固体）以及与氧气的相互作用方式。

气体燃烧是最简单且最快速的燃烧形式，其不需要额外的热量使物质蒸发或熔化，因此所需的热量主要用于氧化分解，使其达到着火点。由于气体的分子已经处于自由状态，它们可以迅速与氧气发生反应，几乎瞬间完成燃烧。

液体的燃烧过程较为复杂，涉及液体的加热、蒸发、氧化分解及着火几个阶段。初期，液体在热源作用下逐渐加热至蒸发点，转化为蒸气。蒸气随后与氧气反应，进行氧化分解，并最终着火。这一过程中，相当一部分热量消耗在将液体转化为蒸气上。

固体燃烧的过程依赖于固体物质的化学性质。简单的固体如硫、磷等，在受热时会首先熔化，然后蒸发成蒸气并进行燃烧，这个过程中没有分解。而复合固体物质在受热时会分解成较小的分子，这些分子分为气态和液态产物，进而这些产物蒸气着火并燃烧。

物质的燃烧过程如图 4-1 所示，可燃物质的燃烧经历氧化分解、着火、燃烧等阶段。

物质的燃烧温度变化如图 4-2 所示。$T_{初}$是可燃物质开始被加热的温度点，此时大部分热量被用于物质的熔化或分解，温度上升较慢。$T_{氧}$为物质开始氧化的温度点，由于此时温度较低，氧化速度缓慢，产生的热量不足以对抗外界的散热，若停止加热则不会引起燃烧。$T_{自}$为自燃点，即温度自行升高到达此点时，物质可能会自行着火。$T'_{自}$为实际观察到火焰生成的温度，是实测的自燃点。$T_{燃}$是物质持续燃烧的温度。$T_{自}$到$T'_{自}$之间的时间间隔是燃烧诱导期，这是从物质开始自燃到实际看到火焰的过程。

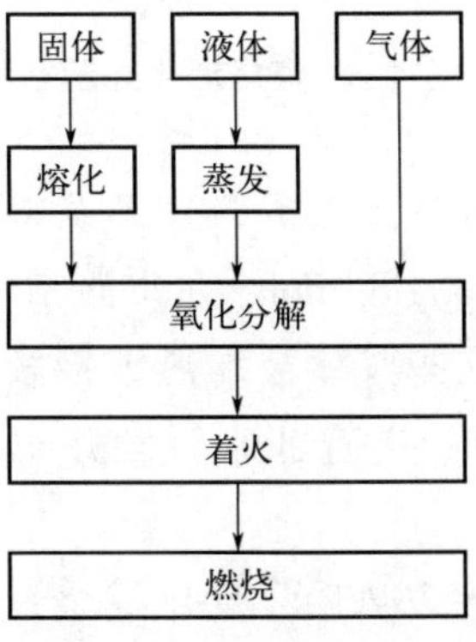

图 4-1 物质的燃烧过程图

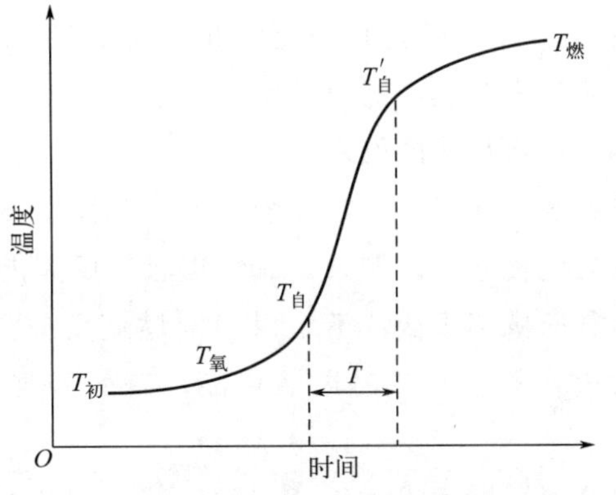

图 4-2 物质的燃烧温度

通过理解这些不同阶段和过程，可以更好地控制和预防火灾风险，同时优化燃烧效率和安全性。

4.2.2 燃烧的活化能理论

燃烧作为一种化学反应，涉及分子间的碰撞和能量转换。为了理解燃烧过程，活化能理论提供了一个关键的视角。

(1) 分子碰撞

在化学反应中，反应物分子必须相互碰撞以引发反应。在标准状态下，$1dm^3$ 的空间内分子的碰撞频率极高，达到大约 10^{28} 次/秒。尽管碰撞频率很高，但只有那些具备足够能量的分子碰撞才能引发化学反应，这类分子被称为活化分子。

(2) 活化能

活化能是分子在化学反应中需要达到的最低能量阈值。只有当分子的能量超过这个阈值时，它们在碰撞时才能克服分子间的势垒，导致旧化学键的断裂和新化学键的形成，从而引发反应。这个超出分子平均能量的额外能量被定义为活化能。

(3) 有效碰撞

具有足够活化能的分子在碰撞时能够发生化学反应，这类碰撞称为有效碰撞。因此活化分子的碰撞是化学反应发生的决定因素。在没有外部能量输入的情况下，有效碰撞的概率可能相对较低，导致反应不会自发进行。

如图 4-3，横坐标表示反应进程，纵坐标表示分子能量。能级Ⅰ的能量高于能级Ⅱ，所以能级Ⅰ的反应物转变为能级Ⅱ的产物，反应过程放热。能级 K 的能量是反应发生所必需的能量。正反应的活化能 ΔE_1 等于能级 K 与能级Ⅰ的能量差，逆反应的活化能 ΔE_2 等于能级 K 与能级Ⅱ的能量差。ΔE_1 和 ΔE_2 的差值即为反应的热效应。

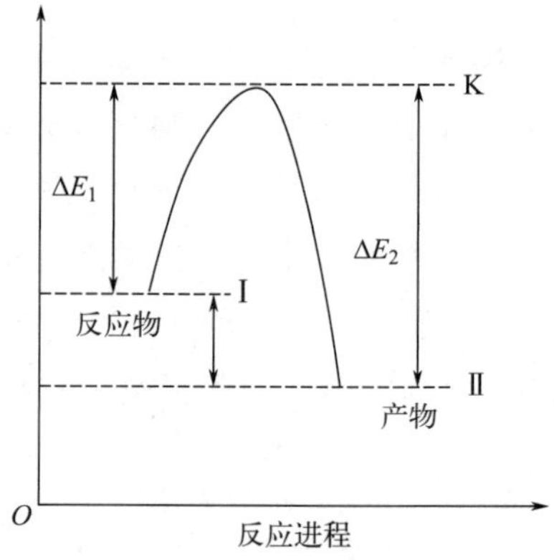

图 4-3　燃烧活化能示意图

(4) 燃烧反应的触发

在燃烧的环境中，如接触明火，环境温度的显著增加会使更多的分子获得足够的能量成为活化分子。例如，氧气和氢气反应的活化能为 25.1kJ/mol，在常温和常压下，有效的碰撞概率极低，不足以引发燃烧反应。但是，当这些气体被加热或接触到明火时，大量分子获得或超过活化能，有效碰撞的次数剧增，从而迅速引发并维持燃烧反应。

通过理解燃烧的活化能理论，我们可以更好地控制火灾风险，优化燃烧过程，并设计安全的化学和工业过程。此理论也解释了为什么在某些条件下，即使有可燃物质和氧气也不会立即发生燃烧，直到有足够的能量输入提高分子的活化状态。

4.2.3　燃烧的过氧化物理论

燃烧的过氧化物理论揭示了氧分子在燃烧过程中的一个关键角色，即通过形成过氧键的方式介入反应，最终导致可燃物质的氧化和分解。

(1) 氧的活化与过氧键形成

在燃烧过程中，氧分子（O_2）首先在热能的作用下被活化。这个活化过程涉及氧分子中双原子键的断裂，形成具有单电子的过氧自由基，这些自由基通过相互结合形成过氧键（—O—O—）。这种过氧键的形成是过氧化物生成的基础。

(2) 过氧化物的形成与反应

活化后的氧分子（过氧自由基）与可燃物质反应，形成过氧化物。例如，氢气（H_2）与氧气反应首先形成过氧化氢（H_2O_2），这是一个典型的过氧化物。过氧化物通常极不稳定，容易在受热、撞击或摩擦的条件下分解，甚至可能发生燃烧或爆炸。

(3) 过氧化物的强氧化性

由于过氧键的存在，过氧化物具有强烈的氧化性，能够氧化包括原始可燃物质在内的其他物质。这种强氧化性不仅使过氧化物能够继续参与更多的化学反应，而且也使它们具有高度的反应活性和潜在的危险性。

(4) 过氧化物的进一步反应

在燃烧反应中，形成的过氧化物如过氧化氢可进一步与氢气反应，生成水（H_2O）：

$$H_2+O_2 \longrightarrow H_2O_2$$
$$H_2O_2+H_2 \longrightarrow 2H_2O$$

此外，有机过氧化物通常可视为过氧化氢的衍生物，其中一个或两个氢原子被烷基取代，形成如 H—O—O—R 或 R—O—O—R′等结构。这些有机过氧化物由于结构的不稳定性，也极易引起自燃或爆炸，例如蒸馏乙醚过程中可能由于形成过氧乙醚而发生危险反应。

燃烧的过氧化物理论不仅阐述了过氧化物在燃烧中的形成与作用，也强调了它们作为强氧化剂的性质，以及在工业和实验操作中的潜在危险。这一理论帮助我们理解许多涉及过氧化物的化学事故的机制，并指导我们在处理这类物质时必须采取适当的安全措施。

4.2.4 燃烧的连锁反应理论

燃烧的连锁反应理论提供了对燃烧过程中复杂动态的深入理解，特别是在涉及气体分子和活性自由基的互动时。这种理论强调，燃烧往往不是单一分子之间直接的反应，而是一系列活性分子自由基间的连锁互动。

自由基和连锁反应的形成：在燃烧反应中，初始的能量输入（如热能、光能）导致分子键的破裂，生成活性分子自由基。这些自由基具有未配对电子，极易与其他分子发生反应，生成新的自由基。这些新生成的自由基继续与更多的分子反应，形成一个连续的反应链。因此，连锁反应可以迅速放大，引发大规模的化学反应。

连锁反应主要分为两种类型：直链反应和支链反应。

(1) 直链反应

直链反应中，每次自由基与分子反应时，通常只产生一个新的自由基。这种类型的反应活化能较低，因此可以在较低的能量条件下进行。例如，氯与氢的反应就是一个典型的直链反应：

$$Cl\cdot + H_2 \longrightarrow HCl + H\cdot$$

这里，一个光子的加入可以激发生成数万个氯化氢分子，显示了直链反应的高效性。

(2) 支链反应

在支链反应中，一个自由基与分子反应可能生成多个新的自由基活性中心。支链反应的连锁效应更为显著，因为它可以迅速增加反应中自由基的数量。氧与氢的反应是一个典型的支链反应：

$$H\cdot + O_2 \longrightarrow HO_2\cdot$$

$$HO_2\cdot + H_2 \longrightarrow H_2O + \cdot OH$$

这样的反应不仅产生水，还生成新的羟基自由基（·OH），进一步驱动反应。任何链反应均包括三个基本阶段：链的引发、链的传递和链的终止。

① 链的引发：需要外部能量（如光、热）来生成第一个自由基。

② 链的传递：自由基与分子反应，生成新的自由基，并可能发生分支化，增加自由基的数量。

③ 链的终止：当两个自由基相遇时，它们可能互相抵消，形成稳定的分子，从而终止连锁反应。

通过燃烧的连锁反应理论，我们可以更好地理解和预测燃烧过程中的化学动态，以及控制、管理火灾和化学过程中的其他风险。

4.3 燃烧的特征参数

燃烧是一种化学反应过程，通常伴随着明亮的火焰和热量的释放。描述这一现象的三个常见特征参数包括燃烧温度、燃烧热和燃烧速率，这些参数对于了解和控制燃烧过程至关重要。

(1) 燃烧温度

燃烧温度也被称为火焰温度，是指在燃烧过程中，可燃物质及其产物可以达到的最高温度。这个温度是由燃烧过程中释放的热量决定的，影响因素包括燃料的种类、供氧量以及环境条件。燃烧温度是评估火灾危险性和设计燃烧设备的重要参数。

(2) 燃烧热

燃烧热通常指的是单位质量的物质在充分燃烧后释放的热量，其标准定义是在标准状况下，物质完全燃烧并且所有产物都是气态时所放出的能量。燃烧热是衡量燃料所含能量的重要指标，可用于选择燃料或评估能源效率，对于能源工业尤其重要。

(3) 燃烧速率

燃烧速率描述的是燃料在单位时间内的消耗速度，这个速率取决于燃料的物理状态（气体、液体或固体）和特定的环境条件。

① 气体燃烧速率：在单位时间内单位面积上燃烧的气体体积，通常表示为 m/s，反映了火焰在燃烧表面垂直传播的速度。

② 液体燃烧速率：这可以根据燃烧的质量或体积来衡量，单位可能是 $kg/(m^2 \cdot h)$ 或 $m^3/(m^2 \cdot h)$，表示每小时单位面积可以燃烧液体的量。

③ 固体燃烧速率：这是单位时间内单位面积上燃烧掉的固体质量，也用 $kg/(m^2 \cdot h)$

表示，受颗粒大小、分散程度和比表面积等多种因素的影响。由于具体涉及的燃烧历程不一样，不同固体物质的燃烧速率往往差别很大。比如有些物质的燃烧是以分解形式进行的，这样的燃烧进行得就比较快；而有些固体在燃烧时其经历的变化比较多，整个燃烧过程的完成历经若干步骤，如先要熔化，然后再要经过蒸发、分解氧化，最后才能起火燃烧起来，这样整个过程完成下来需要的时间就比较长，相应测得的燃烧速率就比较慢。

这些参数不仅有助于科学研究和工程应用中的量化分析，还对安全管理和环境保护具有重要意义。通过深入理解和准确测量这些特征参数，可以更有效地控制燃烧过程，提高能源利用效率，并减少对环境的负面影响。

4.4 爆炸及其类型

4.4.1 爆炸概述

爆炸是一种物理或化学过程，其特征是物质发生急剧变化，瞬间释放出大量的能量，通常伴随着巨大的声响和强烈的冲击波。这种现象基本上是由于体系内压力的急剧变化，大量气体迅速生成并快速膨胀。

在化学爆炸中，通常涉及化学物质（如燃料和氧化剂）之间的反应，这种反应能够在极短的时间内释放出巨大的热量和气体。这些气体的生成和膨胀产生极大的压力，足以破坏其周围的结构，并产生剧烈的震动，这就是我们通常听到的爆炸声。物理爆炸则可能由物理状态的变化引起，例如蒸汽锅炉的压力过高导致爆炸。在这种情况下，没有化学反应，但物质状态的改变（如液体转变为气体）也能产生足够的压力和能量，造成类似的破坏性效果。无论是化学爆炸还是物理爆炸，其核心都在于能量的快速释放和气体的急速膨胀，这些过程在工业、军事和科研领域中都有广泛的应用和重要的意义。然而，由于爆炸的潜在危险性，要求相关操作和材料的处理要有极高的安全标准和严格的监管，以防止意外发生，确保人员安全。

爆炸的破坏形式有四大类：①直接的破坏作用。机械设备、装置、容器等爆炸后产生许多碎片，飞出后会在相当大的范围内造成危害。一般碎片在100～500m内飞散。②冲击波的破坏作用。物质爆炸时，产生的高温高压气体以极高的速度膨胀，像活塞一样挤压周围空气，把爆炸反应释放出的部分能量传递给压缩的空气层，空气受冲击而发生扰动，导致压力、密度等产生突变，这种扰动在空气中传播就称为冲击波。冲击波的传播速度极快，在传播过程中，可以对周围环境中的机械设备和建筑物产生破坏作用和使人员伤亡。③造成火灾。爆炸时产生的高温高压，建筑物内遗留大量的热或残余火苗，会把从破坏的设备内部不断流出的可燃气体、易燃或可燃液体的蒸气点燃，也可能把其他易燃物点燃引起火灾。当盛装易燃物的容器、管道发生爆炸时，爆炸抛出的易燃物有可能引起大面积火灾，这种情况在油罐、液化气瓶爆炸后最易发生。正在运行的燃烧设备或高温的化工设备被破坏，其灼热的碎片可能飞出，点燃附近储存的燃料或其他可燃物，引起火灾。④造成中毒和环境污染。在实际生产中，许多物质不仅是可燃的，而且是有毒的，发生爆炸事故时，会使大量有害物质外泄，造成人员中毒和环境污染。

事故案例

2023 年 1 月 15 日 13 时 25 分左右，盘锦某化工有限公司在烷基化装置水洗罐入口管道带压密封作业过程中发生爆炸着火事故，造成 13 人死亡，35 人受伤。事故的直接原因是事故管道发生泄漏，在带压密封作业过程中发生断裂，水洗罐内反应流出物大量喷出，与空气混合形成爆炸性蒸气云团，遇点火源爆炸并着火，造成现场作业、监护及爆炸冲击波波及范围内重大人员伤亡。经专家组综合分析认定造成本次爆炸的点火源为：一是对讲机通话时的接通能量，二是作业现场吊车的排气管高温热表面。事故间接原因还包括：建设单位未经设计变更擅自决定将事故管道用 20 钢代替 316 不锈钢；带压密封作业没有按照规范要求制定施工方案和应急措施、开展现场勘测和办理作业审批；企业特种设备日常管理严重缺位等。

2023 年 10 月 24 日，宁东能源化工基地宁夏某清洁能源有限责任公司发生一起储罐爆燃事故，造成在罐顶作业的 4 人死亡，直接经济损失 1204.45 万元。事故的直接原因是：企业违规使用在建的乙二醇储罐储存工业废水，施工单位中冶建安公司在乙二醇储罐保温保冷施工中组织无特种作业资格人员在罐顶违规动火作业，引燃罐内积聚的易燃易爆气体，导致爆燃事故发生。

4.4.2 爆炸分类

按照物质性质、相态、环境等因素，爆炸可以划分为不同的类型（图 4-4）。

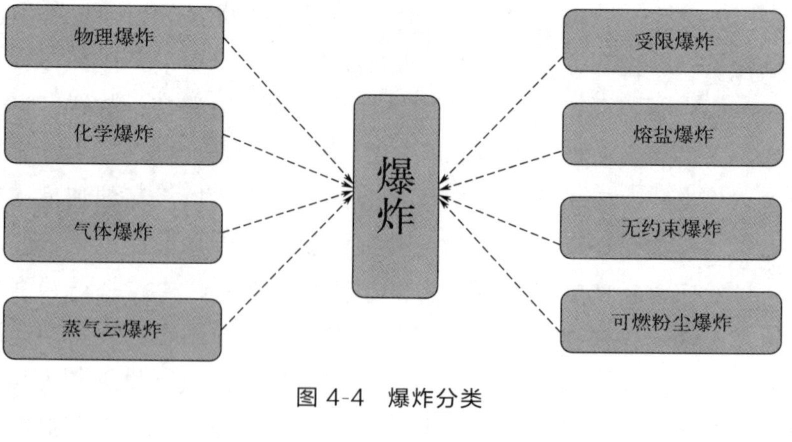

图 4-4 爆炸分类

4.4.2.1 物理爆炸

物理爆炸是一种特殊类型的爆炸事件，其核心特征在于物质状态的急剧变化，而这种变化并不涉及化学反应。这意味着在物理爆炸过程中，尽管能量被迅速释放并导致剧烈的物理效应，但并没有新的化学物质生成。

常见的物理爆炸示例包括惰性压缩气体爆炸和蒸汽锅炉爆炸。在这些情况下，爆炸是由于气体或蒸气在封闭空间内被压缩到超出其承受极限，当外部因素（如容器的机械故障或外部热源影响）干预时，压力急剧释放，容器破裂，伴随着巨大的能量释放和物质的快速膨胀。例如，在蒸汽锅炉中，水在高压下转化为蒸汽，如果锅炉的压力调节系统发生故障，可能会导致蒸汽的压力突然升高到超过锅炉设计压力，最终引发爆炸。与之类似，惰性气体（如氦气或氮气）在高压储存时，如果容器或管道因为外部因素如冲击而破裂，同样可以造成剧烈的爆炸。物理爆炸虽然不产生新的化学物质，但其破坏力仍然巨大，可能导致严重的伤害或财产损失。因此，管理这类潜在风险，确保压力容器和系统维护得当，以及安全措施的实施，是防止物理爆炸事故的关键。对于涉及高压气体和蒸汽系统的工业设施，遵循严格的工程标准和操作规程是必不可少的安全保障。

4.4.2.2 化学爆炸

化学爆炸是一种涉及化学反应的爆炸事件，其显著特征是在爆炸过程中物质的化学组成及化学性质发生显著变化，并且会生成新的化学物质。这种类型的爆炸通常涉及高度不稳定的化合物或易爆物质，其化学结构在特定条件下迅速分解，释放出大量热能和气体。一些不稳定结构基团实例如表 4-3 所示。

表 4-3 一些不稳定结构基团实例

结构基团	化合物种类	结构基团	化合物类型
—C≡C—金属	乙炔金属化合物	—O—X	醇类、醚类等其他含氧化合物
=N—O—	胺氧化物	—O—NO_2	硝酸盐
—N=N=N—	叠氮化合物	—O—NO	亚硝酸盐
—ClO_3	氯酸盐	—NO_2	硝基化合物
—N=N—	偶氮化合物	—NO	亚硝基化合物
—N=N—X	偶氮卤代物	—O—O—O—	臭氧化合物
—O—N=C	雷酸盐	—CO—O—O—H	过酸化合物
—N(X)	N-卤代胺	—ClO_4	高氯酸盐
—O—O—H	过氧化氢物	—O—O—	过氧化物

研究表明，与不稳定结构基团相关的化学安全事故通常发生在氧化体系中，并与涉及的化合物的元素组成有关。在评估含有不稳定结构基团的化合物的危险性时，氧差额和氧平衡值是两个关键的概念，这两者都与化合物的元素组成密切相关。氧差额是指化合物中氧的含量与化合物中的碳、氢及其他可氧化元素完全氧化所需要的氧量之间的差值。如果化合物缺氧，则氧差额为负值；如果化合物含有多余的氧，则氧差

额为正值；如果化合物中含有的氧正好可以使其中的碳、氢和其他可氧化元素完全氧化，那么氧差额就为零。氧平衡值（OB）可以通过以下公式计算得出：

$$氧平衡值(OB)=1600\times 氧差额/M$$

式中，M 代表化合物的分子量。还有一个与此等效的氧平衡值计算公式：

$$氧平衡值(OB)=-1600\times(2x+y/2-z)/M$$

这个公式只是将氧差额的代数表达式代入计算。这里的 x、y 和 z 分别是分子式 $C_xH_yO_z$ 中的下标，表示各元素的比例，而 M 仍然是化合物的分子量。氧平衡值的计算对于判断含有不稳定结构基团化合物的危险性至关重要，但前提是化合物中确实存在不稳定结构基团。

化学爆炸的典型例子包括：①TNT 爆炸。三硝基甲苯（TNT）是一种广泛使用的军用和民用炸药。当 TNT 发生爆炸时，它迅速分解并释放出气体、热和压力，生成多种气态产物，如二氧化碳、水蒸气和氮气。②硝酸酯类化合物爆炸。硝酸酯类化合物如硝化甘油是另一类常见的爆炸物，其在爆炸时会发生剧烈的化学反应，生成大量热和气体。③叠氮化物爆炸。叠氮化物，如叠氮钠和叠氮铅，是极其敏感的化学物质，哪怕是轻微的机械撞击或热影响都可能引发爆炸。它们在爆炸时会迅速分解出氮气，释放大量能量。④硝基芳香类炸药的爆炸。包括 TNT 在内的许多硝基芳香类化合物在爆炸时会释放大量的能量和气体。⑤有机过氧化物的爆炸。有机过氧化物如过氧化苯甲酰和过氧化双（2-乙基己酸）丁酯等，它们在处理不当时也极易发生爆炸。这类化合物的分解通常非常迅速和剧烈。

化学爆炸的危险性在于其无法预测和极高的破坏力，因此管理和预防措施必须极为严格。实验室和工业生产中对易爆化学品的存储、运输和使用都应遵循严格的安全规范。此外，员工的专业培训和应急准备也是预防化学爆炸事故的关键部分。通过深入理解化学爆炸的机理和特点，科学家和工程师能够更好地设计安全措施，减少意外事件的发生，确保人员和财产的安全。

4.4.2.3 受限爆炸

受限爆炸是指在有限或封闭的空间，如容器、建筑物或其他类型的封闭结构内发生的爆炸事件。这种爆炸的特点是能量和压力被限制在一个小范围内释放，因此破坏力相比开放环境中的爆炸通常要大得多。

（1）特性和后果

①压力积累。在封闭或半封闭的空间中，由于爆炸时产生的气体无法立刻扩散，故会迅速建立起高压环境。这种快速的压力增长可以导致爆炸力的显著增强。②冲击波增强。在有限空间内，爆炸产生的冲击波会在墙壁和其他界面上反射和增强，增大了冲击波的破坏力，可能导致更严重的结构损害和人员伤亡。③碎片飞散。爆炸常常导致容器或建筑的物理破裂，碎片被高速弹射，成为致命的飞行物，增加了伤害的范围和严重程度。

（2）常见情景

受限爆炸常见于工业应用，多见于化学反应釜、燃气储存罐或矿井等场所。此外，家庭环境中的爆炸事故，如煤气罐爆炸、锅炉爆炸等，也属于受限爆炸。在军事领域，受限爆炸用于描述弹药储存设施或军舰、潜艇等封闭空间内的爆炸。

（3）防范和应对措施

有效的防范措施包括确保所有容器和封闭空间的结构完整性、定期维护检查、安装适当的安全阀和压力释放系统。此外，加强对潜在危险物质的管理，严格控制可燃气体和易爆物质的使用和储存条件，对工作人员进行安全培训，都是预防受限爆炸事故的关键措施。

在设计和建造涉及高风险操作的设施时，考虑到受限爆炸的潜在危险，应采用防爆设计和建材，以减轻爆炸后果，保护人员安全和设施完整。

4.4.2.4 无约束爆炸

无约束爆炸是指在开放环境中发生的爆炸事件，这种类型的爆炸通常与化学品，特别是某种类型的可燃气体泄漏有关。由于发生在空旷地区，这类爆炸不受固定空间的限制，其动力学和扩散特性与受限空间中的爆炸有显著不同。

（1）典型场景

无约束爆炸的典型场景通常涉及可燃气体的泄漏，例如天然气、氢气或甲烷。这些气体在泄漏后会与空气混合，形成一种潜在的爆炸性混合物。如果这种混合物遇到点火源，如明火或高温表面，就可能引发爆炸。这种爆炸的力度取决于混合物的浓度和周围环境。

（2）影响因素

相对于受限爆炸，无约束爆炸的发生概率通常较低，主要因为环境因素，如风力和空气流动，可能会稀释气体至低于其爆炸下限的浓度。这种稀释作用降低了爆炸发生的可能性。然而，如果气体泄漏量大或风速低，稀释效果不足，依然存在严重的爆炸风险。

（3）危险与防范

尽管无约束爆炸的爆炸范围和破坏力可能不及受限爆炸，但其潜在的危险性仍然不容忽视。这类爆炸可以迅速扩散，影响较大的区域，造成广泛的伤害和损失。因此，及时检测气体泄漏、保持良好的设施维护和实施严格的安全措施是必不可少的。此外，对潜在的泄漏点进行监控，以及在可能的泄漏区域安装气体探测器和自动喷水系统等，都是预防无约束爆炸的有效措施。

在处理与可燃气体相关的操作时，特别是在开放或半开放的环境中，采取预防措施以防止气体聚集到危险水平是保护公共安全的关键。通过这些方法，可以有效地减轻无约束爆炸的风险，确保人员和财产的安全。

4.4.2.5 气体爆炸

气体爆炸是一种常见的工业安全事故，主要分为两种类型：混合气体爆炸和纯组分气体分解爆炸。

混合气体爆炸发生在可燃气体与空气按一定比例混合后的情况下。当这种混合气体遇到点火源，如火星或高温表面时，就会引发爆炸。这种爆炸的关键因素包括可燃气体的种类、与空气的混合比例以及环境的温度和压力。例如甲烷与空气混合，在一定的比例范围内，遇到火花可以迅速引发爆炸，释放出巨大的能量。纯组分气体分解爆炸不依赖于气体与空气的混合，而是某些纯组分可燃气体在一定的压力和温度条件下，自发地发生化学分解反应。这种反应通常会释放出大量的热量和气体，从而产生爆炸。典型的例子包括过氧化氢在受热或压力不当的情况下发生分解，迅速产生氧气和水蒸气，导致爆炸性的能量释放。这两种气体爆炸都具有高度的危险性，因此在工业操作中需要采取严格的安全控制措施，如适当的通风、避免火源、监测环境中的气体浓度等，以防止悲剧的发生。通过理解这些爆炸的机制，可以更好地设计防范措施，确保工作场所的安全。

4.4.2.6 蒸气云爆炸

蒸气云爆炸是一种特定类型的气体爆炸，其发生条件与机制涉及设备泄漏、气体与空气的混合以及火源的存在。这种爆炸通常发生在化工厂、炼油厂以及其他处理大量易挥发液体的工业设施中。

具体来说，蒸气云爆炸开始于设备的泄漏，如储罐、管道或者阀门等部件的损坏导致内部的蒸气或挥发性液体喷出。这些蒸气迅速与周围的空气混合形成蒸气云。当这个蒸气云的浓度达到一定的比例，即进入所谓的“爆炸极限区间”，它就变得极易爆炸。如果在这个状态下遇到点火源，蒸气云就会引发爆炸。蒸气云爆炸的危险性极高，因为它的破坏力巨大，而且由于气体的扩散特性，蒸气云可以快速扩散到大范围区域，使得爆炸可能在非常广阔的区域内发生，增加了预防和控制的难度。

为了防止蒸气云爆炸，重要的安全措施包括加强设备的维护与检查，确保所有容器和管道的密封性，以及在可能的泄漏区域安装气体检测和火花控制系统。此外，适当的应急响应措施和员工培训也是必不可少的，以确保在发生泄漏时能够迅速采取行动，防止爆炸事故的发生。

4.4.2.7 可燃粉尘爆炸

可燃粉尘爆炸是工业安全领域中一种较为常见但极具危险性的现象。这种类型的爆炸涉及细小的可燃粉尘颗粒，当这些粉尘在空气中达到一定的浓度，并遇到点火源时，便可能迅速燃烧甚至引发爆炸。可燃粉尘爆炸通常需要满足以下五个基本条件。

① 粉尘本身的可燃性或爆炸性：只有当粉尘材料具有可燃性，例如木屑、粉状化学品、金属粉末等，才能在适当条件下引发爆炸。

② 粉尘与空气的混合：粉尘必须与空气或氧气混合并悬浮于空气中，其浓度需要达到一定的“爆炸极限”，这个极限指的是粉尘浓度既不能太低也不能太高。

③ 点火源的存在：必须有足够的能量来点燃粉尘云，常见的点火源包括火花、静电放电、过热的表面等。

④ 粉尘的扩散性：粉尘需要在空间中扩散，以形成足够大的反应区域。

⑤ 受限空间：在受限或部分封闭的空间中粉尘更容易积聚，这增加了爆炸的潜在风险。

工业环境中的厂区、车间、库房等地方尤其容易发生可燃粉尘爆炸，因为这些地方经常会积累大量的粉尘，并且操作中可能会产生点火源。此外，这些区域的空间结构可能促使粉尘保持在空气中悬浮，达到爆炸的临界浓度。为了预防可燃粉尘爆炸，重要的措施包括定期清理粉尘，确保良好的通风，使用防爆设备，以及对员工进行安全培训，让他们了解如何处理粉尘和防止粉尘积聚。通过这些措施，可以显著降低可燃粉尘爆炸的风险。

4.4.2.8 熔盐爆炸

熔盐爆炸是一种涉及高温熔融状态下的无机盐与水或其他易挥发物质相互作用时的工业安全问题。这种爆炸现象具有突发性和破坏力，常见于化工厂、冶金厂以及任何涉及高温盐处理的设施中。熔盐爆炸的发生机理主要是在熔融盐的高温状态下，即使少量的水分或其他易挥发物质接触到这样的高温环境都会迅速汽化，汽化过程中体积的急剧膨胀会导致强烈的压力波和能量释放，从而使得熔融盐被猛烈地抛出。这个过程不仅会导致周围区域的显著破坏，还可能因熔盐的飞溅而引起火灾，对人员和设备造成严重伤害。

具体到熔盐爆炸的危险因素，包括但不限于：①水分和易挥发物质的存在。在操作和存储高温熔盐的环境中，任何形式的水分都可能成为引发爆炸的源头。此外，其他易挥发物质，如有机溶剂，也可以在这些条件下快速汽化，同样增加了爆炸的风险。②高温操作环境。熔盐的操作通常在高温下进行，这增加了任何误操作或材料接触不当导致的爆炸风险。③设备和操作的安全管理。不当的设备维护、操作失误以及安全规范的忽视都可能增加发生熔盐爆炸的可能性。

为了预防熔盐爆炸，必须采取一系列措施，包括：①维持操作区的干燥，避免水分和易挥发性物质的接触。②适当的设备设计和维护，确保所有的容器和管道都能承受极端的温度和潜在的压力变化。③员工培训，增强对高温熔盐操作的安全意识和紧急应对能力。通过这些措施，可以显著降低发生熔盐爆炸的风险，从而保护人员安全和设施完整。

4.5 爆炸极限理论与计算

4.5.1 爆炸极限理论

爆炸极限理论是关于气体或蒸气与空气混合物燃烧和爆炸行为的基础理论。根据这一理论，不是所有的气体或蒸气与空气的混合比例都能引发燃烧或爆炸。实际上，只有当混合物中的可燃气体或蒸气浓度处于某个特定范围内时，才能发生燃烧或爆炸。这个特定的浓度范围被定义为爆炸极限。表4-4列出了常见可燃物在20℃、0.1MPa气压下的爆炸极限数据。

表4-4 常见可燃物的爆炸极限数据（0.1MPa，20℃）

物质名称	爆炸极限/%	物质名称	爆炸极限/%	物质名称	爆炸极限/%
甲烷	5.0～15.0	醋酸甲酯	3.1～16.0	丁酮	1.8～11.5
乙烷	3.0～12.5	醋酸乙酯	2.0～12.8	戊-2-酮	1.5～8.2
丙烷	2.1～9.5	醋酸丙酯	1.7～8.0	己-2-酮	1.2～8.0
丁烷	1.8～8.4	异醋酸丙酯	1.8～7.8	氰酸	5.6～40.0
异丁烷	1.8～8.4	醋酸丁酯	1.2～7.6	醋酸	6.0～17.0
戊烷	1.5～7.8	醋酸戊酯	1.1～7.5	甲酸甲酯	5.0～23.0
异戊烷	1.4～7.6	甲醇	6.0～50.0	甲酸乙酯	2.7～16.5
己烷	1.1～7.5	乙醇	3.1～27.7	氢	4.0～75.0
庚烷	0.8～6.7	丙醇	2.1～13.5	一氧化碳	12.5～74.2
辛烷	1.0～6.5	异丙醇	2.0～12.0	氨	15.0～33.6
壬烷	0.7～5.6	丁醇	1.4～11.3	吡啶	1.8～12.4
癸烷	0.8～5.4	异丁醇	1.7～10.9	松节油	0.8～6.0
乙烯	2.7～36.0	丙烯醇	2.5～18.0	亚硝酸乙酯	—
丙烯	2.4～10.3	戊醇	1.2～10.5	环氧乙烷	3.0～100.0
丁烯	1.6～10.0	异戊醇	1.2～10.5	二硫化碳	1.0～50.0
戊烯	—	乙醛	4.0～60.0	硫化氢	3.9～45.5
乙炔	2.5～100.0	巴豆醛	2.1～15.5	氧硫化碳	—
苯	1.2～8.0	糠醛	2.1～19.3	氯甲烷	8.1～17.4
甲苯	1.1～7.1	三聚乙醛	1.3～17.0	氯乙烷	3.6～14.8
二甲苯(邻)	0.9～7.6	甲乙醚	—	氯乙烯	3.6～33.0
环丙烷	—	二乙醚	1.7～48.0	溴甲烷	10.0～16.0
环己烷	1.3～8.4	二乙烯醚	1.7～28.0	溴乙烷	6.8～11.0
甲基环己烷	1.2～6.7	丙酮	2.2～13.0	丙烯腈	3.0～17.0

具体来说，爆炸极限包括爆炸下限（lower explosion limit，LEL）和爆炸上限（upper explosive limit，UEL）两个关键点，两者均是用体积分数来表示的。爆炸下限（LEL）是指气体或蒸气与空气混合物中，可燃气体或蒸气能使火焰蔓延的最低浓度。浓度低于这个值时，混合物中的可燃成分过少，无法维持燃烧过程，因而不会发生爆炸。爆炸上限（UEL）是指同一混合物中，可燃气体或蒸气能使火焰蔓延的最高浓度。当浓度高于这个值时，空气中的氧气含量不足以支持燃烧反应的持续进行，因此也不会发生爆炸。

爆炸极限的概念在化工、矿业、石油和天然气行业中非常重要，因为它们帮助人们评估和控制工作环境中的安全风险。例如，工业安全专家需要知道特定化学物质的爆炸极限，以确保工作场所中的气体或蒸气浓度维持在安全水平，防止潜在的燃烧或爆炸事故。因此，正确理解和应用爆炸极限理论，对于设计安全的工作环境、制定有效的安全操作规程以及应对可能的紧急情况都具有重要意义。通过持续监测和控制环境中的气体浓度，可以大幅降低发生危险化学反应的风险。

4.5.2 影响爆炸极限的因素

爆炸极限是指可燃气体与空气混合在特定比例下发生爆炸反应的上限和下限浓度。影响爆炸极限的因素包括初始温度、初始压力、惰性介质与杂质的存在、容器因素以及点火源。下面将逐一分析这些因素如何影响爆炸极限。

(1) 初始温度

初始温度的升高会增大爆炸极限范围，这是因为高温提高了气体分子的运动速度，增强了化学反应的速率，使得更宽的浓度范围内的气体混合物可以发生爆炸。因此，高温环境下的气体更加危险。

(2) 初始压力

压力的增加同样扩大了爆炸极限范围。当压力升高时，气体分子间的碰撞频率增加，促进了化学反应的进行，从而使得在更宽的浓度范围内发生爆炸成为可能。相反，当压力降低时，气体分子间距变大，反应频率下降，爆炸极限范围相应缩小。

(3) 惰性介质与杂质的存在

在气体混合物中加入惰性气体，如氮气或二氧化碳，可以降低氧气的浓度，从而降低爆炸的可能性。此外，引入某些化学杂质如卤代烷类也可以影响爆炸极限，通常是通过化学反应机制的改变来抑制爆炸范围。

(4) 容器因素

容器的材质和尺寸对爆炸极限有重要影响。例如，使用玻璃材质的容器可能会扩大爆炸极限范围，而使用金属材质如银可能会缩小这一范围。容器的尺寸尤其是直径也对爆炸极限有显著影响，较小的容器直径限制了气体混合物的爆炸能力。

(5) 点火源

点火源的能量、表面积及其与爆炸性混合物的接触时间是影响爆炸极限的重要因素。点火源能量的增加、表面积的扩大以及接触时间的延长均可以使爆炸极限范围扩大，增加爆炸的可能性。

通过理解和控制这些因素，可以在实际应用中有效地管理和降低爆炸风险。

4.5.3 爆炸极限的计算

爆炸极限的计算对于确保工业安全和预防意外事故至关重要。以下是计算单一组分和多组分可燃气体或蒸气在空气中的爆炸极限的方法。

(1) 单一组分可燃气体或蒸气的爆炸极限

对于大多数常见的可燃气体或蒸气，其爆炸极限可以直接从相关手册或书籍中查到。如果实验条件允许，也可以通过实验测定来获取数据。此外，还可以使用以下经验公式进行估算。

下爆炸极限（LEL）： $LEL = 0.55c_{st}$

上爆炸极限（UEL）： $UEL = 4.8\sqrt{c_{st}}$

式中，c_{st} 是可燃气体或蒸气的化学计量浓度，定义为：

$$c_{st} = \frac{\text{可燃物的量}}{\text{可燃物的量} + \text{空气的量}}$$

(2) 多组分可燃气体或蒸气混合物的爆炸极限

对于含有多种可燃组分的混合气体或蒸气，其爆炸极限可以使用勒夏特列（Le Chatelier）公式计算。

混合物的下爆炸极限：

$$LEL_{mix} = 100 / \sum_{i=1}^{n} \frac{\varphi_i}{LEL_i} (\%)$$

混合物的上爆炸极限：

$$UEL_{mix} = 100 / \sum_{i=1}^{n} \frac{\varphi_i}{UEL_i} (\%)$$

式中，φ_i 是组分 i 在全部可燃组分构成的混合物中的体积分数；LEL_i 和 UEL_i 分别是该组分单独与空气形成爆炸混合物时的爆炸下限和上限。

(3) 多组分可燃气体或蒸气与惰性气体混合物的爆炸极限

对于包含惰性气体的多组分混合气体，首先需要确定每种惰性气体和可燃气体组合的新爆炸极限，这通常通过参考爆炸极限变化图来完成。然后，将这些新的爆炸极限数据代入 Le Chatelier 公式，计算整个混合气体的爆炸极限。这些计算方法为理解和预防可燃气体和蒸气的爆炸风险提供了科学依据，是工业安全管理中的关键环节。

4.6 燃烧性物质的贮存和运输

4.6.1 燃烧性物质概述

在化学工业中，燃烧性物质的应用非常广泛，由于缺乏或忽视必要的控制，火灾和爆炸事故不断发生。比如烯烃、芳香烃、醚和醇都是典型的燃烧性物质，它们经化学加工制备出，又转用作其他更复杂物质的合成原料。同时，它们还用作交通工具或飞行器的驱动燃料或推进剂，以及各种分离过程的溶剂。为了避免或减少灾难性事故，这类物质在贮存和应用前须预先评价它们的燃烧和爆炸危险。

实际上，几乎所有的燃烧过程都是在氧和处于蒸气或其他微细分散状态的燃料之间进行的。固体只有加热到一定程度释放出足够量的蒸气，才能引发燃烧。在一定的温度下，液体一般比固体有更高的蒸气压，所以易燃液体比易燃固体更容易引燃。易燃气体和易燃粉尘无须熔解或蒸发而直接燃烧，所以最容易引燃。固体、液体和气体在燃烧传播速率方面也有量的差异。固体燃烧传播速率最慢，液体则相当快，气体和粉尘的传播速率最快，常能引发爆炸。

化学工业中的物料多数是易于起火并能迅速燃烧的液体。一般地，在等于或低于38℃的温度范围便能引燃的物质称为易燃性物质。温度必须加热到38℃以上才能引燃的物质则称为可燃性物质。全美消防协会应用闪点和沸点对易燃液体和可燃液体进行了更详细的分类。

(1) Ⅰ类

Ⅰ类包括闭口杯闪点低于37.8℃的液体，可以细分为ⅠA类、ⅠB类和ⅠC类。

① ⅠA类：包括闭口杯闪点低于22.8℃且沸点低于37.8℃的液体；

② ⅠB类：包括闭口杯闪点低于22.8℃且沸点等于或高于37.8℃的液体；

③ ⅠC类：包括闭口杯闪点等于或高于22.8℃而低于37.8℃的液体。

(2) Ⅱ类

Ⅱ类包括闭口杯闪点等于或高于37.8℃而低于60℃的液体。

(3) Ⅲ类

Ⅲ类包括闭口杯闪点等于或高于60℃的液体，可以细分为ⅢA类和ⅢB类。

① ⅢA类：包括闭口杯闪点等于或高于60℃而低于93.4℃的液体；

② ⅢB类：包括闭口杯闪点等于或高于93.4℃的液体。

在普通工业条件下易于引燃的物质被认为具有严重火灾危险。这些物质必须贮存于阴凉处，以防其蒸气与空气混合偶发起火。贮存区必须通风良好，从而使贮存容器常规逸出的蒸气能很快稀释至无法被火星引燃的程度。此外，贮存区必须远离有金属切割、焊接等动火作业的火险区。对于高度易燃物质，必须与强氧化剂、易于自热的物质、爆炸品、与空气或潮气反应放热的物质隔离贮存。

氧化剂不属于燃烧性物质，但作为氧源与燃烧有着密切关系，也在这里予以介绍。空气中通常含有21%的氧，是主要的供氧源。还有许多其他物质，即使没有空气也能提供反应氧。在这些物质中，有些需要加热才能产生氧，而另外一些在室温下就能释放出大量的氧。以下各类化合物，其供氧能力应该引起特别注意：有机和无机的过氧化物、氧化物、高锰酸盐、高铁酸盐、氯酸盐、高氯酸盐、过硫酸盐、过硒酸盐、有机和无机的亚硝酸盐、有机和无机的硝酸盐、溴酸盐、高溴酸盐、碘酸盐、高碘酸盐、铬酸盐、重铬酸盐、臭氧、过酸盐。强氧化剂靠近低闪点液体贮存是极不安全的，现在普遍赞同氧化剂和燃料隔离贮存。氧化剂贮存区应该保持阴凉，通风良好，而且应该是防火的。在氧化剂贮存区，普通救火设施往往不起作用。因为氧化剂本身可以供氧，灭火剂的覆盖会失去效用。

4.6.2 燃烧性物质的危险性

了解燃烧过程，特别是燃烧扩散的概念，有助于对燃烧性物质危险性的理解。可燃物质的燃烧历程一般解释为物质蒸发并被加热至自燃点，在极短的时间内以包含许多自由基的链反应形式与氧化合。所以，燃料、氧和热构成了燃烧的三个基本要素。燃烧三要素中任意两个共存，如果没有第三要素的加入，都不会引发燃烧。因为几乎所有的活动都是在有氧的气氛中进行的，所以防火安全的普遍做法是把燃烧性物质与所有的点火源隔离。

即使很小的火焰在环境温度20℃的甲醇开口容器上方通过，甲醇液面上的蒸气会立即起火。在同样条件下冰醋酸和萘却不会起火。但是，如果醋酸稍微加热，产生足够量的蒸气，便会引燃。而萘则需要进一步加热才会引燃。液体和固体只有释放出足够量的蒸气或气体，与空气混合成为燃烧混合物时才会引燃。很显然，物质的挥发性是其形成燃烧混合物的决定因素。沸点和蒸气压可用来表征物质的挥发性，虽然两者根据其定义与燃烧并不直接有关。

闪点经验性但十分可靠地描述了液体的燃烧性能。闪点是液面上的蒸气混合物能够被引燃的最低温度。在解释闪点信息时必须考虑混合物的组成。代烃与低闪点的烃类物质混合，能够相当大地提高闪点，但是经过部分蒸发，不燃组分极易失去，留下的依然是低闪点组分。醇和其他极性溶剂的水溶液在低浓度下也有确定的闪点，比如，5％乙醇水溶液的闪点为62℃，高闪点物质的烟雾易于引燃，泡沫的起火温度要比预期的低得多。可燃物质当其温度加热至闪点以上时，遇点火源即可引燃，这是粗心的操作者容易忽略的事实。少量挥发性物质加入高沸点液体会极大地降低液体的闪点，使液体的燃烧爆炸危险性显著增加。

可燃固体粉尘具有严重的爆炸危险。微细分散状态的聚合物、金属和非金属元素，煤、谷物、糖等天然产物的粉尘，棉花的纤维都有严重的爆炸危险。化学工业中的一种典型事故案例是：一次微小的爆炸扬起了平台上积累的粉尘，引发了第二次严重得多的爆炸。

易燃蒸气在空气中的浓度低于燃烧下限时，蒸气分子间的距离较大，有效碰撞次数锐减，释放出的反应热减少，而且过量的空气还吸收部分反应热，这样就不足以把没有燃烧的易燃物质引燃。当其浓度高于燃烧上限时，易燃气体过量而不能完全燃烧，也不足以把周围的易燃物质引燃。易燃气体或蒸气的燃烧范围包括燃烧上下限之间的所有浓度点。当蒸气浓度在燃烧上下限附近时，燃烧扩散很慢。当浓度接近燃烧范围的中点，特别是达到反应式的化学计量浓度时，燃烧传播速率加快，能量释放加剧。如果把易燃液体贮存于封闭容器中，容器自由空间中蒸气的浓度取决于贮存温度下液体的蒸气压。了解自由空间中的蒸气浓度是在燃烧范围之下、之上还是之中，对安全管理有着重要意义。

在空气或其他氧化性气氛中，燃料只有被加热到足以诱发连锁反应时，才会发生燃烧。火焰、热表面和电火花是三种最常见的点火源。对于任意给定的燃料-氧系统，只要点火源有足够高的温度和足够多的能量，都能引发燃烧。

自燃点是指物质在没有明显点火源时自发燃烧的最低温度。易燃混合物与热表面接触，当其温度达到自燃点时，便产生冷燃烧。冷燃烧是有机物质低温氧化伴生的可视现象。冷燃烧的反应速率随着温度和压力的升高而加速，如果是在绝热条件下，反应速率高到一定程度，冷燃烧就会转化成失控的热爆炸。许多以前无法解释的工业火灾和爆炸都是由冷燃烧随后转变为热燃烧引起的。

着火点表示的是纸张、木材一类的固体必须加热至能够引燃并持续燃烧的最低温度。对于一定的物质，大小、形状、纯度、湿度和空气运动都会影响着火点的测定数据。焊枪和火柴的火焰，或者炉火，有足够的温度和能量点燃气体、液体或固体。在有易燃物质的区域，必须严禁明火，排除各种生火设备。

4

加热器或破损电灯泡的电热丝，只要能产生 2mJ 的能量便成为有效的点火源。一些研究指出，点燃大量易燃物质所需要的电热丝的温度与电热丝的直径成反比。对于烃类蒸气以大的金属热表面作为点火源的研究结果表明，大热表面的温度要远高于文献报道的自燃点才能引发燃烧。人们用蒸气运动缺少限制和对流来解释需要较高的温度。干燥的、配置较差的轴承和密封圈会产生摩擦热。如果恰逢易燃液体、蒸气或气体的泄漏点，就有可能引发燃烧。仅有 0.2mJ 能量的电火花便能点燃易燃气体或蒸气与空气的混合物。转换开关操作或电动机整流器运行时会产生电火花，导线的偶然破损或电接地松动也会产生电火花。电焊弧则是很强的点火源。在易燃物质的应用和储存区，电气设备应该是防爆的，工房应该能够承受化学计量浓度的蒸气和空气混合物的内部爆炸，热气体的温度必须冷却到其闪点以下才能排出。

静电是潜在的点火源。在干燥气候中穿戴合成纤维织物能够产生大量的静电荷；有些绝缘体运动表面的摩擦可以产生较大的静电势。液体、气体或粉尘在流动时会产生静电荷，并在系统中与地绝缘的金属部件中聚集，由于金属部件间静电势的差异，在其间隙中容易迸发出高能电火花，可以引燃存在的任何易燃气体或蒸气。泵送相当纯净的有机流体，产生的静电荷会聚集在接收容器中液体的表面。一些研究结果表明，高速喷射泵送易燃液体，在液面上的蒸气空间会发生爆炸。

4.6.3 燃烧性物质的贮存安全

(1) 贮存安全的一般要求

贮存容器和贮存方法的确定以及燃烧性物质的操作和管理，对安全都是至关重要的。贮存容器和贮存方法的确定与贮存物质的相态有很大关系，因此，贮存安全也必须结合物质存在的相态考虑。

燃烧性气体不得与助燃物质、腐蚀性物质共同贮存。如氢、乙烷、乙炔、环氧乙烷、环氧丙烷等易燃气体不得与氧、压缩空气、氧化二氮等助燃气体混合贮存，因为易燃气体与助燃气体一旦泄漏，就会形成危险的爆炸混合物。燃烧性气体通常以压缩、液化或吸附状态储存，不应与腐蚀性物质共同贮存，如硝酸、硫酸等都有很强的腐蚀作用，气体容器容易受到腐蚀造成泄漏，引发燃烧和爆炸事故。易燃气体和液化石油气的贮罐库应该通风良好，远离明火区。不同类型的燃烧性气体的贮存容器，不应设在同一库房，也不宜同组设置。

燃烧性液体较易挥发，其蒸气和空气以一定比例混合会形成爆炸性混合物。故燃烧性液体应该贮存于通风良好的阴凉处，并与明火保持一定距离。在易燃液体贮存区内，严禁烟火。沸点低于或接近夏季最高气温的易燃液体，应贮存于有降温设施的库房或贮罐内。燃烧性液体受热膨胀，容易损坏盛装的容器，容器应留有不少于5%容积的空间。

燃烧性固体着火点较低，燃烧时多数都能释放出大量有毒气体。所以燃烧性固体贮存库应该干燥、阴凉、有隔热措施、忌阳光曝晒。燃烧性固体多属还原剂，大多数都具有毒性。燃烧性固体与氧化剂应该隔离贮存，要有防毒措施。

自燃性物质有不稳定的性质，在一定的条件下会自发燃烧，可以引发其他燃烧性物质的燃烧，故自燃性物质不能与其他燃烧性物质共同贮存。因灭火方法和其稳定性相抵触，自燃性物质和遇水燃烧物质不能在一起贮存。自燃性物质应该贮存在阴凉、通风、干燥的库房内，对贮存温度也有严格的要求。遇水燃烧的物质，受潮会释放出大量易燃气体和热量，遇到酸类或氧化剂会发生剧烈反应。遇水燃烧的物质不应与酸类、氧化剂共同贮存，存储库房要保持干燥，对存储湿度也有严格要求。

(2) 燃烧性物质的盛装容器

燃烧性物质许多是有限量的应用，盛装于容量为200kg以下的容器中。从贮运事故案例可以看出，多数事故是由盛装容器不良造成的。根据盛装的燃烧性物质的性质，对盛装容器的种类、材质、强度和气密性都有一定的要求。只有金属容器不适宜时才允许使用有限容量的玻璃和塑料容器。工厂和实验室都倾向于使用容量20kg以下的安全罐，弹簧帽可以防止通常温度下液体或气体的损失，但在内压增加时要适当排放降压。安全罐出口处的阻火器可以阻止火焰的进入，从而排除了内爆危险。使用塑料容器时要防止对热的暴露，以免塑料软化或熔化造成物料的泄放或渗漏。液体燃料贮存库要有防火墙和防火门，要用防爆电线，通风必须良好。燃烧性物质输送时，所有金属部件必须电接地。液体的流动或自由下落产生的静电足以达到起火的能量。

对于燃烧性物质，有桶装、袋装、箱装、瓶装、罐装等多种形式。盛装的形式和要求因盛装物料的性质而异。这里仅介绍几种常用的盛装形式。金属制桶装容器有铁桶、马口铁桶、镀锌铁桶、铅桶等，规格一般为200kg或更小的容量。金属桶要求桶形完整，桶体无倾斜、无弯曲、无锈蚀，焊缝牢固密实，桶盖应该是旋塞式的，封口要有垫圈，以保证桶口的气密性。金属桶在使用前应该进行气密性检验。耐酸坛用来盛装硝酸、硫酸、盐酸等强酸。耐酸坛表面必须光洁，无斑点、气泡、裂纹、凹凸不平或其他变形。坛体必须耐酸、耐压，经坚固烧结而成。坛盖不得松动，可用石棉绳浸水玻璃缠绕坛盖螺丝，旋紧坛盖后用黄砂加水玻璃或耐酸水泥加石膏封口。

(3) 大容量燃烧性液体贮罐

贮存大容量燃烧性液体采用大型贮罐。贮罐分地下、半地下、地上三种类型。起火乃至爆炸是燃烧性液体贮罐区最主要的危险。为了贮存安全，所有贮罐在安装前都必须试压、检漏，贮罐区要有充分的救火设施。应充分考虑贮罐的尺寸、类型和位置，与建筑物或其他罐间的互相暴露，贮存液体的闪点、容量和价值，以及物料损失中断生产的可能性，从而确定需要采取的防火措施。

对于地下和半地下贮罐，要根据贮存液体的性质、选定的埋罐区的地形和地质条件，确定埋罐的最佳尺寸和地点以及采用竖直的还是水平的贮罐。埋罐选点时，还要结合同区中的建筑物、地下室、坑洞的地点，统筹考虑。罐体掩埋要足够牢固，以防洪水、暴雨以及其他可能危及罐体装配安全的事件发生。要考虑邻近工厂腐蚀性污水排放、存在腐蚀性矿渣或地下水的可能性，确有腐蚀性状况，在埋罐前就得采取必要的防腐措施。对贮罐要进行充分的遮盖，在罐区要建设混凝土围墙。

对于地上贮罐，罐体的破裂或液面以下罐体的泄漏，极易引发严重的火灾，对邻近的社区也会造成较大的危害。为了周边的安全，贮罐应该设置在比建筑物和工厂公用设备低洼的地区。为了防止火焰扩散，贮罐间要有较大的间隙，要有适宜的排液设施和充分的阻液渠。

4.6.4 燃烧性物质的装卸和运输

燃烧性物质是化学工业中加工量最大、应用面最广的危险物质。这些物质由火车车厢、货运卡车经陆路，由内河中的驳船、海洋中的货轮经水路，由管道经地下中转或抵达目的地。危险物质的装卸和运输是化学加工工业中最为复杂而又重要的操作。

(1) 车船运输安全

燃烧性物质经铁路、水路发货、中转或到达，应在郊区或远离市区的指定专用车站或码头装卸。装运燃烧性物质的车船应悬挂危险货物明显标记。车船上应设有防火、防爆、防水、防日晒以及其他必要的消防设施。车船卸货后应进行必要的清洗和处理。

火车装运应按国家铁路局《铁路危险货物运输管理规则》办理。汽车装运应按规定的时间、指定的路线和车速行驶，停车时应与其他车辆、高压电线、明火和人口稠密处保持一定的安全距离。船舶装运，在航行和停泊期间应与其他船只、码头仓库和人烟稠密区保持一定的安全距离。

(2) 管道输送安全

高压天然气、液化石油气、石油原油、汽油或其他燃料油一般采用管道输送。在美国，天然气输送管道管径略大为 1.2m，石油输送管道管径约为 0.9m。从 Oklahoma 到 Chicago 的汽油输送管道管径为 1.02m。这些管道埋设于深度 0.76～0.91m 的地下，操作压力高达 8.27MPa。

为保证安全输送，在管线上应安装多功能的安全设施，如有自动报警和关闭功能的火焰检测器、自动灭火系统以及闭路电视，远程监视管道运行状况。例如在正常情况下，管道中各处的流量读数应该相同，压力读数应该保持恒定，一旦某处的读数出现变化，可以立即断定该处发生泄漏，及时采取应急措施，把损失降至最低。

（3）装卸操作安全

装卸的普通安全要求是安全接近车辆的顶盖，这对于顶部装卸的情形特别重要。计量、采样等操作也是如此。这样就需要架设适宜的扶梯、装卸台、跳板，车辆上要安装永久的扶手。所有燃烧性物质的装卸都要配置相应的防火、防爆消防设施。

装卸燃烧性固体，必须做到轻装、轻卸，防止撞击、滚动、重压和摩擦。气动传送系统的应用使固体卸料变得相当容易。固体物料在惰性气体中分散，通过封闭管道进入受槽。卸料系统的主要组件包括拾取装置、传送气体的大容量鼓风机、把物料从气体中分离出的旋风分离器和阻止物料进入大气的过滤器。卸料系统的安全设施主要有高压报警和联锁关闭装置以及防止静电的电接地设施。

燃烧性液体装卸时，液体蒸气有可能扩散至整个装卸区，因而需要有和整个装卸区配套的灭火设施。燃烧性液体车船如果采用气体压力卸料，压缩气体应该采用氮气等惰性气体。用于卸料的气体管道应该配置设定值不大于 0.14MPa 的减压阀，以及压力约略高 0.17MPa 的排空阀。有时待卸液体需要蒸汽加热，蒸汽管道和接口必须与液罐接口匹配，避免使用软管。蒸汽压力一般不超过 0.34MPa。装卸区应配置供水管和软管，冲洗装卸时的洒落液。

4.7 爆炸性物质的贮存和销毁

4.7.1 爆炸性物质概述

爆炸性物质是指在一定的温度、震动或受其他物质激发的条件下，能够在极短的时间内发生剧烈化学反应，释放出大量的气体和热量，并伴有巨大声响而爆炸的物质。爆炸性物质按照管理要求可以分为起爆器材和起爆剂、硝基芳香类炸药、硝酸酯类炸药、硝化甘油类混合炸药、硝酸铵类混合炸药、氯酸类混合炸药和高氯酸盐类混合炸药、液氧炸药、黑色火药八种类型。爆炸性物质的爆炸反应速率极快，可在万分之一秒或更短的时间内完成。爆炸反应释放出大量的反应热，温度可达数千摄氏度，同时产生高压。爆炸反应能够产生大量的气体产物。爆炸的高温高压形成的冲击波，能够使周围的建筑物和设备受到极大破坏。

爆炸性物质引爆所需要的能量称为引爆能。爆炸性物质在高热、震动、冲击等外力作用下发生爆炸的难易程度称为敏感度。爆炸性物质的引爆能越小，敏感度就越高。为了爆炸性物质的贮存、运输和使用安全，对其敏感度应有充分的了解。影响爆炸性物质敏感度的因素有物质分子内部的组成和结构因素，还有温度、杂质等外部因素。

爆炸性物质爆炸力的大小、敏感度的高低可以由物质本身的组成和结构来解释。物质的不稳定性和物质分子中含有不稳定的结构基团有关。这些基团容易被活化，其化学键则很容易断裂，从而激发起爆炸反应。分子中不稳定的结构基团越活泼，数量越多，爆炸敏感度就越高。如叠氮钠中的叠氮基、三硝基苯中的硝基都是不稳定的结构基团。再如硝基化合物中的硝基苯只有一个硝基，加热分解，不易发生爆炸；二硝基苯中有两个硝基，有爆炸性，但不敏感；三硝基苯中有三个硝基，容易发生爆炸。

爆炸性物质敏感度和温度有关。温度越高，起爆时所需要的能量越小，爆炸敏感度则相应提高。爆炸性物质在贮运过程中，必须远离火源，防止日光曝晒，就是为了避免温度升高引发贮运爆炸事故。杂质对爆炸敏感度也有很大影响。特别是硬度大、有尖棱的杂质，冲击能集中在尖棱上，以致产生高能中心，加速爆炸。三硝基甲苯（TNT）在贮运过程中，由于包装破裂而洒落，若收集时混入砂粒，会提高爆炸敏感度，很容易引发爆炸。

爆炸性物质除对温度、摩擦、撞击敏感之外，还有遇酸分解、光照分解和与某些金属接触产生不稳定盐类等特性。雷汞［$Hg(ONC)_2$］遇浓硫酸会发生剧烈的分解而爆炸。叠氮铅遇浓硫酸或浓硝酸会引起爆炸。TNT 炸药受日光照射会引起爆炸。硝铵炸药容易吸潮而变质，降低了爆炸能力甚至拒爆。硝化甘油混合炸药，贮存温度过高时会自动分解，甚至发生爆炸。为了保持炸药的理化性能和爆炸能力，对不同种类的炸药均规定不同的保存期限。如硝化甘油混合炸药规定保存期一般不超过八个月。爆炸性物质有一种特殊的性质，就是炸药爆炸时，能够引起位于一定距离另一处的炸药也发生爆炸，这就是所谓的“殉爆”。所以爆炸性物质贮存时应该保持一定的安全距离。

4.7.2 爆炸性物质的贮存

爆炸性物质必须贮存在专用仓库内。贮存条件应该是既能保证爆炸物安全，又能保证爆炸物功能完好。贮存温度、贮存湿度、贮存期、出厂期等对爆炸物的性能都有重要的影响。爆炸性物质贮存时必须考虑上述爆炸物本身存在的状况。同时，爆炸性物质是巨大的危险源，贮存时必须考虑其对周边安全的影响。所以对贮存仓库的位置有严格的要求。

(1) 贮存安全的一般要求

爆炸性物质仓库不得同时存放性质相抵触的爆炸性物质。如起爆器材和起爆药剂不得存入已经存有爆炸性物质的仓库内；同样地，起爆器材或起爆剂仓库也不能同时存放任何爆炸性物质或爆破器材加热器。一切爆炸性物质，不得与酸、碱、盐、氧化剂以及某些金属同库贮存。黑火药和其他高爆炸品也不能同库存放。

爆炸物箱堆垛不宜过高过密，堆垛高度一般不超过 1.8m，墙距不小于 0.5m，垛与垛的间距不少于 1m。这样有利于通风、装卸和出入检查。爆炸物箱要轻举轻放，严防爆炸物箱滑落至其他爆炸物箱或地面上。只能用木制的或其他非金属材料制的工具开启爆炸物箱。

(2) 贮存仓库及其防火

爆炸性物质仓库地板应该是木材或其他不产生电火花的材料制造的。如果仓库是钢制结构或铁板覆盖，仓库则应该建于地上，保证所有金属构件接地。仓库内照明应该是自然光线或防爆灯，如果采用电灯，必须是防蒸汽的，导线应该置于导线管内，开关应该设在仓库外。

对于爆炸性物质仓库，温湿度控制是一个不容忽视的安全因素。在库房内应该设置干湿度计，并设专人定时观测、记录，采用通风、保暖、吸湿等措施，夏季库温一般不超过 30℃，相对湿度通常保持在 75%以下。

仓库应保持清洁，周围不得堆放用尽的空箱、容器以及其他可燃物。仓库四周应设置至少 8m 的防火隔离带，该区域内严禁堆放干草或其他可燃性物质。如条件允许，建议扩大隔离带范围至 15m，并采取有效措施防止杂草、灌木丛生，同时保持区域内无垃圾或杂物覆盖，以降低火灾风险。仓库周围严禁吸烟、灯火或其他明火，不得携带火柴或其他吸烟物件接近仓库。严禁非职能人员进入仓库。

(3) 贮存仓库的位置和安全距离

爆炸性物质仓库禁止设在城镇、市区和居民聚居的地区，与周围建筑物、交通要道、输电输气管线应该保持一定的安全距离。爆炸性物质仓库与电站、江河堤坝、矿井、隧道等重要建筑物的距离不得小于 60m。爆炸性物质仓库与起爆器材或起爆剂仓库之间的距离，在仓库无围墙时不得小于 30m，在有围墙时不得小于 15m。

4.7.3 爆炸性物质的销毁

销毁的爆炸性物质，有些是本身完好但包装受到损坏，有些则由于自然老化或管理不当而变质。处理变质的爆炸性物质常比处理良好状况的爆炸性物质更具危险性。除起爆器材和起爆剂以外的绝大多数爆炸性物质，推荐采用焚烧销毁。即使是在最适宜的条件下，焚烧时爆炸的危险也总是存在的。所以，头等重要的是选择不会危及人身和财产的焚烧地点。焚烧地点与建筑物、交通要道以及任何可能会有人员暴露的地方，必须保持足够的安全距离。各类爆炸物销毁时，都应该禁绝烟火，防止爆炸物提前引燃。要仔细查看，严禁起爆剂混入待焚毁的爆炸物中。一次只能焚毁一种爆炸物，高爆炸性物质不得成箱或者成垛焚毁。硝化甘油，特别是胶质硝化甘油，点火前过热会增加爆炸敏感度。每次普通硝化甘油的焚毁量不应该超过 45kg，胶质硝化甘油则不应该超过 4.5kg。

起爆器材，如雷管、电雷管和延迟电雷管等，由于老化或贮存不当变质而不适于应用时，应该予以销毁。这些器材如果浸泡过水，也应该销毁。管壳如果是潮湿的，干后就会出现锈迹。这样的雷管处理起来更具危险性。起爆器材最常用的处理方法是爆炸销毁。对于有引信的普通雷管，仍在原贮装箱内，去掉箱盖引爆是可行的。这些雷管也可以放在一个小箱或小袋中，在地（最好是干沙土地）上挖掘一个深度不小于 0.3m 的坑，把废雷管容器置于坑底，在其上放置一个黄色炸药（硝化甘油）包和一个完好的雷管，并用纸张仔细盖好，再用干沙或细土覆盖，而后在安全处引火起爆。每次销毁的雷管数量不得超过 100 发。每次爆炸后都要仔细检查在爆炸范围内还有没有未炸的雷管。对于电雷管或延迟电雷管的销毁，必须先在距雷管顶部 2.5m 处剪断导线，而后按普通雷管的销毁程序进行。

有些爆炸性物质能溶于水而失去爆炸性能，销毁这些爆炸性物质的方法是把它们置于水中，使其永远失去爆炸性能。还有一些爆炸性物质，能与某些化学物质反应而分解，失去原有的爆炸性能。如起爆剂二硝基重氮酚（DDNP）有遇碱分解的特性，常用 10%～15%的碱溶液冲洗和处理。硝化甘油可以用酒精或碱液进行破坏处理。

4.8 燃烧和爆炸事故的调查和分析

4.8.1 概述

在燃烧和爆炸的工艺技术领域，人们的认识往往滞后于通常是灾难性事件的经验。例如 1880 年在英国伦敦，一条地下污水管道因沼气泄漏引发的火灾，使人类首次观察到了燃烧波的作用。在这之前，人们普遍认为燃烧的传播并不比在本生灯的内焰中观察到的快多少。随后不久提出的进入 20 世纪得到验证的一种理论，阐明了燃烧波的本质。在之后的 70 年中，虽然有往复内燃机、喷气发动机和火箭的开发，加之两次世界战争的促进，但人们对燃烧过程的认识仍然停留在对无约束的蒸气云爆炸知之甚少的阶段。比如，1967 年发生在美国路易斯安那州，1968 年发生在荷兰 Rotterdam 港附近，1974 年发生在英国 Flixborough 地区的蒸气云爆炸，至今还没有令人满意的解释。

燃烧和爆炸事故，特别是规模很大时，其作用的再生实验耗费巨大。所以，必须从事故调查中得到最大量的信息。从很小的事故和近似失误的调查中也可以得到有价值的信息。这种认识已被许多大的化学和石油企业普遍接受。即使有幸不是很严重的事故，也提倡进行详尽调查，对其经验广泛推广。然而，人们倾向于重视较大灾难中显现出来的教训，从小事故中得到的同样的结果往往会受到忽视。至于基于实验室实验数据的纯理论预测，人们的反应则更加冷淡。

第一次世界大战时，人们已经熟知硝酸铵的爆炸性质。但那时对于硝酸铵贮存和应用中的许多严重问题还没有人过问过。1922 年，德国 Oppau 在进行硝酸铵炸药松动作业时发生严重爆炸，爆炸量高达 6000 吨，导致城镇大面积毁坏，约 1100 人不幸遇难，成为历史上十分严重的工业爆炸事故之一。这次事件之后人们才发现，大量的硝酸铵化肥在室外堆垛存放，暴露在风雨中，会结成一层固体硬壳，在装运前就转化成了采石惯用的炸药。

化学加工工业经历了过去的许多灾难，今天变得更加安全。对事故进行适当调查，对结果广泛推广，无疑发挥了重要作用。调查的意义远远超越了事故本身。它不仅可以避免同类事故的再现，而且可以提供燃烧和爆炸作用的许多有价值的信息，有助于人类对于燃烧和爆炸本质的探索和认识。

事故案例

2020 年 8 月 4 日下午 6 时左右，黎巴嫩首都贝鲁特港口区发生巨大爆炸，爆炸接连发生两次，导致多栋房屋受损，玻璃被震碎，天上升起红色烟雾。

爆炸发生后，黎巴嫩总理迪亚卜视察爆炸现场，宣布 8 月 5 日为国家哀悼日，并表示黎巴嫩将向国际社会寻求帮助。此次爆炸造成至少 190 人死亡、6500 多人受伤，3 人失踪。黎巴嫩当局 8 月 17 日宣布，贝鲁特紧急状态延长至 9 月 18 日；同日，黎巴嫩司法部门宣布了贝鲁特爆炸案的初步调查结果，贝鲁特港口 12 号仓库的管理存在严重疏忽，因为仓库内除了发生爆炸的 2750 吨硝酸铵，还存放了大量的烟花和爆竹。

4.8.2 事故的调查程序和步骤

对于任何事故的调查，都必须尽可能多地收集证据。人们常根据过去的经验推测事故的致因。但这种推测不能作为事故调查的结论。仍然需要广泛地收集证据，包括意料中的特别是被忽略的证据，对推测进行严格检验。这样才能产生恰如其分的调查结论。正规调查程序包括以下七个步骤。

（1）调查授权

调查授权是指调查者从上一级领导那里接受调查任务，在这一阶段，调查者得到的只是事故调查的总体指令和笼统的事故描述，没有太多的事故细节，这一步骤的必要性仅在于，只有完成了这一步骤，调查者才能展开后续工作！

（2）事故情况初步了解

初步了解这一步骤的目的是，使调查者概括了解事故的全貌，以便更容易理解下一阶段收集到的信息的价值和意义，在这一阶段，调查者对事故还不会有中肯且恰当的评价，在许多情况下，初步了解只需要花费很短的时间就能完成。

（3）事故前实际情况调查

可以把实际情况划分为“硬件”和“工艺过程”两部分。

① 硬件：工程设计图纸、事故前其他活动的旧照片等，从上述信息源可以了解到设备和物料的状况。

② 工艺过程：调查者可以考察设计几乎相同的邻近工厂类似的工艺过程，也可以与对工艺过程熟悉的证人进行讨论，石油炼厂和化学加工厂都是一天 24 小时轮班运转，其他班的人员也可以提供硬件和工艺过程方面的帮助。

总之，调查者对于事故工厂的设备、工艺过程、有关物料的性质必须相当熟悉，只有这样，才能恰当地使用证据，形成事故前实际情况的完整印象。

(4) 事故损坏检查

首先找到事故原发区，这里很可能还存在隐患，然而在重大灾难的情形，还应该慎重考虑次生作用，这些信息只有在事故之后才能得到。对于爆炸的情形，爆裂断片区和远离爆炸源冲击波的作用区，都有可能成为事故有价值的证据，这些证据的价值不会立即显现出来，但在没有发生任何扰动的时候，应该把这些证据拍照记录下来。还会有其他一些存疑情况，标上地点后搁置一边，留待以后核查，应该仔细考察爆炸废墟确定损坏的程度，不能心存侥幸忽略目前还无法解释的任何现象。

(5) 证人探访

目击者的证言是很有价值的。除去事故现场人员外，还应该从目睹事发的公众人员那里取得证言。证人记录应该在证人间有机会议论事故之前完成，预先不准备出证的证人，应该要求他们在没有探访者提示的条件下，给出他们自己的事故说明。后来询问时的意见改变应该记录下来，但是原始记录永远不能销毁。应该尽量把证人引至探访室外，鼓励证人在事故现场或重设的事故场景中讲述他们的经历。在许多情况下，目击者的证言是矛盾的，但仍然要把它们记录下来，留待借助技术资料进行分析鉴定。

(6) 研究和分析

随着证据的收集，必须考虑进一步的研究。如果试样需要化学分析，则应该尽快进行。对于某些特定的试验，为了保证试验的真实性，只有证据收集全后才能进行；对于需要长期试验的情形，调查者需等试验完成后才能得到工作结论。

(7) 调查报告准备

报告的形式因写作模式而异，但所有的报告都应该做到让读者能够从事前情况逐步深入事故，从事故证据逐步过渡到逻辑结论，正文内容过多会分散读者对主要问题的注意力，次要内容应该归入附录中。

4.8.3 燃烧和爆炸分析

4.8.3.1 燃烧分析

损坏分布是可以提供火源区域的有力证据，木器燃烧持续的时间最长，炭化的程度也最深。经验指出，木材炭化 2.5cm 需要 40min 的时间，如果从救火者那里了解到灭火的时间，就可以通过炭化深度测定确定火源区域。

火灾后容器的状况是可以提供燃烧时间长短的有价值的证据，任何容器暴露在火焰中，所装载的液体都可以防止容器内油漆涂层的损坏，液面之上的容器壁涂层则会爆皮，如果容器内原来的液面是已知的，火灾后的液面结合容器的上述特征可以检查出来，从而不难确定液体的蒸发量和蒸发热。纯铜的熔点是1080℃，一般纯铜能够承受燃烧的作用，铜合金，如黄铜和青铜，其熔点在800～1000℃，通常在火灾中会熔化，火灾后会有铜合金液滴黏附在其他金属表面上，如果在导体上发现纯铜液滴，这表明在火灾中有电流通过，强化了燃烧的热量，如果有电缆通过，电流在燃烧的早期由于电缆熔断而被切断，这时，纯铜液和纯铜导体上的电弧焰凹痕成为火源区的有力证据。铁和钢的熔点在1300～1500℃，在火灾中一般不会熔化，但在550～600℃会发生惊人的扭曲变形，结构钢制件扭曲变形现象在火灾中随处可见，在火灾调查中意义不大。

4.8.3.2 爆炸分析

(1) 爆炸作用表现模式

多种因素影响着容器破裂的方式，在静负荷超量的极限情形，压力下凝聚相的爆轰会产生脆性破裂。对于气体爆燃比较缓慢的情形，断裂的方式则是纯粹弹性的，破裂的起始点在容器的薄弱点处，在爆燃断裂瞬间之后，压力仍继续上升，此时会产生更多的碎片。容器内缓慢的加压过程，最初会产生弹性断裂，继而会裂口，最后加速至脆性断裂，所以，找到初始断裂点是重要的。对于脆性破裂的情形，根据容器断片的断口标记会找到初始点，对于绝大多数弹性破裂的情形，初始点通常都是在容器最薄的地方附近。

(2) 物理过压容器

如锅炉或被火焰包围的其他密封容器，由于物理过压而破裂是常见的事情，过压中的压力指的是气压或者是液压，液压过压产生的发射物比气压过压产生的发射物要少，对于物理过压，破裂的起始点往往在容器潜在的薄弱点处。

(3) 单一容积系统气相爆炸

如果易燃气体混合物在一个加工容器中，如一个罐或室中燃烧，燃烧过程会使压力不断升高，最后会引起器壁爆裂。对于单一的容器，火焰扩散通常是亚声速的，爆炸应力总是均匀分布的，容器会在其薄弱点破裂，这可能是由容器中某处的砂眼或夹层中的燃烧所致，但是从破裂模式无法推断出砂眼或火源的位置，这个原则同样适用于单一容器内的爆炸。

(4) 复合容积系统气相爆炸

当气相爆炸发生在互相连通的容器内时，最严重的损坏总是发生在远离火源处，火焰从一个容器传播至下一个容器时被加速，从而压力升高的速率和破坏强度会相应增加，类似地，复合容积系统中的粉尘爆炸，最严重的损坏也是发生在远离初始火源处，在气体爆炸中，压力的堆积造成连通容积系统惊人的破坏，甚至会导致爆轰，依据上述机理，容器承受的压力会突然增至通常过程压力的100倍以上，而单一容器的爆炸，压力很少超过初始压力的10倍。

(5) 气体爆轰

气体爆轰通常发生在管道或高径比较大的容器内，最大损坏也发生在远离火源处。化工厂气体爆轰最显著的特征是爆轰本身会突然改变方向。在沿着爆轰波传播线的许多孤立点上，会发现爆裂和普通过压的证据，爆轰产生爆裂是纵向的，所以管道的断片往往是长条形的，爆轰破裂会延伸到很远的距离，而简单的过压或爆燃产生的破裂，长度很少会超过几倍的管径。

4.8.3.3 火源分析

如果木质品、纺织品、隔板或其他某些固体物质最先起火，其初始点火源的识别要比识别气相起火容易。一般来说，固体物质起火，需要点火源持续一些时间，而能够点燃气体混合物的静电释放只有几分之一秒。电动机或电缆的电力故障、隔板上的易燃液体玷污液以及人员的活动，是化工厂火灾的普遍原因。焊接和切割所产生的火花，其引火能力超过了人们的想象，如果这些火花被怀疑是火灾或爆炸的起因，应该考虑模拟实验，而且不应该忽略高浓度氧的可能作用。

初始火源的确定常被认为是所有调查的最终目的，对于火灾的情形，很可能是这样的，但对于偶发的气相爆炸事故，无法确认点火源的占很大比例。

事故案例

2015年8月12日23时34分，天津港某公司危险品仓库发生特别重大火灾爆炸事故，造成165人遇难、8人失踪、798人受伤，直接经济损失达68.66亿元，爆炸总能量相当于450吨TNT当量，严重波及周边建筑和人员安全（图4-5）。事故直接原因是仓库中硝化棉因湿润剂挥发在高温下自燃，引发相邻集装箱内的硝化棉和其他危险化学品长时间大面积燃烧，导致堆放于运抵区的硝酸铵等危险化学品发生爆炸。调查显

图4-5 天津港特别重大火灾爆炸事故图片

（图片来源：Ng Han Guan/Associated Press）

示，瑞海公司严重违法违规，超量储存含硝酸铵在内的危险品达11383.79吨，并通过行贿手段非法获取经营许可，相关安评、环评、消防审批程序均存在造假和失职问题。同时，交通、安监、海关、消防等多个监管部门监管缺失，未对明显违规行为采取有效措施，反映出严重的制度漏洞和监管失守。

2025年5月27日，山东省潍坊市高密市某化学有限公司发生一起重大爆炸事故，造成10人死亡、2人失联、19人受伤，属于特别重大安全生产事故。经初步调查，事故发生在企业自行研发的2-硝基-3-甲基苯甲酸连续流生产工艺过程中。由于技术存在严重缺陷，使用了不合格原料（间甲基苯甲酸）并存在物料积聚堵塞的情况，使在设备管线中积聚的硝化物料发生异常升温、摩擦、撞击等，最终引发爆炸。爆炸引发设备及周边设施严重损毁，造成重大经济损失，引发广泛社会关注，国务院安全生产委员会办公室发出通报警示。

4.9 火灾爆炸危险与防火防爆措施

4.9.1 火灾爆炸危险

4.9.1.1 物料的火灾爆炸危险

关于物料的火灾爆炸将从气体、液体和固体三方面进行分析。

（1）气体

爆炸极限和自燃点是评价气体火灾爆炸危险性的主要指标。气体的爆炸极限越宽，爆炸下限越低，火灾爆炸的危险性越大。气体的自燃点越低，越容易起火，火灾爆炸的危险性就越大。

此外，气体温度升高，爆炸下限降低；气体压力增加，爆炸极限变宽。所以气体的温度、压力等状态参数对火灾爆炸危险性也有一定影响。

气体的扩散性能对火灾爆炸危险性也有重要影响。可燃气体或蒸气在空气中的扩散速度越快，火焰蔓延得越快，火灾爆炸的危险性就越大。密度比空气小的可燃气体在空气中随风漂移，扩散速度比较快，火灾爆炸危险性较大。密度比空气大的可燃气体泄漏，沉积于地表死角或低洼处，不易扩散，火灾爆炸危险性比密度较小的气体小。

（2）液体

闪点和爆炸极限是衡量液体火灾爆炸危险性的主要指标。闪点越低，液体越易起火燃烧，燃烧爆炸危险性越大。液体的爆炸极限与气体的类似，可以用液体蒸气在空气中爆炸的浓度范围表示。所以，液体爆炸极限也可以用温度极限来表示。液体爆炸的温度极限越宽，温度下限越低，火灾爆炸的危险性越大。

液体的沸点对火灾爆炸危险性也有重要的影响。液体的沸点越低，挥发性越大，火灾爆炸的危险性就越大。

液体的化学结构和分子量对火灾爆炸危险性也有影响。在有机化合物中，醚、醛、酮、酯、醇、羧酸等引发火灾的危险性依次降低。不饱和有机化合物比饱和有机化合物引发火灾的危险性大。有机化合物的异构体比正构体的闪点低，火灾危险性大。氯、羟基、氨基等芳烃苯环上的氢取代衍生物，火灾危险性比芳烃本身低，但硝基衍生物恰恰相反，取代基越多，爆炸危险性越大。同系有机化合物如烃或烃的含氧化合物，分子量越大，沸点越高，闪点也越高，火灾危险性越小。但是分子量大的液体，一般发热量高，蓄热条件好，自燃点低。

（3）固体

固体的火灾爆炸危险性主要取决于固体的熔点、着火点、自燃点、比表面积及热分解性能等。固体燃烧一般要在气化状态下进行。熔点低的固体物质容易蒸发或气化，着火点低的固体则容易起火。许多低熔点的金属有闪燃现象，其闪点大都在 100℃ 以下。固体的自燃点越低，越容易着火。固体物质中分子间隔小，密度大，受热时蓄热条件好，所以它们的自燃点一般都高于可燃液体和可燃气体。粉状固体的自燃点比块状固体低一些，其受热自燃的危险性要大一些。

固体物质的氧化燃烧是从固体表面开始的，所以固体的比表面积越大，和空气中氧的接触机会越多，燃烧的危险性越大。许多固体化合物含有容易游离的氧原子或不稳定的单体，受热后极易分解释放出大量的气体和热量，从而引发燃烧和爆炸，如硝基化合物、硝酸酯、高氯酸盐、过氧化物等。物质的热分解温度越低，其火灾爆炸危险性就越大。

4.9.1.2 化学反应的火灾爆炸危险

化学反应的火灾爆炸将从氧化反应、水敏性反应和酸敏性反应三方面进行分析。

（1）氧化反应

碳氢有机物都是可燃的，沸点较低的液体有严重的火灾风险。如汽油类、石蜡油类、醚类、醇类、酮类等。许多燃烧性物质在常温下与空气接触能反应释放热量，如果热释放速率大于消耗速率，会引发燃烧。

在通常工业条件下易起火的物质具有严重的火灾风险，如粉状金属、硼化氢、磷化氢等自燃性物质，闪点等于或低于 28℃ 的液体以及易燃气体。这些物质在加工或贮存时，必须与空气隔绝，或置于较低的温度下。

在燃烧和爆炸条件下，所有可燃性物质都是危险的，小的爆炸有可能产生易燃粉尘云，引发更大的爆炸。

（2）水敏性反应

许多物质与水、水蒸气或水溶液发生放热反应，释放出易燃或爆炸性气体。如锂、钠、钾、钙、铷、铯等金属的合金或汞齐、氢化物、氮化物、硫化物、碳化物、硼化物、硅化物、碲化物、硒化物、砷化物、磷化物、酸酐、浓酸或浓碱。

（3）酸敏性反应

许多物质与酸和酸蒸气发生放热反应，释放出氢气和其他易燃或爆炸性气体。这些物质包括前述的除酸酐和浓酸以外的水敏性物质、金属和结构合金，以及砷、硒、碲和氰化物等。

4.9.1.3 工艺装置的火灾爆炸危险

化工企业的火灾和爆炸事故，主要原因是对某些事物缺乏认识，例如，对危险物料的物性、对生产规模及效果、对物料受到的环境和操作条件的影响、对装置的技术状况和操作方法的变化等认识不足。特别是新建或扩建的装置，当操作方法改变时，如果仍按过去的经验制定安全措施，会因为微小失误而铸成大错。分析化工装置的火灾和爆炸事故，主要原因可以归纳为以下五条。

（1）装置不适当

高压装置中高温、低温部分材料不适当；接头结构和材料不适当；有易使可燃物着火的电力装置；防静电措施不够；装置开始运转时无法预料的影响。

（2）操作失误

阀门的误开或误关；燃烧装置点火不当；违规使用明火。

（3）装置故障

贮罐、容器、配管的破损；泵和机械的故障；测量和控制仪表的故障。

（4）不停车检修

切断配管连接部位时发生无法控制的泄漏；破损配管没有修复，在压力下降的条件下恢复运转；在加压条件下，物体掉到装置的脆弱部分而发生破裂；不知装置中有压力，误将配管从装置上断开。

（5）异常化学反应

反应物质匹配不当；不正常的聚合、分解等；安全装置不合理。

4.9.1.4 防火防爆措施

把人员伤亡和财产损失降至最低限度是防火防爆的基本目的。预防发生、限制扩大、灭火熄爆是防火防爆的基本原则。对易燃易爆物质的安全处理、对引发火灾和爆炸的点火源的安全控制是防火防爆的基本内容。

（1）易燃易爆物质的安全处理

对易燃易爆气体混合物，应该避免在爆炸极限范围内施工。可采用下列措施：

限制易燃气体组分的浓度在爆炸下限以下或爆炸上限以上；用惰性气体取代空气；把氧气浓度降至极限值以下。

对易燃易爆液体，加工时应该避免使其蒸气的浓度达到爆炸下限，可采取下列措施：在液面之上施加惰性气体覆盖；降低加工温度，保持较低的蒸气压，使其无法达到爆炸浓度。

对于易燃易爆固体，加工时应该避免暴热使其蒸气达到爆炸浓度，避免形成爆炸性粉尘。可采取下列措施：粉碎、研磨、筛分时，施加惰性气体覆盖；加工设备配置充分的降温设施，迅速移除摩擦热、撞击热；加工场所良好的通风，使易燃粉尘迅速排除。

(2) 点火源的安全控制

① 明火。明火主要是指生产过程中的加热用火、维修用火及其他火源。加热易燃液体时，应尽量避免采用明火，而采用蒸汽、过热水或其他热载体加热。如果必须采用明火，设备应该严格密闭，燃烧室与设备应该隔离设置。凡是用明火加热的装置，必须与有火灾爆炸危险的装置相隔一定的距离，防止装置泄漏引起火灾。在有火灾爆炸危险的场所，不得使用普通电灯照明，必须采用防爆照明电器。

在有易燃易爆物质的工艺加工区，应该尽量避免切割和焊接作业，最好将需要动火的设备和管段拆卸至安全地点维修。进行切割和焊接作业时，应严格执行动火安全规定。在积存有易燃液体或易燃气体的管沟、下水道、渗坑内及其附近，不得进行明火作业。

② 摩擦与撞击。在化工行业中，摩擦与撞击是许多火灾和爆炸的重要原因。如机器上的轴承等转动部分摩擦生热起火；金属零件、螺钉等落入粉碎机、提升机、反应器等设备内，由于撞击起火；铁质工具与混凝土地面撞击产生火花；等等。

机器轴承要及时加油，保持润滑，并经常清除附着的可燃污垢。可能摩擦或撞击的两部分应采用不同的金属制造，摩擦或撞击时便不会产生火花，铅、铜和铝都不发生火花。铍青铜的硬度高，为避免撞击起火，应该使用铍青铜或镀铜钢的工具，设备或管道容易遭受撞击的部位应该用不产生火花的材料覆盖。

搬运盛装易燃液体或气体的金属容器时，不要抛掷、拖拉、震动，防止互相撞击，以免产生火花。防火区严禁穿带钉子的鞋，地面应铺设不产生火花的软质材料。

③ 高温热表面。加热装置、高温物料输送管道和机泵等，其表面温度都比较高，应防止可燃物落于其上而着火。可燃物的排放口应远离高温热表面。如果高温设备和管道与可燃物装置比较接近，高温热表面应该有隔热措施。加热温度高于物料自燃点的工艺过程，应严防物料外泄或空气进入系统。

④ 电气火花。电气设备引起的事故多由电弧、电火花、电热或漏电造成。应该考虑把电气设备安装在危险场所以外或另室隔离。在火灾爆炸危险场所，应尽量少用携带式电气设备。

根据电气设备产生火花、电弧的情况以及电气设备表面的发热温度，对电气设备本身采取各种防爆措施。

4.9.2 火灾爆炸危险物质的加工处理

为了防火防爆，应该对火灾爆炸危险性比较大的物料采取安全措施。首先应考虑通过工艺改进，用危险性小的物料代替火灾爆炸危险性比较大的物料。如果不具备上述条件，则应该根据物料的燃烧爆炸性能采取相应的措施，如密闭或通风、惰性介质保护、降低物料蒸气浓度、减压操作以及其他能提高安全性的措施。

(1) 用难燃溶剂代替可燃溶剂

在萃取、吸收等单元操作中，采用的多为易燃有机溶剂。用燃烧性能较差的溶剂代替易燃溶剂会显著改善操作的安全性。选择燃烧危险性较小的液体溶剂，沸点和蒸气压数据是重要依据。

如醋酸戊酯在20℃的蒸气压为800Pa，其蒸气浓度为$44g/m^3$，而爆炸浓度范围为$119\sim541g/m^3$，危险性较小。

在许多情况下，可以用难燃液体代替可燃液体，如二氯甲烷、三氯甲烷、四氯化碳、三氯乙烯等。

(2) 根据燃烧性物质的特性分别处理

遇空气或遇水燃烧的物质，应该隔绝空气或采取防水、防潮措施，以免燃烧或爆炸事故发生。

燃烧性物质不能与性质相抵触的物质混存、混用；遇酸、碱有分解爆炸危险的物质应该防止与酸碱接触；对机械作用比较敏感的物质要轻拿轻放。

燃烧性液体或气体，应该根据它们的密度考虑适宜的排污方法；根据它们的闪点、爆炸范围、扩散性等采取相应的防火防爆措施。

对于自燃性物质，在加工或贮存时应该采取通风、散热、降温等措施，以防其达到自燃点，引发燃烧或爆炸。

多数气体、蒸气或粉尘的自燃点都在400℃以上，在很多场合要有明火或火花才能起火，只要消除任何形式的明火，就基本达到了防火的目的。有些气体、蒸气或固体易燃物的自燃点很低，只有采取充分的降温措施，才能有效地避免自燃。有些液体如乙醚，受阳光作用能生成危险的过氧化物，对于这些液体，应采取避光措施，盛放于金属桶或深色玻璃瓶中。

有些物质能够改变易燃液体的自燃点。如在汽油中添加四乙基铅，就是为了增加汽油的易燃性；而另外一些物质，如铈、钒、铁、钴、镍的氧化物，则可以降低易燃液体的自燃点。对于这些情况应予以注意。

(3) 密闭和通风措施

为了防止易燃气体、蒸气或可燃粉尘泄漏与空气混合形成爆炸性混合物，设备应该密闭，特别是带压设备更需要保持密闭性，如果设备或管道密封不良，正压操作时会使可燃物泄漏，负压操作时会使空气进入。

开口容器、破损的铁桶、没有防护措施的玻璃瓶不得盛贮易燃液体，不耐压的容器不得盛贮压缩气体或加压液体，以防容器破裂造成事故。

为了保证设备的密闭性，对于危险设备和系统，应尽量少用法兰连接，输送危险液体或气体，应采用无缝管负压操作防止爆炸性气体逸入厂房，但在负压下操作，要特别注意设备清理，打开排空阀时，避免大量空气吸入。

加压或减压设备，在投产或定期检验时，应检查其密闭性和耐压程度，所有压缩机、液泵、导管、阀门、法兰、接头等容易漏油、漏气的机件和部位应该经常检查，填料如有损坏应立即更换，以防渗漏。操作压力必须加以限制，压力过高，轻则密闭性遭破坏，渗漏加剧，重则设备破裂，造成事故。

在含强氧化剂粉末（如高锰酸钾、氯酸钾、铬酸钠、硝酸铵、漂白粉等）加工环节，机械传动装置（如蜗轮-蜗杆、变速箱）应具备良好密闭性，并定期清洗、更换润滑剂。这样可防止氧化剂粉尘渗入润滑油中，导致润滑性能下降、摩擦生热，从而演变为点火源并引发粉尘爆炸。

即使设备密封很严，但总会有部分气体、蒸气或粉尘渗漏到室内，必须采取措施使可燃物的浓度降至最低，同时还要考虑到爆炸物的量虽然极微，但也有局部浓度达到爆炸范围的可能，完全依靠设备密闭，消除可燃物在厂房内的存在是不可能的。往往借助于通风来降低车间内空气中可燃物的浓度。通风可分为机械通风和自然通风，按换气方式也可分为排风和送风。

对于有火灾爆炸危险的厂房的通风，由于空气中含有易燃气体，所以不能循环使用。排除或输送温度超过 80℃的空气、燃烧性气体或粉尘的设备，应该用非燃烧材料制成；空气中含有易燃气体或粉尘的厂房，应选用不产生火花的通风机械和调节设备；含有爆炸性粉尘的空气，在进入排风机前应进行净化，防止粉尘进入排风机；排风管道应直接通往室外安全处，排风管道不宜穿过防火墙或非燃烧材料的楼板等防火分隔物，以免发生火灾时，火势顺管道通过防火分隔物。

（4）惰性气体的保护作用和用量

① 惰性气体的保护作用：惰性气体反应活性较差，常用作保护气体。惰性气体保护是指用惰性气体稀释可燃气体、蒸气或粉尘的爆炸性混合物，以抑制其燃烧或爆炸，常用的惰性气体有氮气、二氧化碳、水蒸气以及卤代烃等燃烧阻滞剂。

易燃固体物料在粉碎、研磨、筛分、混合以及粉状物料输送时，应施加惰性气体保护，输送易燃液体物料的压缩气体应该选用惰性气体，易燃气体在加工过程中，应该用惰性气体作稀释剂。对于有火灾爆炸危险的工艺装置、贮罐、管道等，应该配备惰性气体，以备发生危险时使用。

② 惰性气体用量：在易燃物料的加工中，惰性气体的用量取决于系统中氧的最高允许浓度，氧的最高允许浓度值因采用不同的惰性气体而有所不同。

（5）减压操作

化工物料的干燥，大多指从湿物料中蒸发出其中的易燃溶剂。如果易燃溶剂蒸气在爆炸下限以下的浓度范围，便不会引发燃烧或爆炸。为了满足上述条件，这类物料的干燥一般是在负压下操作，文献中的爆炸极限数据多为 20℃、0.101325MPa 下的体积分数，所以由爆炸下限不难计算出溶剂蒸气的分压，如果干燥压力在此分压以下，便不会发生燃烧或爆炸，比如，乙醚的爆炸下限为 1.7%，在爆炸下限的条件下，乙醚蒸气的分压为 0.101325×1.7%，即为 0.0017MPa（13mmHg）。爆炸下限下的易燃蒸气的分压即为减压操作的安全压力。

实际上在减压条件下，干燥箱中的空气完全被溶剂蒸气排除，从而消除了爆炸条件，此时溶剂蒸气与空气比较，相对浓度很大，但单位体积的质量却很小，减压操作应用的实质是保持在爆炸下限以下的质量浓度。

（6）燃烧爆炸性物料的处理

在化学工业污水中，往往混有易燃物质或可燃物质，为了防止下水系统发生燃烧爆炸事故，对易燃或可燃物质排放必须严格控制。苯、汽油等有机溶剂在水中的溶解度很小，而且密度比水小浮于水面之上，这类溶剂废液放入下水道，会在水面上形成一层易燃蒸气，遇火引发燃烧或爆炸，随波逐流，火势会很快蔓延。

性质互相抵触的不同废水排入同一下水道，容易发生化学反应，导致事故的发生，如硫化碱废液与酸性废水排入同一下水道，会产生硫化氢，造成中毒或爆炸事故。对于输送易燃液体的管道沟，如果管理不善，易燃液体外溢造成大量积存，一旦触发火灾，后果严重。

4.9.3 燃烧爆炸敏感性工艺参数的控制

化工生产中，工艺参数主要指温度、压力、流量、流速及物料配比等。按工艺要求严格控制工艺参数在安全限度之内，不仅可以防止操作中的超温、超压和物料跑损等，而且是防止火灾爆炸发生的根本措施。

4.9.3.1 反应温度的控制

正确控制反应温度不但对保证产品质量、降低能耗有重要意义，也是防火防爆所必需的。温度过高，会引起剧烈反应而发生冲料或爆炸，也可能引起反应物的分解着火；温度过低，会引起反应速度减慢或停滞，而一旦反应温度恢复正常，则往往会由于反应的物料过多而发生剧烈反应，甚至爆炸。温度过低时，还会使某些物料冻结使管路堵塞或破裂，造成易燃物质的外泄而引起爆炸。

对此，必须从以下几方面采取相应措施。

（1）移出反应热

化学反应总是伴随着热效应，放出或吸收一定的热量。大多数反应，如各种有机物质的氧化反应、卤化反应、水合反应、缩合反应等都是放热反应。为了使反应在一定的温度下进行，必须从反应系统移出一定的热量，以免因过热而引发爆炸。

温度的控制可以靠传热介质的流动移走反应热来实现。移走反应热的方法有夹套冷却、内蛇管冷却或两者兼用，还有稀释剂回流冷却、惰性气体循环冷却等。还可以采用一些特殊结构的反应器或在工艺上采取一些措施，达到移走反应热、控制温度的目的。例如，合成甲醇是强放热反应，必须及时移走反应热以控制反应温度，同时对废热应加以利用。可在反应器内装配热交换器，混合合成气分两路，其中一路控制流量以控制反应温度。强放热反应的大型反应器，普遍装有废热锅炉，靠废热蒸汽带走反应热，同时废热蒸汽作为加热源可以利用。

加入其他介质，如通入水蒸气带走部分反应热也是常用的方法。乙醇氧化制乙醛就是采用乙醇蒸气、空气和水蒸气的混合气体，将其送入氧化炉，在催化剂作用下生成乙醛，利用水蒸气的吸热作用将多余的反应热带走。

(2) 传热介质选择

传热介质即热载体，常用的有水、水蒸气、碳氢化合物、烟道气等。充分了解传热介质的性质，进行正确选择，对传热十分重要。

① 避免使用性质与反应物相抵触的物质作冷却介质。

② 防止传热面结垢。传热面结垢不仅会影响传热效率，更危险的是在结垢处易形成局部过热点，造成物料分解而引发爆炸。结垢的原因有水质不良；物料黏结在传热面上，特别是因物料聚合、缩合、凝聚、炭化而引起结垢，极具危险性。换热器内传热流体宜采用较高流速，这样既可以提高传热效率，又可以减少污垢在传热表面的沉积。

③ 传热介质使用安全。高温传热介质，如联苯混合物（73.5%联苯醚和 26.5%联苯）在使用过程中要防止低沸点液体（如水或其他液体）进入，低沸点液体进入高温系统，会立即汽化超压而引起爆炸。传热介质运行系统不得有死角，以免容器试压时积存水或其他低沸点液体。传热介质运行系统在水压试验后，在运行前应进行干燥吹扫处理。

(3) 热不稳定性物质的处理

在化工生产过程中，对热不稳定物质的温度控制十分重要。对于热不稳定物质，要特别注意采取降温和隔热措施。对能生成过氧化物的物质，在加热之前应该除去；热不稳定物质的贮存温度应该控制在安全限度之内；受热后易发生分解爆炸的危险物质，如偶氮染料及其半成品重氮盐等，在反应过程中要严格控制温度，反应后必须清除反应釜壁上的剩余物。

(4) 防止搅拌中断

搅拌可加速热量传递。生产过程中，搅拌停止，会造成传热不良，部分区域因反应加剧而发生危险。

如苯和浓硫酸发生磺化反应，物料加入后，搅拌器开启滞后，会造成物料分层，开启搅拌后，反应加剧，冷却系统不能及时移走大量反应热，温度升高，未反应的苯很快受热汽化，压力升高造成超压爆裂。对容易因搅拌中断而引起事故的反应装置，应采用双路供电、增设人工搅拌等有效措施。

4.9.3.2 物料配比和投料速率控制

(1) 物料配比控制

化工生产中，物料配比及投入方式极为重要，不仅决定着反应进程和产品质量，而且对安全也有重要影响。

例如，松香钙皂的生产，是把松香投入反应釜内，加热至 240℃，缓慢加入氢氧化钙，生成目的产物和水。反应生成的水在高温下变成蒸汽。氢氧化钙过量，水的生成量也相应增加，水蒸气量过多而容易造成跑锅，与点火源接触有可能引发燃烧。

再如，环氧乙烷生产中乙烯和氧的反应，其浓度接近爆炸范围，尤其是在开始时催化剂活性较低，容易造成反应器出口氧浓度过高，为保证安全，应设置联锁装置，经常核查循环气的组成。

催化剂过量，化学反应速率大，有可能发生危险。

可燃或易燃物料与氧化剂的反应，要严格控制氧化剂的投料速率和投料量，对于能形成爆炸性混合物的生产，物料配比应严格控制在爆炸极限以外。如果工艺条件允许，可以添加水蒸气、氮气等惰性气体稀释。

(2) 投料速率控制

对于放热反应，投料速率不能超过设备的传热能力，否则，物料温度将会急剧升高，引起物料的分解、突沸，造成事故。加料时如果温度过低，往往造成物料的积累、过量，温度一旦适宜，反应加剧，加之热量不能及时导出，温度和压力都会超过正常指标，导致事故。如某农药厂的反应釜，按工艺要求，在不低于75℃的温度下，4h内加完100kg双氧水。但由于投料温度为70℃，开始反应速率慢加之投入冷的双氧水使温度降至52℃，因此将投料速度加快，在1h 20min投入双氧水80kg，造成双氧水与原油剧烈反应，反应热来不及导出而温度骤升，仅在6s内温度就升至200℃以上，使釜内物料汽化引起爆炸。

投料速度太快，除影响反应速度外，也可能造成尾气吸收不完全，引起毒性或可燃性气体外逸。如某农药厂乐果生产硫化岗位，由于投料速度太快，硫化氢尾气来不及吸收而外逸，引起中毒事故。当反应温度不正常时，首先要判明原因，不能随意采用补加反应物的办法提高反应温度，更不能采用先增加投料量而后补热的办法。

投料顺序也很重要。例如，氯化氢合成应先加氢后加氯；三氯化磷合成应先投磷后加氯；磷酸酯与甲胺反应时，应先投磷酸酯，再滴加甲胺等。投料顺序不对就有可能发生爆炸。投料过少也可能引起事故。加料过少，使温度计接触不到料面，温度计显示出的不是物料的真实温度，导致判断错误，引起事故。

4.9.3.3 物料成分和过反应的控制

反应物料中危险杂质的增加可能会导致副反应或过反应，引发燃烧或爆炸事故。对于化工原料和产品，纯度和成分是质量要求的重要指标，对生产和管理安全也有着重要影响。比如，乙炔和氯化氢合成氯乙烯，氯化氢中游离氯不允许超过0.005%，因为过量的游离氯与乙炔反应生成四氯乙烷会立即起火爆炸。又如在乙炔生产中，电石中含磷量不得超过0.08%。因为磷在电石中主要是以磷化钙的形式存在，磷化钙遇水生成磷化氢，遇空气燃烧，导致乙炔和空气混合物的爆炸。

反应原料气中，如果其中含有的有害气体不清除干净，在物料循环过程中会不断积累，最终会导致燃烧或爆炸等事故的发生。清除有害气体，可以采用吸收的方法，也可以在工艺上采取措施，使之无法积累，例如高压法合成甲醇，在甲醇分离器之后的气体管道上设置放空管，通过控制放空量以保证系统中有用气体的比例。

有时有害杂质来自未清除干净的设备。例如在六六六生产中，合成塔可能留有少量的水，通氯后水与氯反应生成次氯酸，次氯酸受光照射产生氧气，与苯混合发生爆炸，所以这类设备一定要清理干净，符合要求后才能投料。

有时在物料的贮存和处理中加入一定量的稳定剂，可以防止某些杂质引起事故。如氰化氢在常温下呈液态，贮存时水分含量必须低于1%，置于低温密闭容器中。如果有水存在，可生成氨，作为催化剂引起聚合反应，聚合热使蒸气压力上升，导致爆炸事故的发生。为了提高氰化氢的稳定性，常加入浓度为0.001%～0.5%的硫酸、磷酸或甲酸等酸性物质作为稳定剂或吸附在活性炭上加以保存。

许多过反应的生成物是不稳定的，容易造成事故。所以在反应过程中要防止过反应的发生，如三氯化磷合成是把氯气通入黄磷中，产物三氯化磷沸点为75℃，很容易从反应釜中移出。但如果反应过头，则生成固体五氯化磷，100℃时才升华。五氯化磷比三氯化磷的反应活性高得多，由于黄磷的过氯化而发生爆炸的事故时有发生。对于这一类反应，往往保留一部分未反应物，使过反应不至于发生。在某些化工过程中，要防止物料与空气中的氧反应生成不稳定的过氧化物。有些物料，如乙醚、异丙醚、四氢呋喃等，如果在蒸馏时有过氧化物存在，极易发生爆炸。

4.9.3.4 自动控制系统和安全保险装置

(1) 自动控制系统

自动控制系统按其功能分为以下四类。

① 自动检测系统：对机械、设备或过程进行连续检测，把检测对象的参数如温度、压力、流量、液位、物料成分等信号，由自动装置转换为数字，并显示或记录出来的系统。

② 自动调节系统：通过自动装置的作用，使工艺参数保持在设定值的系统。

③ 自动操纵系统：由自动装置操纵机械、设备或过程的启动、停止及交换、接通等的系统。

④ 自动信号、联锁和保护系统：机械、设备或过程出现不正常情况时，发出警报并自动采取措施以防发生事故的安全系统。

化工自动化系统大多数是对连续变化的参数（如温度、压力、流量、液位等）进行自动调节。但是还有一些参数需要按一定的时间间隔做周期性的变化。这就需要对调节设施如阀门等做周期性的切换。上述操作一般是靠程序控制来完成的。如小氮肥的煤气发生炉，造气过程由制气循环的六个工序组成。整个过程是由气动执行机构操纵旋塞做两次正转和两次逆转，并且在二次回收、吹风、回收三处打开空气阀门，在其余各处关闭空气阀门，阻止空气进入气柜，防止氧含量增高而发生爆炸。

(2) 信号报警、保险装置和安全联锁

在化学工业生产中，可配置信号报警装置，情况异常时发出警告，以便及时采取措施消除隐患。报警装置与测量仪表连接，用声、光或颜色示警。例如在硝化反应中，硝化器的冷却水为负压，为了防止器壁泄漏造成事故，在冷却水排出口装有带铃的导电性测量仪，若冷却水中混有酸，导电率提高，则会响铃示警。随着化学工业的发展，警报信号系统的自动化程度不断提高。例如，反应塔温度上升的自动报警系统可分为两种，即急剧升温检测系统以及与进出口流量相对应的温差检测系统，警报的传送方式按故障的轻重设置信号。

信号装置只能提醒人们注意事故正在形成或即将发生，但不能自动排除事故，而保险装置是在危险状态下自动消除危险状态。例如氨的氧化反应是在氨和空气混合物爆炸极限边缘进行的，在气体输送管路上应该安装保险装置，以便在紧急状态下切断气体的输入。在反应过程中，空气的压力过低或氨的温度过低，都有可能使混合气体中氨的浓度提高，达到爆炸下限。在这种情况下，保险装置就会切断氨的输送，只允许空气流过，因而可以防止爆炸事故的发生。

安全联锁是利用机械或电气控制依次接通各个仪器和设备，使之彼此发生联系，达到安全运行的目的。例如硫酸与水的混合操作，必须先把水加入设备，再注入硫酸，否则将会发生喷溅和烧伤事故。把注水阀门和注酸阀门依次联锁起来，就可以达到此目的。某些需要经常打开孔盖的带压反应容器，在开盖之前必须卸压。频繁的操作容易疏忽出现差错，如果把卸掉罐内压力和打开孔盖联锁起来，就可以安全无误。

4.9.4 火灾和爆炸的局限化措施

4.9.4.1 火灾爆炸局限化概述

在化工生产中，火灾爆炸事故一旦发生，就必须实行局限化措施，限制事故的蔓延和扩散，把损失降低到最低。在多数火灾爆炸事故中，损害和损失大多不是在事故的初始阶段，而是在事故的蔓延和扩散中造成的。目前很多大的化工企业把防灾的重点普遍放在火灾爆炸发生并转而使事故扩大的危急性上。火灾爆炸事故多数是由于人们忽视在正常操作中并无危险、但在紧急情况下却无应急措施的物料、设备或工艺过程。灾害的扩大则往往是由于人们对物料或工艺装置置于火灾爆炸现场的危险性认识不足。

火灾爆炸的局限化措施，在建厂初期设计阶段就应当考虑到。对于工艺装置的布局、建筑构造以及防火区域的划分，不仅要有利于工艺要求和运行管理，而且要有利于预防火灾和爆炸，把事故局限在有限的范围内。从投资方面考虑，布局越紧凑越好，但这样对于防止火灾蔓延和限制火灾区域是不利的。所以要统筹兼顾，留有必要的防火间距。对槽罐间距、防油堤、防火墙、耐火结构及阻火灭火设施，大量物料泄漏的处理及灭火措施，以及紧急情况下的指挥系统等都要统筹考虑。

4.9.4.2 安全装置、局限化设施和阻火防爆设施

（1）安全装置

一般安全装置有成分控制装置、温度控制装置和火源切断装置。异常抑制装置则

包括防止火焰传播的装置，如冷却器、安全罩、填充环、阻火器、隔离设施等；控制聚合或分解的装置，主要通过添加反应抑制剂提供冷却作用等；常见的预防着火的装置有蒸汽幕、惰性气体、水幕等。

（2）局限化设施

局限化设施包括泄压、截流、应急设施和防护设施等。高压泄压设施有安全阀、回流阀、泄料阀、放空阀等；低压泄压设施有密封装置、排气装置、吸收装置、安全板等。截流设施则有紧急截断阀、防止过流阀、逆止阀等。

应急设施有紧急切断电源、紧急停车、紧急断流、紧急分流、紧急排放、紧急冷却、紧急通入惰性气体、紧急加入反应抑制剂的装置和设施等。

有警示作用的测量仪表有液面计、压力计、温度计、流量计、浓度计、密度计、pH 值测量仪、气体检测器等。警示装置则有蜂鸣器、警铃、指示灯等。

防护设施有防油堤、燃烧池、隔断墙、防火墙、防爆墙等。

避难设施有电话、警笛、扩音器等信号装置，指示撤离方向的标志以及安全通道、安全梯等。

（3）阻火防爆设施

阻火设备包括安全液封、阻火器和单向阀等，其作用是防止外部火焰窜入有燃烧爆炸危险的设备、容器和管道，或阻挡火焰在设备和管道间蔓延和扩散。各种气体发生器或气柜多用液封阻火。高热设备、燃烧室和高温反应器与输送易燃蒸气或气体的管道之间，以及易燃液体或气体的容器和设备的排气管中，多用阻火器阻火。对于只允许流体单向流淌，防止高压窜入低压以及防止回火的情形，应采用单向阀。为了防止火焰沿通风管道或生产管道扩散，宜采用阻火闸门。

防爆泄压设施，包括安全阀、爆破片、防爆门和放空管等。安全阀主要用于防止物理性爆炸；爆破片主要用于防止化学爆炸；防爆门、防爆球阀主要用在加热炉上；放空阀用来紧急排泄有超温、超压、爆聚和分解爆炸的物料。有些化学反应设备，除有紧急放空管外，还设置安全阀、爆破片、事故槽等几种中的一种或多种设施。

4.9.4.3 火灾爆炸局限化布局和措施

（1）局限化工厂布局

对于危急性较大的化工装置，应实行隔离安装和远距离操纵等措施。在厂区总体设计时，应慎重考虑危急车间的位置，与其他车间或装置保持一定的间距。应充分估量到相邻车间、构筑物的相互影响，采用相应的建筑材料等。例如，合成氨生产中，合成车间压缩岗位的设置以及焦化、炼焦、副产品回收车间的定位和间隔都应当统筹考虑。再如，染料厂的原料库、生产车间、高压加氢装置的间隔，工艺装置区、治理区和生活区的划分，都必须合理布局。

对于同一车间的各个工段，应视其生产性质和危急程度适当隔离；各种原料、半成品、成品的存放，应按其性质、贮量不同分隔处理；对个别有危急的过程，应实行隔离操作和设置防护屏的方法；操作人员和生产设备也应适当隔离。

为了便于易燃有害气体的扩散，减少因设备泄漏造成的易燃气体积聚的危急性，这类装置或设备应尽可能露天或半露天设置。如石化企业的大多数设备都是露天安装的。对于露天安装的设备，应考虑气象条件对设备、工艺参数、操作人员健康的影响，并应有合理的夜间照明。

对于大多数连续生产的过程，主要是依据反应进程调节各种阀门。对于有些操作人员难以接近、启闭比较吃力或需要快速启闭的阀门，应当设置远距离操纵。对于多数过程和设备，都提倡隔离操作。人员与危急工作环境隔离，可以消除人为误差，并提高工作效率。

(2) 防爆泄压措施

可燃蒸气、气体或粉尘与空气形成的爆炸性混合物，其爆炸压力可达 0.4～1.1MPa，而 0.3m 厚的砖墙只能耐受 0.002MPa 的压力。建筑能够耐受这样高压力的厂房和库房是不现实的。通常在具有爆炸危机的厂房设置轻质板的屋顶、外墙或泄压窗，发生爆炸时这些薄弱部位首先爆破，卸掉爆炸压力，从而使承重构造免遭倒塌破坏。

(3) 阻挡火灾爆炸扩大化的措施

对于贮存可燃或易燃液体的罐、槽，为防止火灾发生后危急液体流出，使灾难扩大，应在其四周筑起防油堤，缩小燃烧面积。

为了避免爆炸灾难的扩大，在有爆炸危机和无爆炸危机的装置间，以及具有较大爆炸危机的设备四周，要设置防爆墙、壁障等，阻止爆炸飞散物、火焰和冲击波的袭击。

防爆墙一般为钢筋混凝土墙，钢筋交叉的地方应捆扎牢固。墙厚通常为 0.3～0.4m，加厚的墙脚埋入地下的深度应大于 1m。防爆墙应能承受一定的冲击压力。

4.9.4.4 可燃物泄漏的预防措施

工艺过程中排污或取样时的误操作、泵压盖或密封发生故障、设备腐蚀或结合处损坏、装置预备修理或修理后试运转时发生故障、机械损坏或材料缺陷等都可能造成可燃物的大量泄漏。大量可燃物的泄漏对化工安全威胁极大，许多重大事故都是从泄漏开始的。

泄漏可以分为从设备向大气泄漏、设备内部泄漏以及由设备外部吸入三种类型。根据压力划分则有高压喷出、常压流出和真空吸入。防止泄漏应依据泄漏的类型、泄漏压力和泄漏时间选择适当的方法。在装置设计和安装时，应当同时着手防止泄漏方案的设计；在装置运行和维护时，应当实行操作检查的预防措施；在紧急状况下，要有制止突然泄漏的应急措施。

为了防止可燃物大量泄漏引起燃烧爆炸事故，必须设置完善的检测报警系统，并尽可能与生产调整系统和处理装置联锁，尽量减少损失。装置区应设置可燃气体检测仪，一旦物料泄漏，马上报警。在紧急状况下，中央控制室应自动启动停车程序，开启灭火喷水系统使蒸气冷凝，并对液态烃进行事故处理回收，同时注入惰性介质进行保护。大量喷水系统可以在起火装置周围和内部布成水幕，冷却有机介质，同时防止泄漏到其他装置中。自动洒水系统可以由火焰或高温引发，也可以采用蒸汽幕进行灭火。

4.10 灭火剂与灭火设施

4.10.1 灭火的原理及措施

根据燃烧的三要素，只要消除可燃物或把可燃物浓度充分降低，隔绝氧气或把氧气量充分减少，把可燃物冷却至燃点以下，均可达到灭火的目的。

(1) 抑制反应物接触

抑制可燃物与氧气的接触，可以减少反应热，使之小于移出的热量，把可燃物冷却到燃点以下，起到控制火灾甚至灭火的作用。水蒸气、泡沫、粉末等覆盖在燃烧物表面上，都是使可燃物与氧气脱离接触的窒息灭火方法。矿井火灾的密闭措施，则是大规模抑制与氧气接触的灭火方法。

对于固体可燃物，抑制其与氧气接触的方法除移开可燃物外，还可以将整个仓库密闭起来防止火势蔓延，也可以用挡板阻止火势扩大。对于可燃液体或蒸气的泄漏，可以关闭总阀门，切断可燃物的来源。如果关闭总阀门尚不足以抑制泄漏时，可以向排气管道排放，或转移至其他罐内，减少可燃物的供给量。对于可燃蒸气或气体，可以移走或排放，降低压力，此外，容器冷却也可降低压力，所以火灾时喷水也起抑制可燃气体供给量的作用。

(2) 降低反应物浓度

氧气含量在15%以下，燃烧速度就会明显变慢。减少氧气浓度是抑制火灾的有效手段。在火灾现场，水、不燃蒸发性液体、氮气、二氧化碳以及水蒸气都有稀释和降低可燃物浓度的作用。降低可燃物蒸气压或抑制其蒸发速度，均能收到降低可燃气体浓度的效果。

(3) 降低反应物温度

把火灾燃烧热排到燃烧体系之外，降低温度使燃烧速率下降，从而缩小火灾规模，最后将燃烧温度降至燃点以下，起到灭火作用。低于火灾温度的不燃性物质都有降温作用。对于灭火剂，除利用其显热外，还可利用它的蒸发热和分解热起降温作用。

冷却剂只有停留在燃烧体系内才有降温作用。水的蒸发热较大，降温效果好，但多数情况下，水易流失到燃烧体系之外，利用率不高。强化液、泡沫等可以弥补水的这个弱点。

(4) 初期灭火

火灾发生后，许多情形下火灾规模都是随时间呈指数扩大。在灾情扩大之前的初期迅速灭火，是事半功倍的明智之举。火灾扩大之前，一个人用少量的灭火剂就能扑灭的火灾称为初期火灾。初期火灾的灭火活动称为初期灭火。对于可燃液体，其灭火工作的难易程度取决于燃烧表面积的大小。一般把 $1m^2$ 可燃液体表面着火视为初期灭火范围。通常建筑物起火 3min 后，就会有约 $10m^2$ 的地板、$7m^2$ 的墙壁和 $5m^2$ 的天花板着火，火灾温度可达 700℃左右。此时已超出了初期灭火范围。

为了做到初期灭火，应彻底清查、消除能引起火灾扩大的隐患。要有完善的防火计划，火灾发生时能够恰当应对。对消防器材应经常检查维护，紧急情况时能及时投入使用。

4.10.2 灭火剂及其应用

（1）水

水是消防上最普遍应用的灭火剂。水在自然界广泛存在，取用方便，易于运输，价格低廉，对人无毒无害。水的蒸发热较大，与燃烧物质接触被加热汽化吸收大量的热，使燃烧物质冷却降温，从而减弱燃烧的强度。水遇到燃烧物后汽化生成大量的蒸汽，能够阻止燃烧物与空气的接触，并能稀释燃烧区域的氧，使火势减弱。

对于水溶性可燃、易燃液体的火灾，如果允许用水扑救，水与可燃、易燃液体混合，可降低燃烧液体浓度以及燃烧区内可燃蒸气浓度，从而减弱燃烧强度。由水枪喷射出的加压水流，其压力可达几兆帕。高压水流强烈冲击燃烧物和火焰，会使燃烧强度显著降低。

水的灭火形式有多种，常见几种如下：经水泵加压由直流水枪喷出的柱状水流称为直流水；由开花水枪喷出的滴状水流称为开花水；由喷雾水枪喷出，水滴直径小于 $100\mu m$ 的水流称为雾状水。直流水、开花水可用于扑救一般固体，如煤炭、木制品、粮食、棉麻、橡胶、纸张等引起的火灾，也可用于扑救闪点高于 120℃，常温下呈半凝固态的重油火灾。雾状水可以大大提高水与燃烧物的接触面积，降温效率高，常用于扑灭可燃粉尘、纤维状物质、谷物堆囤等固体物质的火灾，也可用于扑灭电气设备的火灾。与直流水相比，开花水和雾状水射程较近，不适于远距离使用。

但是水不是万能的，忌水性物质的火灾不能用水扑救，如碱金属和一些轻金属，以及电石、熔融状金属。非水溶性，特别是密度比水小的可燃、易燃液体引起的火灾，原则上也不能用水扑救，如汽油、煤油等。高温设备、精密仪器、贵重文物档案等不能用水直接扑救。直流水不能用于扑救电气设备的火灾、浓硫酸和浓硝酸场所的火灾以及可燃粉尘的火灾。原油、重油的火灾，浓硫酸、浓硝酸场所的火灾，必要时可用雾状水扑救。

在低温地区应当注意，水在 0℃以下易结冰，可能造成堵塞不流通。

（2）泡沫灭火剂

泡沫灭火剂是重要的灭火物质，它主要是在液体表面生成凝聚的泡沫漂浮层，起窒息和冷却作用。多数泡沫灭火剂装置都是小型手提式的，对于小面积火焰覆盖极为有效。也有少数装置配置固定的管线，在紧急火灾中提供大面积的泡沫覆盖。对于密度比水小的液体火灾，泡沫灭火剂有着明显的长处。也能应用于木材、纤维、橡胶等固体火灾，不能用于带电设备及忌水性物质的火灾。

泡沫灭火剂是与水混溶，通过机械作用或化学反应产生泡沫进行灭火的药剂。泡沫灭火剂由发泡剂、泡沫稳定剂和其他添加剂组成。发泡剂称为基料，稳定剂或添加剂则称为辅料。泡沫灭火剂由于基料不同有多种类型，如化学泡沫灭火剂、空气泡沫灭火剂、氟蛋白泡沫灭火剂、水成膜泡沫灭火剂、抗溶性泡沫灭火剂、高倍数泡沫灭火剂等。

(3) 干粉灭火剂

干粉灭火剂由能灭火的基料以及防潮剂、流动促进剂、结块防止剂等添加剂组成。主要成分为碳酸氢钠和少量的防潮剂如硬脂酸镁及滑石粉等。一般借助于专用的灭火器或灭火设备中的气体（二氧化碳或氮气）压力将其喷出，形成粉雾喷射到燃烧区灭火。

碳酸氢钠受高温作用发生反应，放出大量的水蒸气和二氧化碳，并吸收大量的热，因此起到一定冷却和稀释可燃气体的作用；同时，干粉灭火剂与燃烧器中的碳氢化合物作用，夺取燃烧连锁反应的自由基，从而抑制燃烧过程，致使火焰熄灭。

干粉灭火剂无毒、无腐蚀作用、不导电、稳定、易长期储存，主要用于扑救石油及其产品，可燃气体和电气设备的初期火灾以及一般固体的火灾。扑救大面积的火灾时，需与喷雾水流配合，以改善灭火效果，并可防止复燃。

对于一些扩散性很强的易燃气体，如乙炔、氢气，干粉喷射后难以使整个范围内的气体稀释，灭火效果不佳。它也不宜用于精密机械、仪器、仪表的灭火，因为灭火后留有残渣难清理。

(4) 二氧化碳及惰性气体灭火剂

二氧化碳及惰性气体灭火剂通过稀释氧气、隔离燃烧物与空气和吸热冷却燃烧表面的作用灭火。二氧化碳气体灭火剂具有毒性低、不污损设备、绝缘性能好、灭火能力强等特点，是迄今为止国内外市场上颇受欢迎的气体灭火产品。手提式的二氧化碳灭火器适于扑灭小型火灾，而大规模的火灾则需要固定管输出的二氧化碳系统，释放出足够量的二氧化碳覆盖在燃烧物质之上。采用卤代烃灭火剂时应特别注意，这类物质加热至高温会释放出高毒性的分解产物。例如应用四氯化碳灭火时，光气是分解产物之一。

这类灭火剂的优点是不导电、不含水，灭火后不留痕迹，价格低廉。缺点是冷却作用差，灭火效率低，与碱金属、碱土金属易发生反应，膨胀时易产生静电形成点火源，高浓度二氧化碳或惰性气体易产生窒息。

(5) 其他灭火剂

沙、土也可作为灭火剂，覆盖燃烧物阻止火势蔓延。

4.10.3 灭火器及其应用

（1）灭火器类型

根据其盛放的灭火剂种类可分为泡沫灭火器、干粉灭火器、二氧化碳灭火器等多种类型。根据其移动方式则有手提式灭火器、背负式灭火器、推车式灭火器等类型。

（2）使用与保养

泡沫灭火器使用时需要倒置稍加摇动，而后打开开关对着火焰喷出药剂。二氧化碳灭火器需一手持喇叭筒对着火源，一手打开开关即可。四氯化碳灭火器打开开关液体即可喷出。干粉灭火器提起圈环即可喷出干粉。

灭火器应放置在使用方便的地方，并注意有效期限。要防止喷嘴堵塞，压力或质量小于一定值时，应及时加料或充气。

（3）灭火器配置

小型灭火器配置的种类与数量，应根据火险场所险情、消防面积、有无其他消防设施等综合考虑。小型灭火器是指 10L 泡沫、8kg 干粉、5kg 二氧化碳等手提式灭火器。应根据装置所属的类别和所占的面积配置不同数量的灭火器。易发生火灾的高风险地点，可适当增设较大的泡沫或干粉等推车式灭火器。

4.10.4 灭火设施

（1）水灭火装置

① 喷淋装置。由喷淋头、支管、干管、总管、报警阀、控制盘、水泵、重力水箱等组成。当防火对象起火后，喷头自动打开喷水，具有迅速控制火势或灭火的特点。

喷淋头有易熔合金锁封喷淋头和玻璃球阀喷淋头两种形式。对于前者，防火区温度达到一定值时，易熔合金熔化锁片脱落，喷口打开，水经溅水盘向四周均匀喷洒。对于后者，防火区温度达到释放温度时，玻璃球破裂，水自喷口喷出。可根据防火场所的火险情况设置喷头的释放温度和喷淋头的流量。喷淋头的安装高度为 3. 0～3. 5m，防火面积为 7～9m^2。

② 水幕装置。指能喷出幕状水流的管网设备。它由水幕头、干支管、自动控制阀等构成，用于隔离冷却防火对象。每组水幕头需在与供水管连接的配管上安装自动控制装置，所控制的水幕头数量一般不超过 8 只。供水量应能满足全部水幕头同时开放的流量，水压应能保证最高最远的水幕头有 3m 以上的压头。

（2）泡沫灭火装置

泡沫灭火装置按发泡剂不同分为化学泡沫和空气机械泡沫装置两种类型。按泡沫发泡倍数分为低倍数、中倍数和高倍数三种类型。按设备形式分为固定式、半固定式和移动式三种类型。泡沫灭火装置一般由泡沫液罐、比例混合器、混合液管线、泡沫室、消防水泵等组成。泡沫灭火器主要用于罐区灭火。

(3) 蒸汽灭火装置

蒸汽灭火装置一般由蒸汽源、蒸汽分配箱、输汽干管、输汽支管、配汽管等组成。把蒸汽释放到燃烧区，使氧气浓度降至一定程度，从而终止燃烧。试验得知，对于汽油、煤油、柴油、原油的灭火，燃烧区每立方米空间内水蒸气的量应不少于 0.284kg。经验表明，饱和蒸汽的灭火效果优于过热蒸汽。

(4) 二氧化碳灭火装置

二氧化碳灭火装置一般由储气钢瓶组、配管和喷头组成。按设备形式分为固定和移动两种类型。按灭火用途分为全淹没系统和局部应用系统。二氧化碳灭火用量与可燃物料的物性、防火场所的容积和密闭性等有关。

(5) 氮气灭火装置

氮气灭火装置的结构与二氧化碳灭火装置类似，适于扑灭高温高压物料的火灾。用钢瓶贮存时，1kg 氮气的体积为 0.8m^3，灭火氮气的储备量不应少于灭火估算用量的 3 倍。

(6) 干粉灭火装置

干粉是微细的固体颗粒，有碳酸氢钠、碳酸氢钾、磷酸二氢铵、尿素干粉等。密闭库房、厂房等的灭火干粉用量为每立方米空间不少于 0.6kg；易燃、可燃液体的灭火干粉用量为每平方米燃烧表面不少于 2.4kg。空间有障碍或垂直向上喷射时，干粉用量应适当增加。

(7) 烟雾灭火装置

烟雾灭火装置由发烟器和浮漂两部分组成。烟雾剂盘分层装在发烟器筒体内。浮漂是借助液体浮力，使发烟器漂浮在液面上，发烟器头盖上的喷孔要高出液面 350～370mm。

烟雾灭火剂由硝酸钾、木炭、硫黄、三聚氰胺和碳酸氢钠组成。硝酸钾是氧化剂，木炭、硫黄和三聚氰胺是还原剂，它们在密闭系统中可维持燃烧而不需要外部供氧。碳酸氢钠作为缓燃剂，使发烟剂燃烧速度维持在适当范围内而不至于引燃或爆炸。烟雾灭火剂燃烧产物 85%以上是二氧化碳和氮气等不燃气体。灭火时，烟雾从喷孔向四周喷出，在燃烧液面上布上一层均匀浓厚的云雾状惰性气体层，使液面与空气隔绝，同时降低可燃蒸气浓度，达到灭火目的。

思考题

1. 大容量燃烧性液体如何贮存？
2. 按照管理要求，爆炸性物质是如何分类的？
3. 简述燃烧和爆炸事故的调查程序与步骤。

4. 常见的火源有哪几种？

5. 简述灭火的原理以及常见灭火剂的使用条件。

参考文献

[1] 张麦秋，于育新，唐淑贞．化工安全技术［M］．北京：化学工业出版社，2024.

[2] 张艳艳，孙辉，陈晨，等．防火防爆技术［M］．成都：西南交通大学出版社，2019.

[3] 叶继红，陈坚，朱根民，等．石油化工防火防爆技术［M］．北京：海洋出版社，2016.

[4] 李生芳，李永梅，孙秀华．化工安全技术与管理［M］．北京：化学工业出版社，2024.

[5] 马良，杨守生．石油化工生产防火防爆［M］．北京：中国石化出版社，2005.

[6] 马瑞．化工企业防火防爆安全技术措施探析［J］．化纤与纺织技术，2022，51（2）：109-111.

[7] 单彩萍．化工企业建筑防火防爆安全技术［J］．化学工程与装备，2022（4）：255-257.

[8] 饶未欣．石油化工安全技术与环境风险评价［J］．石油化工安全技术，2000（1）：6-10.

[9] 杨志宾，葛奔．加强化工安全教育培养学生安全环保意识［J］．实验室研究与探索，2019，38（8）：278-281.

[10] 张玲，陈国华．事故调查分析方法与技术述评［J］．中国安全科学学报，2009，19（4）：169-176.

[11] 高洪泽．火灾事故调查中的化学知识与分析方法［J］．化学教育，2015，36（18）：51-55.

[12] 王冠宁，陈涛，米文忠，等．监控完全遮挡场景下火灾调查方法［J］．清华大学学报（自然科学版），2021，61（2）：128-134.

[13] 刘昕亮，谢飞，董影超，等．液化石油气站储罐区火灾爆炸危险性分析与安全措施［J］．中国安全生产科学技术，2011，7（9）：178-182.

[14] 张青松，刘茂，师立晨．有机过氧化物生产火灾爆炸危险性分析［J］．安全与环境学报，2004（3）：33-38.

[15] Molkov V，Kashkarov S，Makarov D，et al. Breakthrough safety technology of explosion free in fire self-venting（TPRD-less）tanks：the concept and validation of the microleaks-no-burst technology for carbon-carbon and carbon-glass double-composite wall hydrogen storage systems［J］．International Journal of Hydrogen Energy，2023，48（86）：33774-33785.

[16] Roe D L. Fire protection risk assessment：a proposed methodology for oil and chemical facilities［J］．Process Safety Progress，2000，19（2）：118-121.

第 5 章
工业毒性物质与防毒措施

知识目标

1. 掌握工业毒物的分类、毒性影响因素及国家相关标准。
2. 掌握常见工业毒物的危害及其防护措施。
3. 掌握急性中毒现场救护的方法。
4. 熟悉综合防毒措施的基本内容。

能力目标

1. 具有正确使用个体防护设施进行个体防护的能力。
2. 初步具有急性中毒现场急救的能力。

本章系统阐述并探讨了职业毒害的本质与综合防毒体系，旨在构建从毒理认知到实践防控的完整知识链。具体而言，首先阐述了工业毒性物质的科学定义，重点强调其剂量依赖性与作用条件相对性，并介绍了美国科学院建立的毒性物质危险性的五个等级（从“未知毒性”到“重度毒性”），结合半致死剂量（LD_{50}）等核心参数定量界定毒性阈值；进一步描述了毒物的物理形态（气体、粉尘等）、化学类属（无机/有机）及毒理特性（刺激性、窒息性等）三维分类体系，深化对毒性机制的结构性理解。针对化工行业的特殊性，本章随后详细阐明毒性物质的产业链分布规律：从原料、中间体、生产过程到终端产品及废弃物，揭示全链条风险源，明晰毒性机制，重点介绍包括有机溶剂（苯致白血病、甲醇代谢毒性）、窒息性气体（CO的血红蛋白结合、HCN的细胞窒息）、刺激性气体（氯气肺水肿）、高分子聚合物（氯乙烯肝毒性）、金属化合物（铅蓄积、汞神经毒性）及有机化合物（苯胺的高铁血红蛋白症）在内的六大类典型有毒物质，结合安全事故案例强调事故和病理的紧密关联。基于暴露动力学，系统分析毒物侵入路径与代谢规律，并引入职业接触限值的数学建模。最终，聚焦综合防毒策略：通过替代消除（无毒溶剂）、工艺革新（连续化操作）、工程控制（密闭通风）、个体防护（呼吸器选型）及急性中毒急救（心脏复苏术、解毒剂应用）形成三级防御体系，结合安全事故案例强调风险评估、监测技术与应急预案的闭环管理，为职业健康提供科学保障与技术支撑。

5.1 毒性物质类别与有效剂量

5.1.1 毒性物质概述

5.1.1.1 定义

毒物概念存在广义与狭义之分。广义的毒物是指所有通过不同作用机制对生物体产生有害效应的物质。狭义的毒物特指在相对较小剂量下［通常以 mg/kg（体重）计］即可引发机体中毒反应的物质。通常所说的毒物主要是指狭义的毒物，现行安全规范主要针对此类物质建立管控标准。

工业毒物是指在工业生产周期中所产生或使用的毒物，其来源具有多环节性。如化工生产中的生产原料及其携带的杂质成分；生产工艺过程中的中间产物、目标产物、副产物以及含于其中的杂质；生产排放系统的“三废”排放物中的有害成分；等等。

毒物通过特定暴露途径侵入人体后与人体组织发生化学作用（与生物分子发生化学反应，如蛋白质变性、酶失活）或物理化学作用（改变细胞膜通透性、干扰离子平衡等），并在一定条件下破坏人体的正常生理机能，导致功能异常，引起某些器官和系统发生暂时性（可逆性）或永久性（不可逆性）的病理改变，这种病变称之为中毒。

在生产过程中由工业毒物引起的中毒即为职业中毒。因此判断是否为职业中毒首先应看三个要素是否同时具备，即“生产过程中”“工业毒物”和“中毒”，上述三要素是必要条件，具体来说：

① 时空限定性。发生于生产作业过程（含原料处理、加工、储运环节等）。

② 暴露源特性。致病因子属于工业毒物范畴。

③ 医学诊断。符合中毒的临床诊断标准（症状、体征、生化指标等）。

5.1.1.2 毒物的含义是相对的

首先，物质只有在特定条件下作用于人体才具有毒性，毒性并非物质的固有属性，而是物质-机体-环境相互作用的动态表征。

其次，物质只要具备了一定的条件，就可能出现毒害作用。如职业中毒的发生，不仅与毒物本身的性质有关，还与毒物侵入人体的途径及数量、接触时间及身体状况、防护条件等多种因素有关。因此在研究毒物的毒性影响时，必须考虑这些相关因素。任何物质产生毒性必须满足三重条件：存在有效接触途径（呼吸道、皮肤或消化道等），达到生物有效浓度并突破机体代偿阈值，具有足以引发病理改变的接触时长。

再次，具体讲某种物质是否有毒，则与它的数量及作用条件有直接关系。例如，在人体内，含有一定数量的铅、汞等物质，但不能说由于这些物质的存在就判定发生了中毒。通常一种物质只有达到中毒剂量时才能称之为毒物。如氯化钠日常可作食用，但人单次摄入 200～250g 可致渗透压失衡死亡，长期过量摄入会引发高血压等器质性病变。

此外，毒物的作用条件也很重要，当条件改变时，甚至一般非毒性的物质也会具有毒性。如氯化钠溅到鼻黏膜上会引起溃疡，甚至使鼻中隔穿孔；氮气在常压下为惰性气体，在 9. 1MPa 高压环境中有显著的麻醉作用，其机制为气体分压改变引发的神经细胞膜脂质紊流。

5.1.1.3 毒性物质的毒性等级

美国科学院根据物质的半致死剂量 LD_{50} 值把毒性物质危险性划分为五个等级。在毒理学中，半致死剂量 LD_{50} 是描述有毒物质或辐射的毒性的常用指标。按照医学主题词表的定义，LD_{50} 是指“能杀死一半实验总体的有害物质、有毒物质或游离辐射的剂量”。

(1)“U”：未知（unknown）

定义特征：毒理学数据缺失或不可靠的化学物质，需执行最高等级防护。“U”这个标识适用于以下几个类别的物质：

① 在文献中查找不到有关物质的任何毒性信息，人们对此一无所知；

② 有基于动物实验的有限信息，但不适用于人的暴露；

③ 对已出版的毒性数据存疑。

(2)“0”：无毒性

“0”这个标识适用于以下类别的物质：

① 在任何应用条件下都不会引起伤害的物质；

② 仅在最不寻常的条件下或超大剂量应用时才对人产生毒性作用。

(3)“1”：轻度毒性

① 急性局部中毒物质一次性连续暴露几秒、几分或几个小时，不管暴露的程度如何，仅引起对皮肤或黏膜的轻度影响。

② 急性全身中毒物质一次性连续暴露几秒、几分或几个小时，通过呼吸或皮肤吸收进入人体，或一次性服入，不管吸收的量和暴露的程度，仅产生轻度影响。

③ 慢性局部中毒物质连续或重复暴露持续数日、数月或数年，暴露的程度或大或小，仅引起对皮肤或黏膜的轻度伤害。

④ 慢性全身中毒物质连续或重复暴露持续数日、数月或数年，通过呼吸或皮肤吸收进入人体，暴露的程度或大或小，产生轻度伤害。

一般来说，列为“轻度毒性”类的物质在人体中产生的变化是可逆的，会随着暴露的终止，经医治或无须医治而逐渐恢复正常机能。

(4)“2”：中度毒性

① 急性局部中毒物质一次性连续暴露几秒、几分或几个小时，引起对皮肤或黏膜的中度影响。上述影响可以因几秒的强暴露或几个小时的中度暴露。

② 急性全身中毒物质一次性连续暴露几秒、几分或几个小时，通过呼吸或皮肤吸收进入人体，或一次性服入，产生中度影响。

③ 慢性局部中毒物质连续或重复暴露持续数日、数月或数年，引起对皮肤或黏膜的中度伤害。

④ 慢性中毒物质连续或重复暴露持续数日、数月或数年，通过呼吸或皮肤吸收进入人体，产生中度影响。

列为“中度毒性”类的物质会在人体中产生不可逆变化的同时也有可逆的变化。但是这些变化还不至于危及生命或对身体造成严重的永久伤害。

(5)“3”：重度毒性

① 急性局部中毒物质一次性连续暴露几秒、几分或几个小时，引起皮肤或黏膜的严重损伤，危及生命或对身体造成永久伤害。

② 急性全身中毒物质一次性连续暴露几秒、几分或几个小时，通过呼吸或皮肤吸

收进入人体，或一次性服入，产生会危及生命的严重伤害。

③ 慢性局部中毒物质连续或重复暴露持续数日、数月或数年，引起皮肤或黏膜的不可逆的严重损伤，会危及生命或造成永久伤害。

④ 慢性全身中毒物质小剂量连续或重复暴露持续数日、数月或数年，通过呼吸或皮肤吸收进入人体，能够致死或造成身体的严重损伤。

5.1.2 毒性物质分类

化工生产中，工业毒物是广泛存在的。据世界卫生组织的估计，全世界工农业生产中的化学物质有 60 多万种。据国际潜在有毒化学品登记中心统计，仅 1976—1979 年该中心就登记了 33 万种化学物，其中许多物质对人体有毒害作用。由于毒物的化学性质各不相同，因此分类的方法很多。以下介绍几种常用的分类方法。

(1) 按物理形态分类

① 气体。指在常温常压下呈气态的物质。如常见的一氧化碳、氯气、氨气、二氧化硫等。

② 蒸气。指液体蒸发、固体升华而形成的气体。前者如苯蒸气、汽油蒸气等，后者如熔磷时的磷蒸气等。

③ 烟。又称烟尘或烟气，为悬浮在空气中的固体微粒，其直径一般小于 1μm。有机物加热或燃烧时可产生烟，如塑料、橡胶热加工时产生的烟；金属冶炼时也可产生烟，如炼钢、炼铁时产生的烟尘。

④ 雾。为悬浮于空气中的液体微粒，多为蒸气冷凝或液体喷射所形成，其直径范围一般为 1～10μm。如铬电镀时产生的铬酸雾、喷漆作业时产生的漆雾等。

⑤ 粉尘。为悬浮于空气中的固体微粒，其直径一般大于 1μm，多为固体物料经机械粉碎、研磨时形成或粉状物料在加工、包装、贮运过程中产生。如制造铅丹颜料时产生的铅尘、水泥或耐火材料加工过程中产生的粉尘等。

(2) 按化学类属分类

① 无机毒物。主要包括金属与金属盐、酸、碱及其他无机化合物。

② 有机毒物。主要包括脂肪族碳氢化合物、芳香族碳氢化合物及其他有机物。随着化学合成工业的迅速发展，有机化合物的种类日益增多，因此有机毒物的数量也逐渐增加。

(3) 按毒理特性分类

按毒理特性，即毒物对机体的毒害作用结合其临床特点大致可分为以下四类。

① 刺激性毒物。酸的蒸气、氯、氨、二氧化硫等均属此类毒物。

② 窒息性毒物。常见的如一氧化碳、硫化氢、氰化氢等。

③ 麻醉性毒物。芳香族化合物、醇类、脂肪族硫化物、苯胺、硝基苯等均属此类毒物。

④ 全身性毒物。其中以金属居多，如铅、汞等。

5.1.3 毒性物质有效剂量

化工毒性涉及进入人体某个部位的物质的作用。几乎所有物质与皮肤直接接触都能造成伤害。伤害的程度与毒性物质的有效剂量直接相关。影响有效剂量的诸多因素中，最重要的是物质的量或浓度、物质的分散状态和暴露时间、物质在人体组织液中的溶解度和对人体组织的亲和力。各因素变化范围很宽而存在多种可能性及不确定性。

对于毒性物质的有效剂量，美国政府工业卫生学家联合会设定的临界限度已被广泛接受。临界限度是指所有工人日复一日地重复暴露而不会受到危害的最高浓度。临界限度值是指一个标准工作日的时间加权平均浓度。临界限度的概念与美国国家标准协会颁布的最大可接受浓度的概念类似，但并不相同。这些概念定义的都是永远不应超越的极限浓度。

对于气体和蒸气，临界限度一般是用在空气中的百万分数来表示；对于烟尘、烟雾和某些粉尘，临界限度则由每立方米空气中的质量（mg/m^3）给出；对于某些粉尘，特别是含有二氧化硅的粉尘，临界限度用每立方英尺（即 $0.0283m^3$）空气中粒子的百万个数表示。

基于以下原因，单纯从字面上理解和应用临界限度是危险的。

① 在所有已出版的临界限度数据中，大量的数据是以推测、判断或实验室动物有限的实验数据为基础的。几乎没有多少数据是建立在以人为对象，并联系足够的环境观测结果且严格考察的基础上。

② 对于一切工作环境，有毒有害物质的浓度很少会在整个工作日中保持恒定，而是经常产生波动。

③ 化工暴露往往是混合物而不是单一的化合物，而对于混合物的毒性作用人们还知之甚少。

④ 不同个体对毒性物质的敏感程度截然不同，其原因目前还无法清楚了解。因而不能假定对某个人是安全的条件，对所有的人而言都是安全的。

⑤ 对于以不同溶解度的盐、化合物或以不同物态的形式存在的物质，给出的往往是单一的临界限度值。

如果了解和接受以上限定条件，临界限度文献数据会发挥很大的作用。临界限度值主要用在通风系统的设计中，是通风设备设计的基础数据。但是，不能认为在等于或小于临界限度值的浓度范围就可以防止职业病和职业中毒，也不能认为在超过临界限度值的浓度范围必然会有中毒事故发生。

浓度和时间的乘积（$K=ct$）称为 Haber 定律，这个概念表示的是毒性作用程度指数。但这也容易引起一定误解，因为短时间大剂量的相对有效性与长时间小剂量的作用之间并没有直接关联。

在试验工业毒理学中，测定具有致死作用的实验动物单位体重的毒物量是常见的实践。使一组实验动物中个别中毒死亡的单位体重的毒物量称为最小致死剂量。在试验工业毒理学中更常用的是使一组实验动物中一半致死的量，称为半致死剂量或百分之五十致死剂量，用 LD_{50} 来表示，单位是 mg/kg。有时把染毒环境空气中毒物的含量作为毒性评价指标。类似的有半致死浓度 LC_{50}（mg/m^3）。

5.1.3.1 毒性及其评价指标

毒物的剂量与反应之间的关系用“毒性”一词来表示，毒性反映了化学物质对人体产生有害作用的能力。毒性的计算单位一般以化学物质引起实验动物某种毒性反应所需的剂量表示。对于吸入中毒，则以空气中该物质的浓度表示。某种毒物的剂量（浓度）越小，表示该物质毒性越大。通常用实验动物的死亡数来反映物质的毒性。常用的评价指标有以下几种。

① 绝对致死剂量或浓度（LD_{100} 或 LC_{100}）：是指使全组染毒动物全部死亡的最小剂量或浓度；

② 半数致死剂量或浓度（LD_{50} 或 LC_{50}）：是指使全组染毒动物半数死亡的剂量或浓度，是将动物实验所得的数据经统计处理而得的；

③ 最小致死剂量或浓度（MLD 或 MLC）：是指使全组染毒动物中有个别动物死亡的剂量或浓度；

④ 最大耐受剂量或浓度（LD_0 或 LC_0）：是指使全组染毒动物全部存活的最大剂量或浓度。

上述各种“剂量”通常是以毒物的质量（mg）与动物的体重（kg）之比（即 mg/kg）来表示。“浓度”常用每立方米（或升）空气中所含毒物的量（即 mg/m^3、g/m^3、mg/L）来表示。

除了上述的毒性评价指标外，下面的指标也反映了物质毒性的某些特点。

① 慢性阈剂量（或浓度）是指多次、小剂量染毒而导致慢性中毒的最小剂量（或浓度）。

② 急性阈剂量（或浓度）是指一次染毒而导致急性中毒的最小剂量（或浓度）。

③ 毒作用带是指从生理反应阈剂量到致死剂量的剂量范围。

5.1.3.2 毒物的急性毒性分级

毒物的急性毒性可根据动物染毒实验资料 LD_{50} 进行分级，据此将毒物分为剧毒、高毒、中等毒、低毒、微毒五级，见表 5-1。

表 5-1 毒物的急性毒性分级

毒物分级	大鼠一次经口 LD_{50}/(mg/kg)	6只大鼠吸入4h死亡2～4只的浓度/(μg/g)	兔涂皮时 LD_{50}/(mg/kg)	对人可能致死剂量	
				单位体重剂量/(g/kg)	总量(60kg体重)/g
剧毒	＜1	＜10	＜5	＜0.05	0.1

续表

毒物分级	大鼠一次经口 LD_{50}/(mg/kg)	6只大鼠吸入4h死亡2～4只的浓度/(μg/g)	兔涂皮时 LD_{50}/(mg/kg)	对人可能致死剂量	
				单位体重剂量/(g/kg)	总量(60kg体重)/g
高毒	1～50	10～100	5～44	0.05～0.5	3
中等毒	50～500	100～1000	44～340	0.5～5	30
低毒	500～5000	1000～10000	340～2810	5～15	250
微毒	5000～15000	10000～100000	2810～22590	>15	1000
基本无毒	>15000	>100000			>1000

5.1.4 工作场所空气中有害因素职业接触限值及其应用

5.1.4.1 工作场所空气中有害因素职业接触限值

防止职业中毒，关键是要控制工作场所（即劳动者进行职业活动的全部地点）的空气中有害因素职业接触限值。

职业接触限值（occupational exposure limit，OEL）是职业性有害因素的接触限制量值，指劳动者在职业活动过程中长期反复接触，但对机体不引起急性或慢性有害影响的容许接触水平。化学因素的职业接触限值可分为三类，即时间加权平均容许浓度、最高容许浓度和短时间接触容许浓度。

(1) 时间加权平均容许浓度

时间加权平均容许浓度（permissible concentration-time weighted average，PC-TWA）指以时间为权数规定的8h工作日、40h工作周的平均容许接触水平。

(2) 最高容许浓度

最高容许浓度（maximum allowable concentration，MAC）指在一个工作日内，在工作地点的任何时间有毒化学物质均不应超过的浓度。定义中的工作地点是指劳动者从事职业活动或进行生产管理过程而经常或定时停留的地点。

(3) 短时间接触容许浓度

短时间接触容许浓度（permissible concentration-short term exposure limit，PC-STEL）指一个工作日内，在遵守PC-TWA前提下，任何一次接触不得超过15min的时间加权平均的容许接触水平。

需要指出的是，职业接触限值是动态变化的，而不是一成不变的。在制定以后，随着有关毒理学和工业卫生学资料的积累，结合实施过程中毒物接触者健康状况观察的结果，以及国民经济的发展、技术水平的提高，还会不断地进行修订。我国现行的工作场所空气中有毒物质容许浓度详见《工作场所有害因素职业接触限值 第1部分：化学有害因素》GBZ 2.1—2019。

5.1.4.2 应用职业接触限值时的注意事项

有毒物质的职业接触限值在职业健康防护领域具有多重必要性。其一，通过设定有毒物质的安全阈值，可有效预防劳动者过度暴露于职业危害；其二，作为监测体系的核心指标，可用于评估生产装置的密封性能和工作场所环境污染程度。该标准体系是衡量作业环境卫生质量的重要依据，更是构建职业健康防护体系的关键要素，为劳动者抵御职业危害提供科学保障。需要强调的是，在运用职业接触限值浓度标准对工作场所环境进行危害性评估时，应着重注意以下技术要点。

(1) 按照国家颁布的标准测定方法和有关采样规范进行检测

根据技术规范要求，在评估作业场所的污染或职业暴露水平时，应按照国家颁布的标准测定方法和有关采样规范进行检测。当缺乏明确规定时，可采用国际通行的标准化检测方法，使其全面反映工作场所有害因素的污染状况，并正确运用三类化学因素的职业接触限值，做出恰当的评价，并同步建立系统化的职业危害因素监测方案。

(2) 时间加权平均容许浓度的应用

要求采集有代表性的样品，按 8h 工作日内各个接触持续时间与其相应浓度的乘积之和除以 8，得出 8h 的时间加权平均容许浓度。应用个体采样器采样所得到的浓度值，主要适用于评价个人接触状况；工作场所的定点采样（区域采样），主要适用于工作环境卫生状况的评价。

时间加权平均浓度可按式(5-1）计算，工作时间不足 8h 者，仍以 8h 计：

$$E=(c_aT_a+c_bT_b+\cdots+c_nT_n)/8 \tag{5-1}$$

式中，E 为 8h 工作日接触有毒物质的时间加权平均浓度，mg/m^3；8 为一个工作日的工作时间，h；c_a，c_b，…，c_n 为 T_a，T_b，…，T_n 时间段接触的相应浓度；T_a，T_b，…，T_n 为 c_a，c_b，…，c_n 浓度下的相应接触持续时间。

【例 5-1】乙酸乙酯的时间加权平均容许浓度为 200mg/m^3，劳动者接触状况为：浓度 300mg/m^3，接触 2h；浓度 160mg/m^3，接触 2h；浓度 120mg/m^3，接触 4h。代入式(5-1)，得：

$$E=(2\times300+2\times160+4\times120)\div8=175(mg/m^3)$$

结果<200mg/m^3，未超过该物质的时间加权平均容许浓度。

【例 5-2】同样是乙酸乙酯，如劳动者接触状况为：浓度 300mg/m^3，接触 2h；浓度 200mg/m^3，接触 2h；浓度 180mg/m^3，接触 2h；不接触，2h。代入式(5-1)，得

$$E=(2\times300+2\times200+2\times180+2\times0)\div8=170(mg/m^3)$$

结果<200mg/m^3，未超过该物质的时间加权平均容许浓度。

(3) 短时间接触容许浓度的应用

① 该职业接触限值旨在防止劳动者接触过高的波动浓度，避免引起刺激、急性作用或有害健康的影响，要求在监测时间加权平均容许浓度的同时，对浓度变化较大的工作地点进行监测评价（一般采集接触 15min 的空气样品；接触时间短于 15min 时，以 15min 的时间加权平均容许浓度计算）。

② 该职业接触限值是与 8h 时间加权平均容许浓度相配套的一种短时间接触限值，必须符合规定的接触限值或推算出的接触限值。当评价该限值时，即使当日的 8h 时间

加权平均容许浓度符合要求时，仍不应超过短时间接触容许浓度。

③ 现有毒理学和工业卫生学资料不足以制定短时间接触容许浓度值时，按表 5-2 计算。

表 5-2 PC-TWA 值与超限倍数关系

PC-TWA 值/(mg/m^3)	<1	1～9	10～99	≥100
超限倍数	3	2.5	2.0	1.5

【例 5-3】某物质的 PC-TWA 为 $5mg/m^3$，从表 5-2 查出超限倍数为 2.5，则 PC-STEL＝PC-TWA×超限倍数，为 $12.5mg/m^3$。

（4）最高容许浓度的应用

最高容许浓度是对急性作用大、刺激作用强和（或）危害性较大的有毒物质而制定的最高容许接触限值。应根据不同工种和操作地点采集有代表性的空气样品。该职业接触限值要求工作场所中有毒物质的浓度必须控制在最高容许浓度以下，而不容许超过此限值。

（5）有毒物质的职业接触控制与综合评价原则

① 对于标以（皮）字的有毒物质，应积极防止皮肤污染。某些化学物质（如有机磷化合物、三硝基甲苯等）在工作场所中经皮肤吸收是重要的侵入途径，应采用个人防护措施，防止皮肤的污染。

② 当工作场所中存在两种或两种以上有毒物质时，若缺乏联合作用资料，应测定各自物质的浓度，并分别按各种物质的职业接触限值进行评价。

③ 当两种或两种以上有毒物质共同作用于同一器官、系统或具有相同的毒性作用（如刺激作用等），或已知这些物质可产生相加作用时，则应按下列公式(5-2) 计算结果进行评价。

$$\frac{c_1}{L_1}+\frac{c_2}{L_2}+\cdots+\frac{c_n}{L_n}=1 \tag{5-2}$$

式中，c_1，c_2，…，c_n 为各种物质所测得的浓度；L_1，L_2，…，L_n 为各种物质相应的容许浓度限值。

以此计算出的比值≤1 时，表示未超过接触限值，符合卫生要求；反之，当比值>1 时，表示超过接触限值，不符合卫生要求。

【例 5-4】某生产车间内有苯、甲苯、二甲苯三种物质共存，测出苯的 PC-TWA 浓度为 $3mg/m^3$，甲苯为 $25mg/m^3$，二甲苯为 $30mg/m^3$，这三种物质的 PC-TWA 限值依次为 $6mg/m^3$、$50mg/m^3$ 和 $50mg/m^3$，试判断该车间有毒物质的浓度是否超标。

按式(5-2) 计算：

$$(3\div6)+(25\div50)+(30\div50)=1.6(>1)$$

结果表明，该车间现有浓度已超过共存物质容许的接触限值。

5.2
毒性物质在化工行业中的分布

毒性物质在化工行业中几乎无处不在，它们贯穿于从原料投入、生产过程、终端产品制造到废弃物产生的整个生命周期链条。这些过程中，生产过程是核心风险区，而终端产品制造具有功能与隐患并存的特性。毒性物质分布范围之广、种类之繁多，是化工行业安全、环保、健康管理面临巨大挑战的根本原因。了解和掌握这些毒性物质的分布特点及其性质，是建立全面而严格的管控体系、保障人员安全、实现清洁生产和环境保护的基础与关键。

总的来说，毒性物质在化工行业中的分布分为以下几方面。

(1) 作为原料与中间体，是产业链的起点与核心

化工生产高度依赖于多种化学物质作为基础原料和中间体。在这一过程中，各个生产环节可能涉及多种毒性物质。例如，氯碱工业的电解过程会产生高毒性的氯气（Cl_2）以及强腐蚀性的氢氧化钠（烧碱）和盐酸，这些物质既是产品也是重要的化工原料。许多合成反应，特别是涉及卤素（氯、氟）、氰化物（CN^-）、重金属（如汞、铅催化剂）或光气（$COCl_2$）等参与的过程，其使用的反应物和生成的中间体通常具有高急性毒性或慢性毒性。像苯、甲苯、二甲苯（统称 BTX 芳香烃）等常用有机溶剂不仅具有易燃易爆性，其蒸气吸入也会对神经系统和造血系统产生毒性影响，是化工厂中普遍需要严格管理的毒性化学品。

(2) 存在于生产过程与工作环境，是化工生产风险管控的焦点

在诸多生产流程的核心环节，毒性物质分布最密集，风险最集中。许多化学反应过程在高温、高压下进行，使用的催化剂（如某些重金属）或副产物可能有毒性。生产过程中的物料转运存在泄漏风险，设备、管道、阀门、储罐的连接处和密封点等都是潜在的泄漏源。即使是微量的剧毒气体（如硫化氢 H_2S、氨 NH_3、一氧化碳 CO、氰化氢 HCN）或易挥发性有毒液体（如甲醇、某些有机溶剂）泄漏到工作环境中，都可能对操作人员构成急性健康威胁甚至致命风险。处理固体粉末物料（如某些染料、农药中间体、添加剂）时产生的粉尘及形成的气溶胶可能通过呼吸道进入人体，造成肺部疾病（如尘肺）或全身毒性效应。生产过程中产生的废水、废气、废渣往往含有未能完全回收或转化的有毒有害物质（如重金属离子、有机磷/有机硫化合物、多环芳烃等），若未经妥善处理，不仅危害厂区环境，更会污染周边水土空气。

(3) 作为终端产品的组成部分进入流通与应用环节的一些品类的化学品也可能具有毒性

化工行业的终端产品范围极广，其中很大一部分产品本身就含有或最终会释放出毒性物质，构成其功能的一部分（如农药、杀菌剂），或在使用过程中不可避免地带来风险（如某些染料、涂料、黏合剂中的有机溶剂）。对于农药来说，农药的核心作用机制就是控制或杀灭有害生物，其主要成分通常具有显著的生物毒性（杀虫剂、除草剂、杀菌剂中的有机磷、氨基甲酸酯、拟除虫菊酯、三嗪类等）。一些高活性药物原料也具有潜在毒性。对于颜料与染料来说，某些基于铅、铬、镉等重金属的无机颜料以及某些合成有机染料本身或其代谢物可能具有毒性。对于聚合物材料添加剂，塑料、橡胶、涂料中常用的增塑剂（如邻苯二甲酸酯类）、阻燃剂（如多溴联苯醚 PBDEs、含卤阻燃剂）、热稳定剂（如含铅、镉、有机锡的）等，部分已被证明具有生殖毒性、内分泌干扰等潜在慢性危害。而日化产品的一些成分，如某些清洁剂、化妆品中使用的特定溶剂、防腐剂、香精可能对皮肤有刺激性或具有致敏性等。

（4）部分毒物存在于副产品与废弃物中，对产品生命周期的末端及环境具有一定挑战

化工生产的复杂性导致不可避免地会产生种类繁多、性质各异的副产品、杂质、废水、废气、废渣等。这些废弃物中往往富集了高浓度的有害物质，比如工艺过程残留物，反应釜、蒸馏塔、分离设备中残留的含有毒物质的母液、釜残、滤饼等；比如“三废”处理，废水处理产生的含重金属污泥、含有机污染物的活性炭废渣、焚烧尾气中的二噁英/呋喃等污染物本身毒性很高，废气中的挥发性有机物、酸性气体、颗粒物等也含有有毒成分。此外，化工生产过程中，复杂的化学反应可能生成意想不到的、具有显著毒性的副产物，这些非目标副产物也是部分毒物的源头。

毒性物质渗透于化工生产全产业链，按物质类别可划分为六类系统性风险源，其中包含的主要毒性物质类别及示例具体见以下表格内容：表 5-3 无机化工常见毒性物质，表 5-4 有机化工常见毒性物质，表 5-5 化肥和农药工业常见毒性物质，表 5-6 材料工业常见毒性物质，表 5-7 涂料、染料等专用产品工业常见毒性物质，表 5-8 试剂、催化剂等常见毒性物质。

表 5-3 无机化工常见毒性物质类别及示例

组别	类别	示例
1	矿物冶炼	如硫铁矿、磷矿、砷矿等的冶炼加工中，毒性物质主要有氮的氧化物、一氧化碳、二氧化硫、砷、三氧化砷以及一些放射性物质等
2	无机酸	硝酸、硫酸、盐酸、氢氟酸等
3	无机碱	氨、氢氧化钾、氢氧化钠等
4	无机盐	碳酸钠、碳酸氢钠、硫化物和硫酸盐、硝酸盐、亚硝酸盐、铬盐、硼化物、氯化物和氯酸盐、磷化物和磷酸盐、氰化物和硫氰酸盐、锰化物以及其他金属盐类等
5	纯组元工业气体	氢、氮、氦、氖、氩、氪、氙、一氧化碳、氮氧化物、二氧化硫、三氧化硫、氨、硫化氢等
6	单质	金属钠、金属镁、黄磷、赤磷、硫黄、铅、汞等

表 5-4 有机化工常见毒性物质类别及示例

组别	类别	示例
1	基本有机原料	甲醇、乙醇、甲烷、乙烷、丙烷、乙烯、丙烯、丁烯、乙炔、苯、甲苯、二甲苯、萘、蒽、菲、电石等
2	一般有机原料	呋喃、乙醛、丙醇、丁醇、辛醇、乙二醇、甲酸、乙酸、硫酸二甲酯、丙酮、乙醚、甲基丁基醚、醋酸酐、苯二甲酸酐、乙烯基乙炔、丁二烯、异戊二烯、己烷、庚烷、氯乙烯、三氯乙烯、氯苯、硝基苯、硝基甲苯、硝基氯苯、苯胺、甲基苯胺、一甲胺、二甲胺、三甲胺、吡啶、苯酚、甲基苯酚、1-萘酚、苯甲酸、醋酸铅及其他有机铅化物

表 5-5 化肥和农药工业常见毒性物质类别及示例

组别	类别	示例
1	氮肥工业	一氧化碳、硫化氢、氨、氢氧化物、硝酸铵等；一氧化碳、硫酸、氟化氢、四氟化硅、磷酸等
2	磷肥工业	一氧化碳、硫酸、氟化氢、四氟化硅、磷酸等
3	有机氯农药制备	苯、氯苯、氯气、三氯乙醛、氯化氢、四氯化碳、六氯环戊二烯、硝基丙醛、环戊二烯、三氯苯磺酰氯、氯磺酸、三氯苯、三氯杀螨砜、五氯酚、五氯酚钠等
4	有机磷农药制备	三氯乙醛、氯甲烷、敌百虫、敌敌畏、苯酚、二乙胺、乙硫醇、亚磷酸二甲酯、磷、三氯化磷、三氯硫磷、内吸磷、倍硫磷、五硫化二磷、硫化氢、三硫磷、乐果、马拉硫磷等
5	有机氮农药制备	甲萘酚、光气、甲基异氰酸酯、西维因、间甲酚、速灭威等
6	其他农药制备	三氧化二砷、硫酸铜、氯化苦(三氯硝基甲烷)、溴甲烷、退菌特、稻瘟净、磷化锌等

表 5-6 材料工业常见毒性物质类别及示例

组别	类别	示例
1	塑料和合成树脂	三氟氯乙烯、四氯乙烯、六氟丙烯、氯乙烯、氯化汞、偶氮二异丁腈、苯酚、甲醛、氨、乌洛托品、苯二甲酸酐、丙酮、二酚基丙烷、环氧氯丙烷、氯甲基甲醚、二甲胺甲醇、苯乙烯等
2	合成橡胶	丁二烯、苯乙烯、丙烯腈、氯丁二烯、异戊二烯、四氟乙烯、六氟丁二烯、三氟丙烯等；橡胶加工中的防老剂甲、防老剂丁、炭黑、硫黄、陶土、松香、苯、二氯乙烷、间苯二酚、列克钠、汽油、氧化铅等
3	合成纤维	乙二醇、环己醇、苯酚、己二胺、己内酰胺、苯、丙烯腈等

表 5-7 涂料、染料等专用产品工业常见毒性物质类别及示例

组别	类别	示例
1	涂料制备	苯、二甲苯、苯酚、丙酮、甲醛、沥青、硝酸、丙烯酸甲酯、环氧丙烷，癸二酸颜料制备中的氧化铅、镉红、铬酸盐等
2	染料制备	对硝基氯苯、苯胺、二硝基氯苯、硝基甲苯、二氨基甲苯、二乙基苯胺、萘、苯二甲酸酐、蒽醌、苯甲酰氯、硫化钠、氯化苦、苦味酸、各种有机染料及其粉尘等

续表

组别	类别	示例
3	胶片加工	硝化纤维素、醋酸、二氯甲烷、硝酸银、溴苯等； 磁带加工中的氧化铬、氧化磁铁等； 照相用的药剂硫代硫酸钠、硫酸等

表 5-8　试剂、催化剂等常见毒性物质类别及示例

组别	类别	示例
1	化学试剂	酸、碱、金属盐、卤素、醛类、醇类、醚类、酮类、羧酸、肟等各种有机试剂
2	催化剂	铬盐、硫酸、铂、铜、五氧化二矾、氧化铝等； 生产助剂用的固色剂、苯胺、苯酚、硝基氯苯、五氧化二磷、双氰胺、防老剂、抗氧剂、氯、十二碳硫醇、环氧乙烷、甲醛等

5.3 化工常见物质的毒性作用

5.3.1　有机溶剂

5.3.1.1　苯（C_6H_6）

苯在工、农业生产中使用广泛，如化工中的香料、合成纤维、合成橡胶、合成洗涤剂、合成染料、酚、氯苯、硝基苯的生产以及喷漆、制鞋、绝缘材料等行业中均有接触苯的生产过程。

（1）理化性质

苯是一种有特殊香味、无色透明的液体；沸点 80.1℃，闪点 −15～10℃；爆炸极限范围 1.2%～8.0%；易蒸发，溶于水，易溶于乙醚、乙醇、丙酮等有机溶剂；苯蒸气与空气的相对密度为 2.8；PC-TWA 限值为 6mg/m^3，PC-STEL 为 10mg/m^3。煤焦油分馏或石油裂解均可产生苯。

（2）危害

生产过程中的苯主要经呼吸道进入人体，少量经皮肤进入。苯可造成急性中毒和慢性中毒。急性苯中毒是由短时间内吸入大量苯蒸气或口服含苯的有机溶剂引起的，主要表现为中枢神经系统麻醉作用的症状。初期有黏膜刺激，随后可出现兴奋或酒醉状态以及头痛、头晕等现象。重症者除上述症状外，还可出现昏迷、谵妄、阵发性或强直性抽搐、呼吸浅表、血压下降等，严重时可因呼吸和循环衰竭而死亡。慢性苯中毒主要损害神经系统和造血系统，症状为神经衰弱综合征，有头晕、头痛、记忆力减退、失眠等，在造血系统引起的典型症状为白血病和再生障碍性贫血。苯为确定的人

类致癌物。

（3）预防措施

苯中毒的防治应采取综合措施，实施系统化工程干预与个体防护协同策略。推行替代毒物工程技术，优先采用危害层级控制（hierarchy of controls）策略：实施工艺革新，以无苯稀料、水性溶剂、环保型黏合剂等安全型材料实现苯系物替代；生产设备密闭化改造，配套自动化投料系统降低开放暴露风险；暴露源不可消除时，建立局部排风与全面通风复合系统，确保苯浓度符合工作场所有害因素职业接触限值要求，安装苯浓度在线监测装置，设置超标声光报警联动通风系统；个体防护升级，短时高浓度暴露环境时选用A级防苯全面罩呼吸防护装置，接触液态苯操作须配备丁腈橡胶化学防护手套，手接触苯时应注意皮肤防护。

事故案例分析——苯中毒事故

上海市某县一皮鞋厂女工俞某，21岁，因月经过多，于1985年4月17日至乡卫生院门诊，治疗无效，4月19日至县中心医院就诊后，遵医嘱于4月21日去该院血液病门诊就医，因出血不止，收治入院。骨髓检查后诊断为再生障碍性贫血（以下简称“再障”）。5月8日因大出血死亡。同车间部分工人联想到自己也有类似症状。其中有两名女工在5月10日到县中心医院就诊，诊断为上消化道出血、再生障碍性贫血及白血病，但此时仍未考虑到职业危害因素。上述两位女工住院后，引起车间工人、乡及厂领导的重视，组织全体工人去乡卫生院体检，发现血白细胞计数减少者较多。乡卫生院即向县卫生防疫站报告。此后由县、市卫生防疫站、有关医院、市劳动卫生职业病研究所等单位组织开展调查研究。调查结果如下：

① 该厂制帮作业车间，在生产过程中，鞋帮坯料用胶水黏合、缝制，制成鞋帮。该厂制帮车间面积为56m^2，高3m，冬季门窗紧闭，通风效果极差。制帮用红胶含纯苯91.2%，每日消耗苯9kg以上，均蒸发在此车间内。调查中用甲苯模拟生产过程，测得车间中甲苯空气浓度为标准浓度（100mg/m^3）的36倍。而苯比甲苯更易挥发，其卫生标准比甲苯低2.5倍。故推测实际生产时，苯的浓度可能更高。

② 经体检确诊，苯中毒者共18人（其中包括生前未被诊断为苯中毒的死亡1例），其中制帮车间14人，重度慢性苯中毒7人。

对该厂的职业卫生与职业医学服务情况调查结果如下：

① 该化工厂始建于1982年4月。由于未履行新建项目职业卫生申报程序，故投产前缺乏必要的预防性卫生监督机制，在职业健康管理方面存在系统性缺失：未对苯系物接触岗位实施上岗前职业健康检查制度；企业未建立职业卫生宣教体系，管理人员与普通员工普遍缺乏有机溶剂毒害认知。事故调查显示，所有确诊患者均出现典型苯中毒临床表现，涉及神经系统及血液系统损伤。值得关注的是，在致命中毒事件发生前仅有7例主动就医记录，其余11例患者系事故后经企业组织集体体检方获确诊，致使从发生症状到医学介入的平均延误时间达半年之久。

② 该企业职业健康管理存在漏洞。该企业暴露于苯系溶剂的作业岗位未建立职业

健康监护体系，无定期体检制度。值得注意的是，在群体性中毒事件发生前已有7名工人因临床症状就医（平均就诊频次达2次），临床记录显示其接诊诊断涵盖贫血、再生障碍性贫血及白血病等血液系统疾病，但仅实施对症治疗，均未进行职业病鉴别诊断。

经职业病危害因素识别与风险评估，本次重大职业中毒事故的主要原因归纳起来有以下三方面。

其一，项目立项阶段职业卫生申报制度执行缺位，厂方投产前未向当地卫生防疫部门申报，致使卫生监督部门未能及时掌握其生产工艺中苯系溶剂的使用情况及毒害特性，也未能及时了解该厂的生产原料、生产方式和生产过程中可能存在的职业危害因素。接触苯作业工人都未进行就业前体检和定期体检等医疗服务，也未定期测定作业环境中苯的浓度，致使工人在厂房设备简陋、无任何通风防毒设施的环境中生产。作业场所监测数据显示，苯浓度长期超出国家限值标准，且生产区域缺乏基础工程防护设施（全面通风系统、局部排毒装置等）。

其二，职业健康促进机制严重缺失。企业管理层与作业人员普遍缺乏有机溶剂危害的认知，安全生产培训档案存在系统性空白，直接导致职业暴露风险识别能力不足。

其三，基层医疗机构职业病监测功能失效。乡村人口服务的乡、县医院的医务人员缺乏应有的职业医学知识。接诊机构对苯中毒特征性血常规改变（如粒细胞系进行性下降）的识别灵敏度不足，当同一暴露源短期内出现多例造血系统损伤病例时，未能触发职业病预警机制，未能考虑该疾病有极大可能与职业因素有关。在首例死亡病例发生前，接诊医生虽有个案警觉性，但未启动职业病报告及现场流调程序；追悼会后新增的2例消化道出血、再生障碍性贫血病例仍未能形成有效的流行病学警示信号。

5.3.1.2 甲苯（$C_6H_5CH_3$）

甲苯被大量地用来代替苯作为溶剂和稀释剂，工业上用来制造炸药、苯甲酸、合成涤纶以及作为航空汽油添加剂。

（1）理化性质

甲苯为无色具有芳香气味的液体；沸点100.6℃，不溶于水，溶于乙醇、乙醚等有机溶剂；闪点4℃，爆炸极限范围1.1%～7.1%。甲苯蒸气与空气的相对密度为3.9。其PC-TWA限值为50mg/m^3。

（2）危害

甲苯毒性较低，属低毒类。工业生产中甲苯主要以蒸气态经呼吸道进入人体，经皮肤吸收很少。急性中毒导致中枢神经系统的麻醉作用和植物性神经功能紊乱症状，表现为眩晕、无力、酒醉状、血压偏低、咳嗽、流泪，重症中毒者有恶心、呕吐、幻觉甚至神志不清。慢性中毒主要因长期吸入较高浓度的甲苯蒸气所引起，可出现头晕、头痛、无力、失眠、记忆力减退等症状。

（3）预防措施

参见苯的预防措施。

5.3.1.3 二甲苯[$C_6H_4(CH_3)_2$]

(1) 理化性质

二甲苯沸点 138.2～144.4℃，不溶于水，溶于酒精、乙醚等有机溶剂；闪点30℃，爆炸极限范围 0.9%～7.6%（邻二甲苯）；二甲苯蒸气与空气的相对密度为3.7；二甲苯有三种异构体，且理化性质相似。PC-TWA 限值为 50mg/m^3。

(2) 危害与预防措施

工业应用、危害与预防措施同甲苯。

5.3.1.4 汽油

汽油主要用作交通运输工具的燃料，橡胶、涂料、印刷、制药、黏合剂等工业中用汽油作为溶剂，在衣物的干洗及机器零件的清洗中作为去油剂。在石油炼制、汽油的运输及贮存过程中均会接触汽油。

(1) 理化性质

汽油为无色或浅黄色具有特殊臭味的液体；易挥发、易燃易爆，闪点＜－21℃，爆炸极限范围 1.3%～7.1%；汽油蒸气与空气的相对密度为 3～3.5；易溶于苯、醇等有机溶剂，难溶于水。

(2) 危害

主要以蒸气形式经呼吸道进入人体，少量经皮肤吸收。当汽油中不饱和烃、芳香烃、硫化物等含量增多时，毒性增大。汽油可引起急性和慢性中毒。急性中毒症状较轻时可有头晕、头痛、肢体震颤、精神恍惚、流泪等现象，严重者可出现昏迷、抽搐、肌肉痉挛、眼球震颤等症状。高浓度时可发生“闪电样”死亡。当用口吸入汽油而进入肺部时可导致吸入性肺炎。慢性中毒可引起倦怠、头痛、头晕、步态不稳、肌肉震颤、手足麻木等症状，也可引起消化道、血液系统的病症。

(3) 预防措施

应采用无毒或低毒的物质代替汽油作溶剂；给汽车加油时应使用抽油器，工作场所应注意通风。

5.3.1.5 二硫化碳（CS_2）

二硫化碳用于人造纤维、玻璃纸及四氯化碳的生产过程，用作橡胶、脂肪等的溶剂。

(1) 理化性质

二硫化碳纯品为易挥发无色液体，工业品为黄色，有臭味。沸点 46.3℃，易燃易爆，爆炸极限范围 1.0%～50.0%，自燃点 90℃。几乎不溶于水，溶于强碱，能与乙醇、醚、苯、氯仿、油脂等混溶，腐蚀性强。二硫化碳蒸气与空气的相对密度为 2.6。PC-TWA 限值为 5mg/m^3。二硫化碳是煤焦油的分馏产物。

(2) 危害

主要经呼吸道进入人体，可引起急性和慢性中毒，主要对神经系统造成损害。急性中毒主要由事故引起，轻者表现为酒醉状、头晕、头痛、眩晕、步态蹒跚及精神症

5

状；重者先呈现兴奋状态，后出现谵妄、意识丧失、瞳孔反射消失，乃至死亡。慢性中毒除出现上述较轻症状外，还出现四肢麻木、步态不稳，并可对心血管系统、眼部、消化道系统产生损害。

（3）预防措施

黏胶纤维生产中使用二硫化碳较多，应采取通风净化措施。在检修设备、处理事故时应戴防毒面具。

5.3.1.6 四氯化碳（CCl_4）

四氯化碳在工业中用于制造二氯二氟甲烷和三氯甲烷，也可用作漆、脂肪、橡胶、硫黄、树脂的溶剂，在香料制造、电子零件脱脂、纤维脱脂等生产过程中也可接触到四氯化碳。

（1）理化性质

四氯化碳为无色、透明、易挥发、有微甜味的油状液体，熔点－22.9℃，沸点76.7℃，不易燃，遇到火或热的表面可分解为二氧化碳、氯化氢、光气和氯气。微溶于水，易溶于有机溶剂。PC-TWA 限值为 15mg/m^3。

（2）危害

四氯化碳蒸气主要经呼吸道进入人体，液体和蒸气均可经皮肤吸收，可引起急性和慢性中毒。乙醇可促进四氯化碳的吸收，故饮酒会加重中毒症状。吸入高浓度蒸气可引起急性中毒，会迅速出现昏迷、抽搐，严重者会突然死亡。接触较高浓度四氯化碳蒸气可引起眼、鼻、呼吸道刺激症状，也可损害肝、肾、神经系统。长期接触中等浓度四氯化碳会有头昏、眩晕、疲乏无力、失眠、记忆力减退等症状，少数患者会引起肝硬化、视野减小、视力减退等。皮肤长期接触可引起干燥、脱屑、皲裂。四氯化碳为可疑的人类致癌物。

（3）预防措施

生产设备应加强密闭，作业车间应加强通风，避免四氯化碳与火焰接触。接触较高浓度四氯化碳时应戴供氧式或过滤式呼吸器，操作中应穿工作服，戴手套。接触四氯化碳的工人不宜饮酒。

5.3.2 窒息性气体

窒息性气体分为三类。第一类为单纯窒息性气体，其本身毒性很小或无毒，但由于它们的大量存在而降低了氧含量，人因为呼吸不到足够的氧而使机体窒息，属于这类的窒息性气体有氮气、氩气、氖气、甲烷、乙烷等；第二类为血液窒息性气体，这类气体主要对红细胞的血红蛋白起作用，阻碍血液携带氧的功能及在组织细胞中释放氧的能力，使组织细胞得不到足够的氧而发生机体窒息，一氧化碳即属此类物质；第三类为细胞窒息性气体，这类气体主要因其毒作用而妨碍细胞利用氧的能力，从而造成组织细胞缺氧而产生所谓“内窒息”，硫化氢、氰化氢气体即属此类物质。

5.3.2.1 一氧化碳（CO）

一氧化碳是工业生产中常见的有毒气体之一。在化工、炼钢、炼铁、炼焦、采矿爆破、铸造、锻造、炉窑、煤气发生炉等作业过程中均可接触一氧化碳。

（1）理化性质

一氧化碳为无味、无色的气体，与空气的相对密度为 0.967；可溶于氨水、乙醇、苯和醋酸；爆炸极限 12.5%～74.2%。在非高原地区，其 PC-TWA 限值为 20mg/m^3，PC-STEL 限值为 30mg/m^3。在海拔 2000～3000m 高原地区，其 MAC 值为 20mg/m^3，在海拔 3000m 以上高原地区，其 MAC 值为 15mg/m^3。

（2）危害

一氧化碳主要经呼吸道进入人体，与血液中血红蛋白的结合能力极强，当空气中一氧化碳体积含量约为 700×10^{-6}（700μL/L）时，血液携带氧的能力便下降一半，可见其毒性之剧。

在工业生产中一氧化碳主要造成急性中毒，按严重程度可分为三个等级：轻度中毒者表现为头痛、头晕、心悸、恶心、呕吐、四肢无力等症状，脱离中毒环境几小时后症状消失。中度中毒者除上述症状外，还会出现面色潮红、黏膜呈樱桃红色、全身疲软无力、步态不稳、意识模糊甚至昏迷等症状，若抢救及时，数日内可恢复。重度中毒者往往是由中度中毒患者继续吸入一氧化碳而引起，此时可在出现前述症状后发展为昏迷。此外，在短期内吸入大量一氧化碳也可造成重度中毒，这时患者无任何不适感就很快丧失意识而昏迷，有的甚至立即死亡。重度中毒者昏迷程度较深，持续时间可长达数小时，且可并发休克、脑水肿、呼吸衰竭、心肌损害、肺水肿、高热、惊厥等症状，治愈后常有后遗症。

（3）预防措施

凡产生一氧化碳的设备应严格执行检修制度，以防泄漏；凡有一氧化碳存在的车间应加强通风，并安装报警仪器；处理事故或进入高浓度场所应戴呼吸防护器；正常生产过程中应及时测定一氧化碳浓度，并严格控制操作时间。

5.3.2.2 氰化氢（HCN）

在氰化氢的生产制备、制药、化纤、合成橡胶、有机玻璃、塑料、电镀、冶金、炼焦等工业中均有接触氰化氢的生产过程。

（1）理化性质

氰化氢为无色液体或气体，沸点 26℃，液体易蒸发为带有杏仁气味的蒸气，其蒸气与空气的相对密度为 0.94，可与乙醇、苯、甲苯、乙醚、甘油、氯仿、二氯乙烷等物质互溶；其水溶液呈弱酸性，称为氢氰酸；氰化氢气体与空气混合可燃烧，爆炸极限范围为 6%～40%；其 MAC 限值为 1.0mg/m^3。

氰化氢的主要毒害作用是它在人体内分解出的氰基（—CN）所造成的，因此凡在人体内释放出氰基的化合物均具有这种毒作用。在生产中经常要用到的含氰化合物有氰化钠、氰化钾、氢氰酸、丙烯腈、丙酮腈醇、乙腈等，使用这些物品时均应注意防止中毒。

(2) 危害

生产条件下氰化氢气体或其盐类粉尘主要经呼吸道进入人体，浓度高时也可经皮肤吸收。氰化氢气体进入人体后，可迅速作用于全身各组织细胞，抑制细胞内呼吸酶的功能，使细胞不能利用氧气而造成全身缺氧窒息，并称之为“细胞窒息”。

氰化氢毒性剧烈，很低浓度吸入时就可引起全身不适，严重者可死亡。在短时间内吸入高浓度的氰化氢气体可使人立即停止呼吸而死亡，并称之为“电击型”死亡。生产条件下此种情况少见。

若氰化氢浓度较低，中毒病情发展稍缓慢，可分为四个阶段。前驱期，先出现眼部及上呼吸道黏膜刺激症状，如流泪、流涎、口中有苦杏仁味，继而出现恶心、呕吐、震颤等症状；呼吸困难期，表现为呼吸困难加剧，视力及听力下降，并有恐怖感；痉挛期，意识丧失，出现强直性、阵发性痉挛，大小便失禁，皮肤黏膜呈鲜红色；麻痹期，为中毒的终末状态，全身痉挛停止，患者深度昏迷，反射消失，呼吸、心跳可随时停止。上述四个阶段只是表示中毒者病情的延续过程，在时间上很难划分，如重症病人可很快出现痉挛以致立即死亡。

关于氰化氢能否引起慢性中毒尚有争议，但长期接触可对人体造成影响，出现慢性刺激症状、神经衰弱、植物性神经功能紊乱、甲状腺肿大及运动功能障碍。

(3) 预防措施

生产中尽量使用无毒、低毒的工艺，如无氰电镀；在金属热处理、电镀等有氰化氢逸出的生产过程中应加强通风措施，接触氰化氢的工人应加强个人防护并注意个人卫生习惯。

5.3.2.3 硫化氢（H_2S）

硫化氢用于生产噻吩、硫醇等物质，此外在工业上很少直接应用，通常为生产过程中的废气。在石油开采和炼制、有机磷农药的生产、橡胶、人造丝、制革、精制盐酸或硫酸等工业中均会产生硫化氢。含硫有机物腐败发酵亦可产生硫化氢，如制糖及造纸业的原料浸渍、腌浸咸菜、处理腐败鱼肉及蛋类食品等过程中都可能产生硫化氢，因此在进入与上述有关的池、窑、沟或地下室等处时要注意对硫化氢的防护。

(1) 理化性质

硫化氢为具有腐蛋臭味的可燃气体，易溶于水产生氢硫酸，易溶于醇类物质、甘油、石油溶剂和原油中，能和大部分金属发生化学反应而具有腐蚀性；爆炸极限范围为 3.9%～45.5%，其 MAC 限值为 $10mg/m^3$。

(2) 危害

硫化氢是毒性比较剧烈的窒息性毒物，工业生产中主要经呼吸道进入人体。硫化氢气体兼具刺激作用和窒息作用。浓度低时，主要表现为刺激作用，可引起结膜炎、角膜炎甚至角膜溃疡等，严重者可引起肺炎及肺水肿，皮肤潮湿多汗时刺激作用更明显；其刺激作用还表现为硫化氢具有恶臭气味，浓度微时可嗅出，浓度高则气味强，当浓度达到一定数值时，可使人的嗅觉神经末梢麻痹，臭味反而闻不出来，此时对人的危害更大。硫化氢对人体细胞产生的窒息作用与氰化氢相似。此外，硫化氢对神经系统具有特殊的毒害作用，患者可在数秒内停止呼吸而死亡，其作用甚至比氰化氢还要迅速。

长期接触低浓度硫化氢可造成慢性影响，除引起慢性结膜炎、角膜炎、鼻炎、气管炎等炎症外，还可造成神经衰弱综合征及植物性神经功能紊乱。

(3) 预防措施

凡产生硫化氢气体的生产过程和环境应加强通风；凡进入可能产生硫化氢气体的地点均应先进行通风及测试，并应正确使用呼吸防护器，作业时应有人进行监护。

事故案例分析——硫化氢中毒事故

某日下午4点30分，某造纸厂发生一起急性中毒事故。中毒11人，死亡3人。中毒事故发生的车间有一个贮浆池（直径和深度为3m左右，用于纸浆存储）及一个副池（放抽浆泵和马达）。该车间因检修而停产一月余（正常生产情况下，纸浆只存1～2天）。下午4点30分，工人下副池检修抽浆泵、马达及管道，启动泵几分钟后，泵的橡胶管破裂，纸浆从管内喷出，立即停泵。工人李某马上下池内进行修理，一到池底立即摔倒在地；工人黄某看见李某摔倒在池内，认为是触电，即刻切断电源，下去抢救，到了池底黄某也昏倒了。经分析认为池内有毒气，随即用风机送风。随后，石某又下池抢救，突然感到鼻子发酸，咽部发苦发辣，当他伸手去拉黄某时，已感到两手不能自主，他屏住气返回到池口，已失去知觉。后来又连续下去三个工人抢救均未成功。技术员姜某从另一车间闻讯赶来立即下池抢救，下去后也昏倒在池底。再向池内送风，后来先后又下去四人，均戴上三层用水浸湿的口罩，腰间系了绳子，经过20min抢救将池下三人拉了上来。因中毒时间较长，三人呼吸、心跳均已停止；其余8人，1人深度昏迷，抢救12h苏醒，3人昏迷5～10min苏醒，4人未昏迷。

中毒事故原因调查结果如下。

① 到现场的调查者能嗅到明显的硫化氢臭味。

② 硫化氢测定结果：池底硫化氢浓度为2000mg/m^3。

③ 动物实验结果：先后将两只鸡用绳子悬入池底，15s时出现烦躁不安，20s时昏倒。

④ 产生硫化氢原因分析：生产纸浆的原料为麦草和硫碱。由于贮存太久，麦草分解出氢离子，与硫碱内的硫离子作用产生硫化氢。

结论：急性硫化氢中毒事故。

5.3.3 刺激性气体

5.3.3.1 刺激性气体的种类

刺激性气体种类很多，主要包括以下几类。

① 酸：硫酸、盐酸、硝酸、铬酸等。

② 成酸氧化物：二氧化硫、三氧化硫、二氧化氮、铬酐等。

③ 成酸氢化物：氯化氢、氟化氢、溴化氢。

④ 卤族元素：氟、氯、溴、碘。

⑤ 无机氯化物：光气、三氯化磷、三氯化硼、三氯化砷、四氯化硅等。

⑥ 卤代烃：溴甲烷、氯化苦等。

⑦ 酯类：硫酸二甲酯、甲酸甲酯等。

⑧ 醚类：氯甲基甲醚等。

⑨ 醛类：甲醛、乙醛、丙烯醛等。

⑩ 有机氧化物：环氧氯丙烷等。

⑪ 成碱氢化物：氨。

⑫ 强氧化剂：臭氧。

⑬ 金属化合物：氧化镉、羰基镍、硒化氢等。

其中最常见的刺激性气体有氯、氨、氮氧化物、光气、氟化氢、二氧化硫及三氧化硫等。

工业生产中氯气多由食盐电解而得，主要用于制药、农药、橡胶、塑料、化工、造纸、染料、纺织、冶金等行业。氯气为黄绿色具有强烈刺激性气味的气体；可溶于水和碱液，易溶于二硫化碳和四氯化碳等有机溶剂；与空气的相对密度为 2.49，其 MAC 限值为 $1mg/m^3$。

氮氧化物种类很多，主要包括氧化亚氮、氧化氮、三氧化二氮、二氧化氮、四氧化二氮和五氧化二氮。在工业生产中引起中毒的多是混合物，但主要是一氧化氮和二氧化氮，一氧化氮又很容易氧化为二氧化氮。制造硝酸，用硝酸清洗金属，制造硝基炸药、硝化纤维、苦味酸等硝基化合物，苯胺染料的重氮化过程，硝基炸药的爆炸，含氮物质及硝酸的燃烧，以上情况均会接触到氮氧化物。

5.3.3.2 刺激性气体危害

刺激性气体以局部损害为主，当刺激作用过强时可引起全身反应。刺激作用的部位常发生在眼部、呼吸道，并可分为急性作用和慢性作用。急性作用会导致眼结膜和上呼吸道炎症、喉头痉挛水肿、化学性气管炎、支气管炎，伴有流泪、咳嗽、胸闷、胸痛、呼吸困难。接触光气、二氧化氮、氨、氯、臭氧、氧化镉、羰基镍、溴甲烷、氯化苦、硫酸二甲酯、甲醛、丙烯醛等气体易引起肺水肿。长期接触低浓度刺激性气体可引起慢性作用，常出现慢性结膜炎、鼻炎、支气管炎等炎症，还可伴有神经衰弱综合征及消化道症状。

大部分刺激性气体对呼吸道有明显刺激作用并有特殊臭味，人们闻到后就要避开，因此一般情况下急性中毒很少见，出现事故时会引起急性中毒。

5.3.3.3 刺激性气体的预防

预防刺激性气体吸入损伤，最重要的是在接触前采取预防措施，并在发生意外后立即采取紧急措施。具体来说，要注意通风、佩戴防护设备、及时清洗污染区域，并进行必要的医疗救治。

(1) 源头控制和管理

① 加强生产设施和设备管理：确保设备完好，避免泄漏和跑冒滴漏。

② 合理设计和使用工作场所：确保通风良好，避免气体聚集。

③ 采用无毒或低毒替代品：尽可能选择对人体危害较小的物质。

(2) 个人防护

① 佩戴防护装备：根据工作环境和气体种类，选择合适的呼吸防护器具，如防毒面具或口罩。

② 加强个人防护意识：了解刺激性气体的危害，遵守操作规程。

(3) 应急处理

① 迅速撤离：一旦发生刺激性气体泄漏，立即撤离至安全区域。

② 脱去污染衣物：迅速脱去被刺激性气体污染的衣物，以免持续接触。

③ 清洗污染区域：用大量清水持续冲洗皮肤、眼睛等暴露部位至少 10min。

④ 保持呼吸道通畅：如有呼吸困难，及时进行雾化吸入等处理。

⑤ 及时就医：对中毒者进行必要的医疗救治，包括吸氧、注射药物等。

(4) 建立应急预案

① 制定应急预案：针对可能发生的刺激性气体泄漏事故，制定详细的应急预案。

② 加强培训：对员工进行应急处理和自救互救培训，提高应对能力。

(5) 定期维护和检查

① 定期维护设备：对生产设备进行定期检查和维护，及时发现和排除故障隐患。

② 加强安全检查：定期进行安全检查，确保各项安全措施落实到位。

5.3.4 高分子聚合物

高分子聚合物又称高聚物或聚合物，包括塑料、合成纤维、合成橡胶三大合成产品及黏合剂、离子交换树脂。聚合物分子量高达几千以至几百万，但化学组成简单，都是由一种或几种单体经聚合或缩聚而成。

高分子聚合物的生产过程包括生产基本化工原料、合成单体、单体的聚合以及聚合物的加工四个部分，在前三部分的生产过程中工人会接触较多的毒物。生产中使用的单体多为不饱和烯烃、芳香烃及其卤代化合物、氰类、二醇和二胺类化合物，这些物质多数对人体有不良影响。

此外，生产中使用的助剂种类很多，如催化剂、引发剂、调聚剂、凝聚剂、增塑剂、稳定剂、固化剂、发泡剂、填充剂等，这些助剂很容易从聚合物内移至表面而对人体产生不良影响。

一般而言，高分子聚合物的毒性主要取决于所含游离单体的量和助剂品种，而高分子聚合物本身往往毒性较低。应注意的是，高分子聚合物燃烧分解时可产生一氧化碳，含氮和卤素的聚合物可释放出高毒的氯化氢、光气和卤代烃等。

5.3.4.1 氯乙烯（$CH_2=CHCl$）

氯乙烯主要用于制造聚氯乙烯单体，也可作为化学中间体及溶剂，还可与丙烯腈等制成共聚物用于合成纤维的生产，在离心、干燥、清洗及聚合釜的检查、清理工作中，工人会接触较多的氯乙烯单体。

（1）理化性质

氯乙烯在常温常压下为无色易燃气体，自燃点472℃，爆炸极限范围3.6%～33.0%，与空气的相对密度为2.16；微溶于水，溶于乙醇、乙醚及四氯化碳；其PC-TWA限值为10mg/m^3。

（2）危害

氯乙烯主要经呼吸道进入体内。当吸入高浓度氯乙烯时会引起急性中毒。中毒较轻者出现眩晕、头痛、恶心、嗜睡等症状，严重中毒者神志不清，甚至死亡。长期接触低浓度氯乙烯可造成慢性影响，严重者可出现肝脏病变和手指骨骼病变。

氯乙烯单体已被证实有致癌作用，其他与氯乙烯化学结构类似的物质如苯乙烯、丙烯腈、2-氯丁二烯等也应参照氯乙烯的要求加强预防措施。

（3）预防措施

生产环境及设备应采取通风净化措施，设备、管道要密闭以防止氯乙烯逸出，注意防火防爆；聚合釜出料、清釜时要加强防护措施，清釜工更应注重清釜的技术和个人防护技术，防止造成急性中毒。

5.3.4.2 丙烯腈（$CH_2CH—CN$）

丙烯腈是有机合成工业的重要单体，用于合成纤维、树脂、塑料和丁腈橡胶的制造。

（1）理化性质

丙烯腈为无色、易燃、易挥发的液体，有杏仁气味。沸点77.3℃，爆炸极限范围3.0%～17.0%，闪点－5℃，自燃点481℃，溶于水，可与醇类及乙醚混溶。其PC-TWA限值为1mg/m^3，PC-STEL限值为2mg/m^3。

（2）危害

在丙烯腈的生产过程中，氰化氢以原料或副产品存在。本品易引起火灾。在光和热的作用下，能自发聚合而引起密闭设备爆炸。发生火灾和爆炸时可产生致死性烟雾和蒸气（如氨和氰化氢）而加剧危害。

丙烯腈主要经呼吸道进入人体，也可经皮肤吸收。丙烯腈可对人产生窒息和刺激作用。急性中毒的症状与氢氰酸中毒相似，出现四肢无力、呼吸困难、腹部不适、恶心、呼吸不规则，以至虚脱死亡。丙烯腈能否引起慢性中毒目前尚无定论。丙烯腈为可疑的人类致癌物。

（3）预防措施

生产场所应采取防火措施并通风良好，设备应密闭，并注意正确使用呼吸防护器。生产中应注意皮肤防护，并配备必要的中毒急救设备和人员。

5.3.4.3 氯丁二烯（$CH_2CCl—CHCH_2$）

氯丁二烯主要用于制造氯丁橡胶。在聚合氯丁橡胶及后处理过程，聚合釜的加料、清釜时，会逸出高浓度氯丁二烯蒸气。

（1）理化性质

氯丁二烯为无色、易挥发液体，沸点 59.4℃，微溶于水，可溶于乙醇、乙醚、酮、苯等有机溶剂。闪点 −20℃，爆炸极限范围 1.9%～20.0%，其 PC-TWA 限值为 $4mg/m^3$。

（2）危害

氯丁二烯属中等毒性，可经呼吸道和皮肤进入人体。接触高浓度氯丁二烯可引起急性中毒，常发生于操作事故或设备事故中。中毒者一般出现眼、鼻、上呼吸道刺激症状。

（3）预防措施

生产场所应通风良好，并注意正确使用呼吸防护器。生产中应注意皮肤防护，穿戴氟橡胶材质防护手套和全身式防化服，若不慎污染皮肤，应用 10%亚硫酸钠溶液冲洗至少 15min，若不慎吸入过多，则进行高压氧舱治疗，并配备必要的中毒急救设备和人员。生产过程中，应采取先进工艺替代，聚合工段采用全封闭连续化生产工艺（泄漏率<0.5%），溶剂回收系统配置低温冷凝装置（−20℃工况），局部排风罩控制风速，反应釜区域控制合理换气次数。生产过程中，若不慎泄漏，则启用负压收集系统，并喷洒 50%乙醇胺溶液进行化学中和。

5.3.4.4 四氟乙烯（$CF_2=CF_2$）

四氟乙烯又名全氟乙烯，是一种有机化合物，化学式为 C_2F_4。聚四氟乙烯是性能良好的电绝缘材料，具有耐酸碱、耐热、耐磨的特点，广泛应用于化工、电子、航天等领域，在医学上用于制作人造血管。

（1）理化性质

常温常压下为无色气体，密度 $1.5kg/m^3$，熔点 −142℃，沸点 −76.3℃，临界压力 3.82MPa，引燃温度 200℃，饱和蒸气压 211kPa（15℃），爆炸上限 60%，爆炸下限 11%，不溶于水，主要用作制造新型的耐热塑料、工程塑料、新型灭火剂和抑雾剂的原料。

（2）危害

在含氟塑料的单体制备及聚合物的加热成型过程中均可接触多种有毒气体，包括六氟丙烯、氟乙烯、四氟乙烯、八氟异丁烯、氟光气、氟化氢等十余种，且以八氟异丁烯毒性最剧烈。在单体制备中产生的“裂解气”可引起呼吸道症状，轻者出现刺激作用，重者出现化学性肺炎和肺水肿，严重者可导致呼吸衰竭而死亡。聚合物加热过程中会产生“热解尘”，可造成聚合物烟雾热，导致全身不适、上呼吸道刺激及发热、畏寒等综合症状，严重者可有肺部损害。

(3) 预防措施

加强设备检修，防止跑、冒、滴、漏；裂解残液应予通风净化；聚合物热加工过程要严格控制温度，不要超过 400℃（聚合物加热至 400℃以上时会产生氟化氢、氟光气等有毒气体，加热至 440℃以上时会产生四氟乙烯、六氟丙烯等有毒气体，加热至 480℃以上时八氟异丁烯的浓度急剧上升）；烧结炉应与操作点隔离并加排风净化装置，操作者不应在作业环境内吸烟。

5.3.5 金属及其化合物

5.3.5.1 铅（Pb）

铅在工业生产中应用广泛，其化合物种类很多，在工业生产中接触铅的人数多，因此铅中毒是主要的职业病之一。

(1) 理化性质

铅为蓝灰色金属，熔点 327℃，沸点 1740℃，加热至 400～500℃时可产生大量铅蒸气。PC-TWA 限值：铅烟 0. 03mg/m^3，铅尘 0. 05mg/m^3。

(2) 危害

铅及其化合物主要从呼吸道进入人体，其次为消化道。工业生产中以慢性中毒为主。初期感觉乏力，肌肉、关节酸痛，继而出现腹隐痛、神经衰弱等症状。严重者出现腹绞痛、贫血、肌无力和末梢神经炎，病情涉及神经系统、消化系统、造血系统及内脏。由于铅是蓄积性毒物，中毒后对人体造成长期影响。

(3) 预防措施

应严格控制车间空气中的铅浓度，使之达到国家卫生标准；生产过程要尽量实现机械化、自动化、密闭化；生产环境及生产设备要采取通风净化措施；注重工艺改革，尽量减少铅物料的使用；生产中要养成良好的卫生习惯，不在车间内吸烟、进食，饭前洗手、班后淋浴，并注意及时更换和清洗工作服。

5.3.5.2 汞（Hg）

汞在工业中应用广泛，如食盐电解、塑料、染料、毛皮加工等工业中均有接触汞的生产过程。

(1) 理化性质

汞为银白色液态金属，熔点－38. 9℃，沸点 356. 9℃，在常温下即可蒸发。汞液洒落在桌面或地面上会分散成许多小汞珠，增加了蒸发面积。汞蒸气可吸附于墙壁、地面及衣物等形成二次毒源。汞溶于稀硝酸及类脂质，不溶于水及有机溶剂。PC-TWA 限值：金属汞（蒸气）为 0. 02mg/m^3，有机汞化合物为 0. 01mg/m^3。

(2) 危害

生产过程中金属汞主要以蒸气状态经呼吸道黏膜吸收进入人体。汞离子与巯基结合抑制酶活性是其主要致毒机制，可引起急性和慢性中毒。急性中毒多由意外事故造成大量汞蒸气散逸引起，发病急，有头晕、乏力、发热、口腔炎症及腹痛、腹泻、食欲不振等症状。慢性中毒较为常见，最早出现神经衰弱综合征，表现为易兴奋、激动、情绪不稳定。震颤为汞中毒的典型症状，严重时发展为粗大意向性震颤并波及全身。少数患者出现口腔炎、肾脏及肝脏损害。

(3) 预防措施

采用无汞生产工艺，如无汞仪表，食盐电解时采用隔膜电极代替汞电极；注意消除流散汞及吸附汞，以降低车间空气中的汞浓度；患有明显口腔炎、慢性肠道炎、肝、肾、神经症状等疾病者均不宜从事汞作业；其他参见铅的预防措施。

5.3.5.3 锰（Mn）

锰及其化合物在工业中应用广泛。在电焊作业、干电池、塑料、油漆、染料、合成橡胶、鞣皮等工业中均有接触锰的生产过程。

(1) 理化性质

锰为浅灰色硬而脆的金属。熔点 1244℃，沸点 1962℃，易溶于稀酸。PC-TWA 限值（换算为二氧化锰）为 0. 15mg/m^3。

(2) 危害

锰及其化合物的毒性各不相同，化合物中锰的原子价态越低毒性越大。生产中主要以锰烟和锰尘的形式经呼吸道进入人体而引起中毒，且以慢性中毒为主。在锰粉、锰化合物及干电池生产过程中发病率较高。发病工龄短者半年，长者 10～20 年。轻度及中度中毒者表现为失眠、头痛、记忆力减退、四肢麻木、轻度震颤、易跌倒、举止缓慢、情感淡漠或冲动。重度中毒者出现四肢僵直、动作缓慢笨拙、语言不清、写字不清、智力下降等症状。

(3) 预防措施

必要时可戴防尘口罩；其他参见铅的预防措施。

5.3.5.4 铍（Be）

(1) 理化性质

银灰色轻金属，熔点 1284℃，沸点 2970℃，铍质轻、坚硬，难溶于水，可溶于硫酸、盐酸和硝酸。PC-TWA 限值为 0. 0005mg/m^3，PC-STEL 限值为 0. 001mg/m^3。

(2) 危害

铍及其化合物为高毒物质，可溶性铍化合物毒性大于难溶性铍化合物，毒性最大者为氟化铍和硫酸铍。主要以粉尘或烟雾的形式经呼吸道进入人体，也可经破损的皮肤进入人体而起局部作用。急性铍中毒很少见，多由短时间内吸入大量可溶性铍化合物引起，3～6h 后出现中毒症状，以急性呼吸道化学炎症为主，严重者出现化学性肺水肿和肺炎。慢性铍中毒主要是吸入难溶性铍化合物所致，接触 5～10 年后可发展为铍肺，表现为呼吸困难、咳嗽、胸痛，后期可发生肺水肿、肺源性心脏病。铍中毒可引起皮炎，可溶性铍可引起铍溃疡和皮肤肉芽肿。铍及其化合物还可引起黏膜刺激，如眼结膜炎、鼻咽炎等，脱离接触后可恢复。铍及其化合物是确定的人类致癌物。

（3）预防措施

参见铅的“预防措施”。

5.3.6 有机化合物

5.3.6.1 $C_6H_5NH_2$

苯胺是十分重要的胺类物质之一，广泛用于印染、染料制造、橡胶、塑料、制药等工业，还可以用作橡胶硫化促进剂等。其衍生物甲基橙可作为酸碱滴定用的指示剂。苯胺也可作为黑色染料使用。

（1）理化性质

苯胺又称阿尼林油，又称氨基苯，纯品为无色油状液体，久置成棕色，有特殊臭味。熔点−6.2℃，沸点184.3℃，闪点79℃，加热至370℃分解，爆炸下限1.58%。微溶于水，能与苯、乙醇、乙醚等混溶。PC-TWA限值为3mg/m^3。

（2）危害

工业生产中苯胺以皮肤吸收而引起中毒为主，液体和蒸气均能经皮肤吸收，此外还可经呼吸道和消化道进入人体。苯胺中毒主要对中枢神经系统和血液造成损害（苯胺进入人体内，可促使高铁血红蛋白的形成，使血红蛋白失去携氧能力，造成缺氧症状），可引起急性和慢性中毒。急性中毒较轻者感觉头痛、头晕、无力、口唇青紫，严重者进而出现呕吐、精神恍惚、步态不稳以至意识消失或昏迷等现象。慢性中毒者最早出现头痛、头晕、耳鸣、记忆力下降等症状。皮肤经常接触苯胺时可引起湿疹、皮炎。

（3）预防措施

生产场所应采取通风净化措施，操作中要注意皮肤防护。

5.3.6.2 三硝基甲苯[$CH_3C_6H_2(NO_2)_3$]

三硝基甲苯作为炸药而广泛用于国防、采矿、隧道工程，在生产及包装过程中均可产生大量粉尘和蒸气。

（1）理化性质

三硝基甲苯有六种异构体，通常指2,4,6-三硝基甲苯，简称TNT，常温下为淡黄色针状晶体；熔点82℃，沸点240℃，易溶于氯仿、四氯化碳、醚等溶剂；突然受热易爆炸，在160℃下生成气态分解产物，接触日光后对摩擦、冲击敏感而更具危险性；PC-TWA限值为0.2mg/m^3。

（2）危害

在生产过程中三硝基甲苯主要经皮肤和呼吸道进入人体，且以皮肤吸收更为频发。高温环境下皮肤暴露较多并有汗液时，可加速吸收过程。三硝基甲苯的致毒作用主要是对眼晶状体、肝脏、血液和神经系统的损害。晶状体损害以中毒性白内障为主要现象，这是接触该毒物的人最常见、最早出现的症状。对肝脏的损害是使其排泄功能、解毒功能变差。生产中以慢性中毒为常见，中毒者表现为眼部晶状体浑浊，并发展为白内障，肝脏可出现压痛、肿大、功能异常等。

(3) 预防措施

生产场所应采取通风净化措施，操作中要注意皮肤防护，应注意使用好防护用品，操作后洗手，班后淋浴。

5.3.6.3 有机磷农药

我国生产的有机磷农药多为杀虫剂，除少数品种如敌百虫为白色晶体外，工业品多为呈淡黄色至棕色的油状液体，具有大蒜臭味，不易溶于水，可溶于有机溶剂及动植物油。

有机磷农药能通过消化道、呼吸道及完整的皮肤和黏膜进入人体，生产性中毒主要由皮肤污染和呼吸道吸入而引起。品种不同，产品质量、纯度不同，毒性的差异很大。在农业生产中，当采用两种以上药剂混合使用时，应考虑毒物的联合作用。有机磷农药引起的急性中毒，早期表现为食欲减退、恶心、呕吐、腹痛、腹泻、视力模糊、瞳孔缩小等症状，重度中毒可出现肺水肿、昏迷以致死亡。长期接触少量有机磷农药可引起慢性中毒，表现为神经衰弱综合征以及急性中毒较轻时出现的部分症状，部分患者可有视觉功能损害。皮肤接触有机磷农药可导致过敏性或接触性皮炎。

5.3.6.4 有机氯农药

有机氯农药包括杀虫剂、杀螨剂和杀菌剂，后两类对人毒性小，一般不会造成中毒。

多数氯化烃类杀虫剂为白色或淡黄色结晶或蜡状固体，一般挥发性不大，不溶于水而溶于有机溶剂、植物油或动物脂肪。一般化学性质稳定，但遇碱后易分解失效。

氯化烃类杀虫剂能通过消化道、呼吸道和完整皮肤吸收，虽品种不同但毒作用及中毒症状相似。有机氯农药可造成急性与慢性中毒。急性中毒主要危害神经系统，可引起头昏、头痛、恶心、肌肉抽动、震颤，严重者可使意识丧失、呼吸衰竭。慢性中毒可引起黏膜刺激、头昏、头痛、全身肌肉无力、四肢疼痛，晚期造成肝、肾损坏。

5.3.7 化学致癌物

化学致癌物是指能引起动物和人类肿瘤、增加其发病率或死亡率的化合物。已知有一千多种，包括天然的和人工合成的。

① 多环性碳氢化合物，如煤焦油、沥青、粗石蜡、杂酚油、蒽油、3,4-苯并芘等；

② 染料，如偶氮染料、乙苯胺、联苯胺等，均有较强的致癌作用；

③ 亚硝胺；

④ 霉菌毒素；

⑤ 其他无机物，如砷、铬、镍。

量变到质变：化学致癌物质长期反复作用之后，达到了一定的量，才能够发生质的变化而诱发癌症。

5.4 化学物质毒性的影响因素

工业毒物的毒性大小或作用特点常因其本身的理化特性、毒物间的联合作用、环境条件及个体的差异等许多因素而异。

毒物对人体的危害不仅取决于毒物的毒性，还取决于毒物的危害程度。毒物的危害程度是指毒物在生产和使用条件下产生损害的可能性，取决于接触方式、接触时间、接触量和防护设备的良好程度等。为了区分工人在进行接触毒物的作业时，有毒物质对工人危害的大小，国家最新颁布了《职业病危害作业分级标准　第 2 部分：化学物》（GBZ/T 229. 2—2025）标准，标准依据毒物危害程度、有毒作业劳动时间和毒物浓度超标倍数等多维指标将化学物质作业危害分为四级，分别是 0 级（相对无害作业）、Ⅰ级（轻度危害作业）、Ⅱ级（中度危害作业）、Ⅲ级（重度危害作业）。

5.4.1 化学结构对毒性的影响

各种毒物的毒性之所以存在差异，主要是基于其分子化学结构的不同。如在碳氢化合物中，存在以下规律：

① 在脂肪族烃类化合物中，其麻醉作用随分子中碳原子数的增加而增加；

② 在碳烷烃化合物中，一般而言，直链比支链的毒性大；

③ 一般分子结构对称的化合物，其毒性大于不对称的化合物；

④ 化合物分子结构中的不饱和键数量越多，其毒性越大；

⑤ 毒物分子中某些元素或原子团对其毒性大小有显著影响，如在脂肪族碳氢化合物中带入卤族元素、芳香族碳氢化合物中带入氨基或硝基、苯胺衍生物中以氧、硫或羟基置换氢时，毒性显著增大。

5.4.2 物理性质对毒性的影响

物质的物理化学性质是多方面的，其中影响人体的毒性作用主要有三个方面。

（1）可溶性

毒物（如在体液中）的可溶性越大，其毒性作用越大。如三氧化二砷在水中的溶解度比三硫化二砷大 3 万倍，故前者毒性大，后者毒性小。应注意，毒物在不同液体中的溶解度不同，不溶于水的物质，有可能溶解于脂肪和类脂肪中。如硫化铅虽不溶于水，但在胃液中的溶解度为 2. 5%；又如氯气易溶于上呼吸道的黏液中，因而氯气对上呼吸道可产生损害；黄丹微溶于水，但易溶于血清中等。

（2）挥发性

毒物的挥发性越大，其在空气中的浓度越大，进入人体的量越大，对人体的危害也就越大，毒害作用越大。如苯、乙醚、三氯甲烷、四氯化碳等都是挥发性大的物质，它们对人体的危害也严重。而乙二醇的毒性虽高但挥发性小，只为乙醚的 1/2625，故严重中毒的事故很少发生。有些物质的毒性本不大，但因为挥发性大，也会具有较大的危害性。

（3）分散度

毒物的颗粒越小，即分散度越大，则其化学活性越强，更易于随人的呼吸进入人体，因而毒害作用越大。如锌等金属物质本身并无毒，但加热形成烟状氧化物时，可与体内蛋白质作用，产生异性蛋白而引起发烧，称为“铸造热”。

在生产环境中，现场人员接触到的毒物往往不是单一的，而是多种毒物共存。所以我们必须了解多种毒物对人体的联合作用。毒物联合作用的综合毒性有以下三种情况：

① 相加作用。当两种以上的毒物同时存在于作业场所环境中时，它们的综合毒性为各个毒物毒性作用的总和。如碳氢化合物在麻醉方面的联合作用即属此种情况。

② 相乘作用。即多种毒物联合作用的毒性大大超过各个毒物毒性的总和，又称增毒作用。例如二氧化硫被单独吸入时，多数引起上呼吸道炎症，如果将二氧化硫混入含锌烟雾气溶胶中，就会使其毒性加大一倍以上。一氧化碳和二氧化硫、一氧化碳和氮氧化物共存时也都属于相乘作用。

③ 拮抗作用。即多种毒物联合作用的毒性低于各种毒物毒性的总和。如氨和氯的联合作用即属此类。

此外，生产性毒物与生活性毒物的联合作用也很常见。如嗜酒的人易引起中毒，因为酒精可增加铅、汞、砷、四氯化碳、甲苯、二甲苯、氨基和硝基苯、硝化甘油、氮氧化物以及硝基氯苯等毒物的吸收能力，故接触这类物质的人不宜饮酒。

5.4.3 环境条件对毒性的影响

不同的生产方法影响毒物产生的数量和存在状态，不同的操作方法影响人与毒物的接触机会，生产环境如温度、湿度、气压等的不同也能影响毒物作用。如高温条件可促进毒物的挥发，使空气中毒物的浓度增加；环境中较高的湿度也会增加某些毒物的毒性，如氯化氢、氟化氢等即属此例；高气压可使溶解于体液中的毒物量增多。

劳动强度对毒物的吸收、分布、排泄均有明显的影响。劳动强度大，则呼吸量也大，能促进皮肤充血，排汗量增多，吸收毒物的速度加快；耗氧量增加，使工人对某些毒物所致的缺氧更加敏感。

5.4.4 个体因素对毒性的影响

在同样条件下接触同样的毒物，往往有些人长期不中毒，而有些人却发生中毒，这是不同个体身体机能不同对毒物的耐受性不同所致。

未成年人由于各器官尚处于发育阶段，抵抗力弱，故不应参加有毒作业；妇女在经期、孕期、哺乳期生理功能发生变化，对某些毒物的敏感性增强。如在经期对苯、苯胺的敏感性就会增强，而在孕期、哺乳期参加接触汞、铅的作业，会对胎儿及婴儿的健康产生不利影响，因此应暂时避免做此类工作。

患有代谢功能障碍、肝脏及肾脏疾病的人解毒功能大大降低，因此较易中毒。如贫血患者接触铅，肝脏疾病患者接触四氯化碳、氯乙烯，肾病患者接触砷，有呼吸系统病变的人接触刺激性气体都相对更容易中毒。

总之，接触毒物后能否中毒受多种因素影响，了解这些因素间相互制约、相互联系的规律，有助于控制不利因素，防止中毒事故的发生。

5.5 毒性物质侵入人体途径与毒理作用

5.5.1 毒性物质侵入人体途径

工业毒物进入人体的途径有三种，即呼吸道、皮肤和消化道，其中最主要的是呼吸道，其次是皮肤，经过消化道进入人体仅在特殊情况下才会发生。

(1) 经呼吸道进入

毒物经呼吸道进入人体是最主要、最危险、最常见的途径。凡是呈气态、蒸气态或气溶胶状态的毒物均可随时伴随呼吸过程进入人体；而且人的呼吸系统从气管到肺泡都具有相当大的吸收能力，尤其肺泡的吸收能力最强，肺泡壁极薄且总面积有55～120m^2，其上有丰富的微血管，由肺泡吸收的毒物会随血液循环迅速分布全身。在全部职业中毒者中，大约有95%是经呼吸道吸入引起的。

生产性毒物进入人体后，被吸收量的大小取决于毒物的水溶性和血/气分配系数，血/气分配系数是指毒物在血液中的最大浓度与肺泡内气体浓度的比值。毒物的水溶性越大，血/气分配系数越大，被吸收在血液中的毒物也越多，导致中毒的可能性越大。例如，甲醇的血/气分配系数为1700，乙醇为1300，二硫化碳为5，乙醚为15，苯为6.58。

(2) 经皮肤进入

毒物经皮肤进入人体的途径主要有表皮屏障和毛囊，只有少数是通过汗腺导管进入。皮肤本身是人体具有保护作用的屏障，如水溶性物质不能通过无损的皮肤进入人体内，但是当水溶性物质与脂溶性或类脂溶性物质共存时，就有可能通过屏障进入人体。

毒物经皮肤进入人体的数量和速度，除了与毒物的脂溶性、水溶性、浓度和皮肤的接触面积有关外，还与环境中气体的温度、湿度等条件有关，能经过皮肤进入人体的毒物有以下三类：

① 能溶于脂肪或类脂质的物质。主要是芳香族的硝基、氨基化合物，金属有机铅化合物以及有机磷化合物等，其次是苯、二甲苯、氯化烃类等物质。

② 能与皮肤的脂酸根结合的物质。如汞及汞盐、砷的氧化物及其盐类等。

③ 具有腐蚀性的物质。如强酸、强碱、酚类及黄磷等。

(3) 经消化道进入

毒物从消化道进入人体，主要是不遵守卫生制度、误服毒物、发生事故时毒物喷入口腔等所致。这种中毒情况一般比较少见。

5

5.5.2 毒性物质毒理作用

5.5.2.1 毒物在人体内的分布

毒物经不同途径进入血液循环，随血液流动分布至全身器官。在最初阶段，血流量丰富的器官毒物量最高。以后，按不同毒物对各器官的亲和力及对细胞膜的通透能力毒物又重新分布，使某些毒物在某些器官或组织的量相对很高。毒物在血液中常以不同的状态存在：

① 以物理溶解状态存在于血浆中，其中部分可能以离子状态存在；

② 脂溶性毒物可溶于乳糜粒中或与脂肪酸结合；

③ 毒物与血浆蛋白或血浆内的有机酸结合成复合物；

④ 毒物吸附于红细胞表面或与红细胞某些成分结合；

⑤ 在红细胞内与血红蛋白结合。

有机毒物多属于非电解质，在体内多呈均匀分布，而无机毒物和各种电解质则多分布不均匀。例如，铅在体内的分布主要集中于骨骼，碘对于甲状腺组织具有特殊的亲和力，而一氧化碳则极易与血红蛋白结合。与一氧化碳结合的血红蛋白就是一氧化碳毒作用的部位，而铅集中的骨骼则不是铅毒作用的部位。

若毒物对其贮存的部位无明显危害，则该贮存部位被称为贮存库。毒物贮存库对于急性中毒具有保护作用，因为它可避免毒物在毒作用部位浓度升高。贮存库内毒物浓度与血浆内毒物浓度保持相对平衡，当血浆内毒物经生物转化排出时，浓度逐渐降低，此时贮存库内的毒物可释放出来。贮存库能不断地释放毒物，又成为体内提供毒物的来源，这是引起慢性中毒的重要条件。人体贮存库主要有血浆蛋白、骨骼、脂肪及肝肾。

血浆蛋白：血浆占人体重的4%，占血量重的53%。血浆中的某些蛋白，特别是白蛋白，能与许多物质结合。结合后所形成的复合物是可逆的，结合部分与游离部分保持动态平衡。如果结合于血浆蛋白上的毒物在短期内大量被置换出来，将引起严重的毒害作用。

骨骼：对外来离子的吸收和释放，主要发生于骨骼的表面，即在羟基磷灰石结晶的表面。此表面与体液内离子进行交换，并且逐步由晶体表面转移到晶格的深部，固定在骨组织内。已知在元素周期表内有半数元素可进入骨组织。存在于骨内的离子一般对骨无害，但有例外，如氟沉积可引起氟骨症。

脂肪：许多毒物及其脂溶性代谢物均可贮存于生物体的脂肪组织。贮存的毒物对脂肪本身无影响，但在一定条件下可重新释放，引起慢性中毒。

肝肾：肝肾是体内主要的代谢和排泄器官，许多毒物在肝肾内均有较高的浓度。这可能和肝肾内的主动运输及细胞内的结合能力有关。例如，锌、镉、汞、铅等都能在肝或肾细胞内与含巯基氨基酸的蛋白结合，所形成的复合物称为金属硫蛋白。它可与多种金属结合，结合后使金属毒性减小。因此当金属硫蛋白有足够贮备量时，对肾有保护作用。

在接触毒物时，吸收量超过排泄量而出现毒物在体内增多的现象称蓄积，是引起慢性中毒的物质基础。某些毒物因解毒或排泄较快，故在每次停止接触后不久，在体内就找不到该毒物或其代谢物。但由于多次接触，造成机体功能损害，并缓慢加重，出现慢性中毒。所以，蓄积可分为物质蓄积和功能蓄积。

5.5.2.2 毒物的生物转化

进入体内的毒物，有的可直接损害细胞的正常生理和生化功能，而多数毒物在体内需经过转化才能发挥其毒性作用。所以，一种毒物引起的中毒，可因其本身的毒性，也可因其在体内转化成有毒的代谢产物。毒物的生物转化又称代谢转化，是指毒物在体内转化形成某些代谢产物；这些产物一般具有较高的极性和水溶性，容易排出体外。

生物转化过程一般分为两步进行：第一步包括氧化、还原和水解，三者可以任意组合；第二步为结合。经过第一步作用后，许多毒物水溶性增强，再经过第二步反应，与某些极性强的物质（如葡萄糖醛酸、硫酸等）结合，增强其水溶性和极性，以利于排出体外。

一般而言，生物转化是一个解毒过程，但也有些化合物，经转化后的代谢产物比原来物质毒性更大，称为代谢活化。例如，对硫磷经氧化脱硫后，产生的对氧磷抑制胆碱酯酶的能力比对硫磷大300倍；四乙基铅经脱烷基形成三乙基铅才发生毒性作用；硝基苯的还原产物和苯胺的氧化产物都包括苯基羟胺，它们的毒性比硝基苯和苯胺大得多，是最强的高铁血红蛋白形成剂。

5.5.2.3 毒物的排出

人体内毒物有的是以其原型排出体外，有的则是经过生物转化形成一种或几种代谢产物排出体外。主要排出途径是肾、肝胆、肺，其次是汗腺、唾液腺、乳汁等。

（1）经肾排出

肾是人体内毒物排出的最主要途径。排毒机理有三个过程：肾小球过滤、肾小管扩张及肾小管分泌。其中肾小球过滤对毒物的排出最有意义。

肾小球是多孔性的，依靠由血压所形成的静压力将毒物滤出。一般分子量过大的物质或与蛋白分子结合的毒物不能滤出。因此，毒物从肾小球滤出主要取决于分子量的大小，其次是肾小球内的静压力。肾小球滤液内毒物的浓度大致等于血浆中游离毒物的浓度。

毒物从肾小球滤出后可能随尿液排出，也可能经肾小管细胞被动吸收。这种重吸收是一种简单的扩散，脂/水分配系数较大的物质易于重吸收，而极性物质及离子难于重吸收而随尿液排出。

尿液中毒物浓度与血液中的浓度密切相关。测定尿液中毒物或其代谢物的浓度，可间接衡量毒物的吸收或体内负荷。停止接触毒物后，血液中毒物浓度即可降低，尿液测定结果亦随之下降，而实际上在贮存库中仍可能含有大量毒物，这种情况下尿液中毒物浓度不能代表体内负荷水平。

（2）经肝胆排出

体内毒物及其代谢产物主要以主动运输方式经肝脏排入胆囊。随胆汁排出的物质是一些高极性的化合物，与血浆蛋白结合或与葡萄糖醛酸、硫酸等结合的毒物，即使分子量大于 300 也能排出，铅、锰、镉、砷等均主要从肝脏排至胆汁而随粪便排泄。铅可逆浓度梯度运输，当胆汁/血浆的铅浓度比达 150/50 时，仍可排出。在大多数情况下，结合反应促进排泄，结合物从尿液中排出。

有些毒物随胆汁进入小肠后，部分随粪便排出体外，部分又可重新经小肠黏膜吸收，经门静脉系统又返回肝脏，这种现象称为肠肝循环。

粪便中的毒物既可来自肝脏排入胆汁的毒物，也可来自经口吞入或从呼吸道排出再咽下的毒物。例如，体内的铅主要经肝胆排出，但粪铅也来自咽下的痰液和铅污染的食物；粪锰除来自胆汁外，也可来自含锰食物。因此，粪铅和粪锰均不能代表职业接触水平和体内的负荷情况。

（3）经肺排出

经呼吸道吸收的有毒气体以及溶解于血液中的挥发性毒物均可经肺排出。排出的方式是简单的扩散。排出的速度取决于血浆和肺泡气内毒物的浓度梯度。血/气分配系数小的毒物排出较快；降低肺泡气中毒物的浓度可加快毒物的排出。因此，当发生有毒气体或挥发性毒物急性中毒时，应立即将病人移至新鲜空气处，不仅能停止继续吸收毒物，而且有利于排毒。

（4）其他排出途径

毒物可经乳汁排出。如果母亲摄入有毒物质，这些物质会通过血液循环进入乳汁，婴儿食用后也可能发生中毒，这种排出途径对后代有重要影响。因此，哺乳期母亲需要特别注意避免摄入可能含有毒物的食物或药物。

毒物也可经唾液腺及汗腺排出，但其量甚微。头发和指甲不是身体的排泄器官，但有些毒物如砷、汞、铅、锰等可富集于此，且与接触量有一定关系。因此可以利用毛发中毒物浓度作为吸收或接触的指标。

总之，毒物通过不同途径排出是一种解毒方式，然而在毒物排出时，有时可对排出部位产生毒害作用。例如，肾排出镉和汞可引起肾小管的损害，砷从汗腺排出可引起皮炎，汞通过唾液腺排出可引起口腔炎等。

5.6 物质毒性资料的应用

物质毒性资料是毒理学研究的核心成果。物质毒性资料对于把动物的实验结果转换为对人的毒性的估计，推算人体安全暴露阈值，为制定职业接触限值提供依据，以及对于职业毒害的防治都有重要的指导意义。

5.6.1 毒性物质化学结构与分子量

毒性物质的化学结构常可以提示毒物作用的特点和毒性的大小。官能团通常决定毒性机制，比如氰基（—CN）通过抑制细胞色素氧化酶引发窒息，苯环结构可嵌入DNA诱发突变（如苯并芘）。同系物不同物质的毒性通常不同且有一定规律，以卤代烃为例，因脱卤代谢产物活性递增，故甲烷氯化物毒性顺序为 $CCl_4>CHCl_3>CH_2Cl_2$。

毒性物质分子量与分子组成有关，与同类化合物理化性质有关。分子量大小可影响毒物跨膜运输能力，小分子（如CO，$M_W=28$）易穿透肺泡-血液屏障，大分子（如多氯联苯，$M_W>300$）多通过载体蛋白转运。

5.6.2 毒性物质的物性

毒性物质的物性决定其存在形态、进入人体的途径，在一定程度上决定了其毒性作用。因此也是制定预防措施的重要依据。

物理熔点和沸点低，容易挥发，根据气温估计毒蒸气浓度判断危险程度。

相对密度小的蒸气或气体容易向上和周围扩散，相对密度大的容易滞留于下方。

溶于脂肪又溶于水的毒物极易被皮肤吸收，接触时须采取严密的保护措施。

5.6.3 动物实验和毒性等级

5.6.3.1 动物实验

动物实验可以按染毒时间分为急性实验、亚急性实验和慢性实验。急性实验提供致死剂量或浓度，亚急性实验发现毒物作用特点，慢性实验确定毒物安全限度。

5.6.3.2 毒性物质毒性分级

毒性分级指示急性中毒防范措施严重程度，常用半数致死量（LD_{50} 或 LC_{50}）来衡量各种毒物的急性毒性大小。依据全球化学品统一分类与标签制度（GHS）关于化学品急性毒性分级标准可将化学物质急性毒性按照表 5-9 分级。

表 5-9 化学物质急性毒性分级

毒性分级	大鼠经口/(mg/kg)	大鼠（或兔）经皮/(mg/kg)	大鼠吸入[①]		
			气体/ppm	蒸气(4h)/(mg/L)	粉尘和雾(4h)/(mg/L)
第 1 级	$LD_{50} \leqslant 5$	$LD_{50} \leqslant 50$	$LD_{50} \leqslant 100$		
第 2 级	$5 < LD_{50} \leqslant 50$	$50 < LD_{50} \leqslant 200$	$100 < LD_{50} \leqslant 500$		
第 3 级	$50 < LD_{50} \leqslant 300$	$200 < LD_{50} \leqslant 1000$	$500 < LD_{50} \leqslant 2500$	$LD_{50} \leqslant 10$	
第 4 级	$300 < LD_{50} \leqslant 2000$	$1000 < LD_{50} \leqslant 2000$	$2500 < LD_{50} \leqslant 5000$	$10 < LD_{50} \leqslant 20$	$LD_{50} \leqslant 5$
第 5 级	5000				

① 1h 数值气体和蒸气除 2，粉尘和雾除 4；某些受试化学品在实验染毒时呈气液相混合状态（有气溶胶），而有些则接近气相，如为后者按气体分级界限分级（ppm）。

5.7 职业中毒及其诊断过程

5.7.1 职业中毒定义

职业中毒的类型一般有四类：急性职业中毒、亚急性职业中毒、慢性职业中毒和亚临床型职业中毒。

急性职业中毒是劳动者在一个工作日或更短时间内接触高浓度毒物引发的急性病变，具有发病急骤、病情进展快、症状严重的特点。急性中毒可能在当班或下班数小时内或最多 1～2 天内发生，多数是因为生产事故或工人违反安全操作规程所引起的。如一氧化碳、氯气、硫化氢中毒。

亚急性职业中毒是介于急性和慢性中毒之间的职业中毒。通常由数周至 6 个月的中等剂量毒物反复暴露引起，病程较急性中毒时间长，发病症状较急性中毒相对缓和。如二硫化碳、汞中毒（短期较高浓度接触）等。

慢性职业中毒是指长期（数月到数年）不断接触某种较低浓度工业毒物引起的中毒。其绝大部分是由蓄积性毒物所引起，往往在从事该毒物作业数月、数年或更长时间才出现症状，潜伏期长，症状隐匿，易被忽视。如慢性铅、汞、锰等中毒。

亚临床型职业中毒是指工业毒物在人体蓄积一定量，已达损害阈值，对机体产生损害，但临床表现尚无明显症状和阳性体征。属于职业中毒发病的前期，也是早期监测和干预的关键窗口期，可通过生化指标（如血铅、尿汞）检测发现。

以毒物的急性毒性、扩散性、蓄积性、致癌性、生殖毒性、致敏性、刺激与腐蚀性、实际危害后果等指标为依据，职业性接触毒物的危害程度分为四级，即极度危害（Ⅰ级）、高度危害（Ⅱ级）、中度危害（Ⅲ级）和轻度危害（Ⅳ级）（表 5-10）。

表 5-10　毒物的危害性等级

危害等级	标准特征	典型毒物示例
极度危害（Ⅰ级）	强致癌性、极高急性毒性或不可逆损伤风险	苯（白血病）、石棉（间皮瘤）
高度危害（Ⅱ级）	明确蓄积性，可致严重器官损伤或生殖毒性	铅、汞、氯乙烯
中度危害（Ⅲ级）	中等毒性，长期接触可能引发慢性疾病	慢性铅、汞、锰
轻度危害（Ⅳ级）	毒性较低，危害后果多为可逆性损伤	丙酮、乙醇

5.7.2　职业中毒特点

① 具有明确的毒物职业接触史。包括接触毒物的工作、工龄、毒物种类等。

② 具有群发性。即同车间同工种接触某种毒物会有多人中毒。

③ 具有特异性。即毒物有选择地作用于某系统或器官，出现典型系统症状。

5.7.3　职业中毒诊断依据

职业中毒诊断要有职业史、劳动卫生调查、体格检查等三方面的详细资料作为依据。

（1）职业史

职业史是职业中毒诊断的主要依据。包括现在工种和既往工种，各工种起止年月和专业工龄，接触毒物的种类（具体接触的化学物质，如铅烟、苯蒸气、有机溶剂等）、方式（吸入、皮肤接触、误食等暴露途径）和接触剂量（接触浓度、频率）等。

（2）劳动卫生调查

劳动卫生调查包括工艺过程、生产方式、劳动环境、防毒措施、劳动组织等多方面的内容。具体来说涉及以下几个方面。

① 工艺与设备：生产流程（如电镀工序的酸洗、镀层步骤）、设备密闭性、自动化程度等。

② 环境监测：工作场所空气中毒物浓度、通风系统效率、应急设施配备情况（如洗眼器、防毒面具）等。

③ 管理措施：防毒培训记录、操作规程执行情况、职业健康监护档案等。

④ 防护评估：判断个人防护用品的适用性与使用规范性（如滤毒罐是否按期更换）等。

⑤ 溯源分析：通过现场采样（如空气、生物样本）验证毒物暴露源等。

(3) 体格检查

体格检查包括症状、体征和实验室检查。症状是患者本人自述的不适感；体征是指医生望、闻、触、叩所得的异常体征；实验室检查指理化检验或病理检验等客观检查结果。

5.7.4 职业中毒诊断过程

(1) 急性职业中毒

多数在发生事故时造成，诊断并不困难，但应现场调查了解毒物种类和浓度，中毒有潜伏期，要休息观察。有确切的毒物接触史，有中毒所造成的相关临床表现，并对可疑病原和毒物进行检测。

(2) 慢性职业中毒

起病缓慢，病程较长，有些毒物无特异诊断指标，要谨慎鉴别，谨防误诊。通常需要进行尿液分析、血液生化检查、毒物筛查、毒物定量检测以及影像学检查等。

5.8 职业中毒的临床表现

职业中毒可对人体多个系统或器官造成损害，主要包括神经系统、血液和造血系统、呼吸系统、消化系统、肾脏及皮肤等。

(1) 呼吸系统

① 窒息：如一氧化碳、氰化氢、硫化氢等物质导致的中毒。轻者可出现咳嗽、胸闷、气急等症状，重者可出现喉头痉挛、声门水肿等症状，甚至可出现窒息死亡。有的能导致呼吸机能瘫痪和窒息，如有机磷中毒。

② 中毒性肺水肿：吸入刺激性气体后，改变了肺泡壁毛细血管的通透性而发生肺水肿。如氮氧化物、光气等物质导致的中毒。

③ 中毒性支气管炎、肺炎：某些气体如汽油等可作用于气管、肺泡引起炎症。

④ 支气管哮喘：多为过敏性反应，如苯二胺、乙二胺等导致的中毒。

⑤ 肺纤维化：某些微粒滞留在肺部可导致肺纤维化，如铍中毒。

(2) 神经系统

① 神经衰弱综合征：绝大多数慢性中毒的早期症状是神经衰弱综合征及植物性神经紊乱。患者出现全身无力、易疲劳、记忆力减退、睡眠障碍、情绪激动、思想不集中等症状。

② 神经症状：如二硫化碳、汞、四乙基铅中毒，可出现狂躁、忧郁、消沉、健谈

或寡言等症状。

③ 多发性神经炎：主要损害周围神经，早期症状为手脚发麻、疼痛，以后发展到动作不灵活。如二硫化碳、砷或铅中毒，目前已少见。

(3) 血液和造血系统

① 血细胞减少：早期可引起血液中白细胞、红细胞及血小板数量的减少，严重时导致全血细胞减少，形成再生障碍性贫血。经常出现头昏、无力、牙龈出血、鼻出血等症状。如慢性苯中毒、放射病等。

② 血红蛋白变性：如苯胺、一氧化碳中毒等可使血红蛋白变性，造成血液运氧功能障碍，出现胸闷、气急、发绀等症状。

③ 溶血性贫血：主要见于急性砷化氢中毒。

(4) 消化系统

经消化系统进入人体的毒物可直接刺激、腐蚀胃黏膜产生绞痛、恶心、呕吐、食欲不振等症状。非经消化系统中毒者有时也会出现一些消化道症状，如四氯化碳、硝基苯、砷、磷等物质导致的中毒。

(5) 肾脏

由于多种物质是经肾脏排出，对肾脏往往产生不同程度的损害，出现蛋白尿、血尿、浮肿等症状，如砷化氢、四氯化碳等引起的中毒性肾病。

(6) 皮肤

皮肤接触毒物后，由于刺激和变态反应（变态反应性皮肤病）可发生瘙痒、刺痛、潮红、斑丘疹等各种皮炎和湿疹，如沥青、石油、铬酸雾、合成树脂等对皮肤的作用。

5.9 急性职业中毒的现场抢救

在化工生产和检修现场，有时由于设备突发性损坏或泄漏致使大量毒物外溢（逸）造成作业人员急性中毒。急性中毒往往病情严重，且发展变化快。因此必须全力以赴，争分夺秒地及时抢救。及时、正确地抢救化工生产或检修现场中的急性中毒事故，对于挽救重危中毒者、减轻中毒程度防止合并症的产生具有十分重要的意义。另外，争取了时间，为进一步治疗创造了有利条件。

5.9.1 急性中毒的现场急救原则

急性中毒的现场急救应遵循下列原则。

(1) 救护者应先做好个人防护

急性中毒发生时毒物多由呼吸系统和皮肤进入人体。因此，救护者在进入危险区抢救之前，首先要做好呼吸系统和皮肤的个人防护，佩戴好供氧式防毒面具或氧气呼吸器，穿好防护服。进入设备内抢救时要系上安全带，然后再进行抢救。否则，不但中毒者不能获救，救护者也会中毒，致使中毒事故扩大。

（2）切断毒物来源

救护人员进入现场后，除对中毒者进行抢救外，同时应侦查毒物来源，并采取果断措施切断其来源，如关闭泄漏管道的阀门、堵加盲板、停止加送物料、堵塞泄漏设备等，以防止毒物继续外溢（逸）。对于已经扩散出来的有毒气体或蒸气应立即启动通风排毒设施或开启门、窗，以降低有毒物质在空气中的含量，为抢救工作创造有利条件。

（3）采取有效措施防止毒物继续侵入人体

救护人员进入现场后，应迅速将中毒者转移至有新鲜空气处，并解开中毒者的颈、胸部纽扣及腰带，以保持呼吸通畅。同时对中毒者要注意保暖和保持安静，严密注意中毒者神志、呼吸状态和循环系统的功能。在抢救搬运过程中，要注意人身安全，不能强硬拖拉以防造成外伤，致使病情加重。

清除毒物，防止其沾染皮肤和黏膜。当皮肤受到腐蚀性毒物烧伤时，不论其吸收与否，均应立即采取下列措施进行清洗，防止伤害加重。

① 迅速脱去被污染的衣服、鞋袜、手套等。

② 立即彻底清洗被污染的皮肤，清除皮肤表面的化学刺激性毒物，冲洗时间要达到 15～30min。

③ 如毒物系水溶性，现场无中和剂，可用大量水冲洗。用中和剂冲洗时，酸性物质用弱碱性溶液冲洗，碱性物质用弱酸性溶液冲洗。

非水溶性刺激物的冲洗剂须用无毒或低毒物质。对于遇水能反应的物质，应先用干布或者其他能吸收液体的物品抹去污染物，再用水冲洗。

④ 对于黏稠的物质，如有机磷农药，可用大量肥皂水冲洗（敌百虫不能用碱性溶液冲洗），要注意皮肤皱褶、毛发和指甲内的污染物。

⑤ 较大面积的冲洗要注意防止着凉、感冒，必要时可将冲洗液保持适当温度，但以不影响冲洗剂的作用和及时冲洗为原则。

⑥ 毒物进入眼睛时，应尽快用大量流水缓慢冲洗眼睛 15min 以上，冲洗时把眼睑撑开，让伤员的眼睛向各个方向缓慢转动。

（4）促进生命器官功能恢复

中毒者若停止呼吸，应立即进行人工呼吸。人工呼吸的方法有压背式、振臂式、口对口（鼻）式三种。最好采用口对口式人工呼吸法。其方法是，抢救者用手捏住中毒者鼻孔，以每分钟 12～16 次的频次向中毒者口中吹气，或使用苏生器。同时针刺人中、涌泉、太冲等穴位，必要时注射呼吸中枢兴奋剂（如“可拉明”或“洛贝林”）。

心跳停止应立即进行人工胸外挤压复苏。将中毒患者放平仰卧在硬地或木板床上。抢救者在患者一侧或骑在患者身上，面向患者头部，用双手以冲击式挤压胸骨下部部位，每分钟 60～70 次。挤压时注意不要用力过猛，以免造成肋骨骨折、血气胸等。与此同时，还应尽快请医生进行急救处理。

（5）及时解毒和促进毒物排出

发生急性中毒后应及时采取各种解毒及排毒措施，降低或消除毒物对机体的作用。如采用各种金属配位剂与毒物的金属离子配合成稳定的有机配合物，随尿液排出体外。

毒物经口引起的急性中毒，若毒物无腐蚀性，应立即用催吐或洗胃等方法清除毒物。对于某些毒物亦可使其变为不溶的物质以防止其吸收，如氯化钡、碳酸钡中毒，可口服硫酸钠，使胃肠道尚未吸收的钡盐成为硫酸钡沉淀而防止吸收。氨、铬酸盐、铜盐、汞盐、羧酸类、醛类、酯类中毒时，可给中毒者喝牛奶、生鸡蛋等缓解剂。烷烃、苯、石油醚中毒时，可给中毒者喝一汤匙液体石蜡和一杯含硫酸镁或硫酸钠的水。一氧化碳中毒应立即吸入氧气，以缓解机体缺氧并促进毒物排出。

5.9.2 现场急救设施

涉及剧毒物质的工厂车间场所应设置救护室或救护站。

医务人员应熟悉毒物作业环境，分析事故原因，掌握职业中毒特点和急救措施。

（1）急救设备和器械

救护车、担架、救生床、防毒面具、防护手套、防护鞋服、呼吸器、氧气瓶（袋）、清洗设备、听诊器、血压计、外科器具等。

（2）抢救药剂和药品

硼酸水、碳酸氢钠溶液、高锰酸钾溶液，兴奋剂、强心剂、镇静剂，氧气，注射液，等等。

5.9.3 急性中毒的现场处理

（1）救护者防护准备

救护者要做好呼吸系统和皮肤的个人防护，佩戴好供氧式防毒面具或氧气呼吸器，穿好防护服，并在2位监护人在场的情况下完成抢救工作。

（2）切断毒物来源

① 将中毒者及时脱离有毒现场；

② 切断泄漏毒物来源。

同时，应迅速启动通风排毒设施或打开门窗，或者进行中和处理，降低泄漏毒物在空气中的浓度，为抢救工作创造有利条件。

（3）中毒者急救准备

① 立即将中毒者转移至新鲜空气处，并解开中毒者的衣服，保持呼吸通畅。

② 清除中毒者身上沾染的毒物，防止伤害持续加重。

（4）急性中毒的现场救护应遵循的原则

① 急救者的个人防护；

② 切断毒物来源；

③ 采取有效措施防止毒物继续侵入人体；

④ 促进生命器官功能恢复；

⑤ 及时解毒和促进毒物排出。

5.9.4 现场抢救

现场抢救的方法主要有心脏复苏术、呼吸复苏术和其他解毒与排毒措施。

(1) 心脏复苏术

患者心搏骤停应实施心前区叩击术或胸外心脏按压术抢救（如图 5-1）。

(2) 呼吸复苏术

口对口人工呼吸是最简便有效的方法，适于现场急救（如图 5-1）。

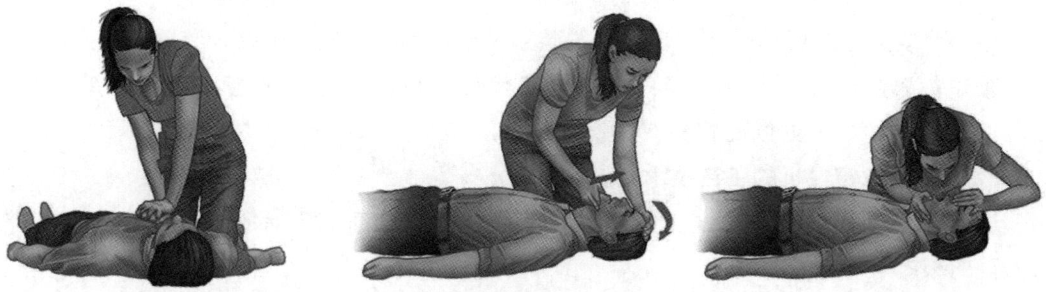

图 5-1 急性中毒现场抢救示意图

（来源：Mayo Clinic 网站）

(3) 解毒与排毒措施

金属及其盐类中毒可采用金属络合剂，生成稳定化合物随尿液排出体外。有机磷农药中毒时可注射阿托品或氯磷定等。

现场抢救的一般流程是：

① 当发现有人出现呼吸骤停时要先拨打 120，同时轻拍患者肩部尝试唤醒患者；

② 患者没有被唤醒时要进行心肺复苏，并呼叫周围的人协助抢救；

③ 快速判断患者呼吸、心跳状况；

④ 立即进行胸外按压，每次按压 30 次，人工呼吸 2 次；

⑤ 清理患者的呼吸道，保证没有异物；

⑥ 持续进行心肺复苏，直至复苏；

⑦ 观察心肺复苏是否有效，按压颈部动脉查看是否有脉搏，观察口唇、甲床、瞳孔的颜色是否恢复正常；

⑧ 当病人恢复自主呼吸和心跳时证明抢救成功，等待救护车进一步处理。

5.10 防止职业毒害的技术措施

预防为主、防治结合应是开展防毒工作的基本原则。综合防毒措施主要包括整体技术措施和个体防护措施两个方面。

5.10.1 整体技术措施

5.10.1.1 替代或排除有毒或高毒物料

化工生产中原料和辅料尽量用无毒或低毒物质。通过物料替代消除毒害源头，是防毒技术的第一优先级措施。

有效措施：无毒物料代替有毒物料；低毒物料代替高毒或剧毒物料。

如：合成氨过去用砷碱法，现改为脱碳和脱硫，淘汰含砷的砷碱，消除砷暴露风险。

又如：涂料和防腐工程，锌白或氧化钛代替铅白，消除铅危害。在无法完全无毒化时，选择危害等级更低的物料。

5.10.1.2 采用危害性小的工艺技术

通过工艺革新减少毒物产生、逸散及接触机会，实现过程本质安全化，是防止毒物危害的根本性措施。

① 原料结构优化：如苯胺生产采用硝基苯流态化催化氢化工艺，实现连续化生产，避免硝基苯中间体泄漏，减少毒物危害，降低急性中毒风险。

② 工艺条件变迁：如黄丹（PbO）生产工艺，将氧化反应从高压操作改为负压操作，通过压力控制抑制铅烟逸散，控制泄漏，减少作业环境铅污染。

③ 设备与流程升级：如电镀行业推广全自动封闭式生产线，替代人工槽浸工艺，工艺密闭化率≥95%，减少与铬酸雾、氰化物等剧毒物质的直接接触，毒物产生量较传统工艺下降 50%～90%。

5.10.1.3 采取密闭化、机械化、连续化措施

通过设备与流程优化，阻断毒物释放路径，减少人工接触风险。

① 设备密闭化：提高设备密闭效果，消除或减轻有毒物质危害。采用密封装置（如法兰垫片、磁力驱动泵）防止毒物泄漏，定期检测密闭性（如负压测试）。例如，氯碱工业中电解槽采用全密闭设计，避免氯气逸散，降低车间空气中毒物浓度至职业接触限值以下。

② 流程机械化：使用机械装置（如自动投料机、机械臂）替代人工操作，重点应用于高毒、挥发性作业环节，减轻劳动强度，减少毒物接触危害，减少误操作导致的急性中毒。如农药灌装作业线，采用全自动灌装设备取代人工分装，减少有机磷暴露风险。

③ 操作连续化：简化操作程序，整合生产工序，减少中间环节的毒物暴露，防止有害物料泄漏，降低空气中有害物料的浓度。如染料合成工艺中，采用连续硝化替代

间歇式生产，避免硝基苯阶段性泄漏。

5.10.1.4 隔离操作和自动控制

通过物理隔离与智能控制实现人-毒物分离。

隔离操作：将操作人员与生产设备隔离，免受散逸毒物危害。

隔离方法：隔离室采用排风方法，室内呈负压状态，毒物通过排风系统定向收集，如放射性实验室；隔离室内操作输送新鲜空气，室内呈正压状态，如生物安全柜。

自动控制：使工人从繁重劳动中得到解放，减少工人与毒物接触。

5.10.1.5 通风排毒措施

通常采取自然通风或机械通风方式，降低现场有害物质的浓度。主要通风措施有：局部通风、全面通风、混合通风。

① 局部通风：只在某一特定区域实施通风，用于人员经常活动场所或毒物集中的地方，如在毒物释放源头设置吸风罩、侧吸罩、密闭罩，又如电焊作业局部排风捕集锰烟。此种方式不适用于大面积、扩散性毒源。

② 全面通风：通过屋顶风机或送风系统实现空气交换，将大量新鲜空气引入室内作业环境，稀释作业现场的有毒气氛，用于场所面积较大、毒物挥发量不大的情形，喷漆车间需全面通风稀释苯系物浓度。不适用于可燃粉尘、烟尘弥漫的作业环境。高挥发性毒物需结合局部通风。

③ 混合通风：兼有局部通风和全面通风的协同作用模式。气流组织设计上要避免“短路”与死角，如化工实验室中通风橱（局部）配合屋顶排风（全面）。

5.10.1.6 燃烧净化法

通过焚烧使有害气体、蒸气或烟尘变为无害物质，是经常采用的一种净化处理技术，仅适用于可燃或在高温下可分解的有害气体或烟尘，广泛用于碳氢化合物和有机溶剂蒸气的净化处理。这些物质在燃烧过程中被氧化为二氧化碳和水蒸气。

燃烧净化法可以分为直接燃烧、热力燃烧和催化燃烧三种。

① 直接燃烧：处理温度一般在 1100℃以上，适用于有害气氛中含有较高的可燃成分的情形；可作燃料使用。

② 热力燃烧：适用于处理可燃组分含量较低的有毒废气，温度一般在 700～800℃；不可作燃料使用。

③ 催化燃烧：利用过渡金属催化剂的活性，将排出废气中的可燃物组分在较低的温度下进行氧化分解。适用于含有可燃气体或蒸气成分废气的净化过程，不适用于可燃粉尘、细微雾滴的废气净化处理。

5.10.1.7 冷凝净化法

冷凝净化法指将排出的气体中含有的蒸气成分冷却凝结成液体的方式。常用于处理含有较高浓度有机物的有毒有害蒸气。可用作燃烧、吸附等净化方法的前处理措施，以提前尽可能地回收利用其中还有使用价值的部分物料。冷凝净化后，仍有有害蒸气残留在空气中。

冷凝净化法有直接法和间接法两种方法。直接冷凝是废气与冷却介质（如液氮）直接接触冷凝，如高浓度氯乙烯单体回收。间接冷凝是通过换热器（如管壳式冷凝器）间接降温，如制药行业二氯甲烷蒸气回收。

5.10.1.8 吸收和吸附净化方法

吸收和吸附净化是化工生产中常用的净化方法。

常用的吸收操作：将有害气体用液体吸收，如用碱性液体吸收酸性气体；用水从空气中吸收氨，吸收后再用蒸馏的方法从溶液中回收溶质。

通过固体介质的吸附作用，清除流体中的有毒有害物质。吸附是一种固体表面现象，分为物理吸附和化学吸附。物理吸附的作用力主要为范德华力，如活性炭吸附苯系物。化学吸附的作用力为化学键合，如分子筛吸附 H_2S（天然气脱硫）。大表面的固体才具有吸附功能。吸附剂要有很强的再生能力，延长其使用寿命。常用的吸附剂有活性炭、分子筛、硅胶、各种复合吸附剂等。

5.10.2 个体防护措施

5.10.2.1 呼吸系统保护措施

根据毒物形态（气态、粉尘、蒸气）与暴露浓度分级选择装备。

佩戴口罩（防护口罩），阻止有害物（粉尘、颗粒物）经呼吸器官进入人体。适用于低浓度粉尘（矽尘、金属烟）作业，不可用于气态毒物，使用时需每日检查气密性，潮湿即更换。

佩戴防毒面具，防止浓度较高的毒气对眼睛、面部皮肤的侵害。

防毒面具分为过滤式和隔离式。自吸过滤式防毒面具配专用滤毒盒（如 A 型防有机气体，B 型防酸性气体）。

5.10.2.2 皮肤保护措施

手部保护：佩戴防毒手套，如乳胶手套、丁腈手套、聚氨酯塑料手套。

头部保护：佩戴面罩。

身体躯干保护：化学防护服（防化服）。

其他：涂抹专用的皮肤保护剂，隔离防护。

5.10.2.3 眼部保护措施

目的：防止现场有害物质对眼睛的伤害。

措施：佩戴防护眼镜（护目镜）或防护面罩。

事故案例：印度博帕尔毒气泄漏事故

印度博帕尔农药厂发生的“12・3”事故是世界上最大的一次化工毒气泄漏事故。其死亡损失之惨重，震惊全世界，以至 40 余年后的今天回忆起仍是令人触目惊心。

1. 事故概况

1984 年 12 月 3 日凌晨，印度中央邦首府博帕尔的美国联合碳化物公司的农药厂发生毒气泄漏事故。有约40吨剧毒的异氰酸甲酯（MIC）及其反应物在2h内冲向天空，顺着西北风向东南方向飘荡，霎时间毒气弥漫，覆盖了部分市区（约64.7km^2）。高温且密度大于空气的MIC蒸气，在当时17℃的大气中迅速凝聚成毒雾，贴近地面层飘移，许多人在睡梦中就离开了人世。而更多的人被毒气熏呛后惊醒，涌上街头，人们被这骤然降临的灾难弄得晕头转向，不知所措。博帕尔市顿时变成了一座恐怖之城。一座座房屋完好无损，满街遍野到处是人、畜和飞鸟的尸体，惨不忍睹。在短短的几天内死亡2500余人，有20多万人受伤需要治疗。一星期后，每天仍有5人死于这场灾难。1985年5月还有10人因此事故受伤而死亡。孕妇流产、胎儿畸形、肺功能受损等受害人不计其数。

这次事故造成的经济损失高达近百亿元，震惊全世界。各国化工生产部门纷纷进行安全检查，消除隐患，吸取这次惨痛的教训，防止类似事件发生。

2. 异氰酸甲酯（MIC）的物理化学性质

MIC是无色、易挥发、易燃烧的液体，分子量为57，沸点为39.1℃，20℃时的蒸气压为46.4kPa，蒸气密度比空气重1倍，是生产氨基甲酸酯农药西维因的主要原料。

MIC化学性质活泼，能与有活性的氢基团反应；能与水反应并产生大量热；它能在催化剂的作用下，发生放热的聚合反应。促进聚合反应的催化剂很多，如碱金属氯化物及金属离子铁、铜、锌等，因此MIC不能与这些金属接触。贮存MIC的容器需用304号不锈钢和衬玻璃材料制成。输送管道需用不锈钢或衬聚四氟乙烯材料制成。容器体积要大，MIC的盛装量只允许占容积的一半。大量贮存时应使温度保持在0℃。

MIC产品规格要求含量大于99%，游离氯小于0.1%，含三聚物小于0.5%。MIC中残留有少量光气，它能抑制MIC与水反应及聚合反应。光气能提供氯离子，可腐蚀不锈钢容器。因此，每套设备使用5年后应更换。

3. 事故原因分析

（1）事故直接原因

610号贮罐进入大量的水（残留物实验分析表明进入了450～900kg的水）以及产品中氯仿含量过高（标准要求不大于0.5%，而实际发生事故时高达12%～16%）。12月2日当用氮气将MIC从610号贮罐传送至反应罐时没有成功，部门负责人命令工人对管道进行清洗。按安全操作规程要求，应把清洗的管道和系统隔开，在阀门附近插上盲板，但实际作业时并没有插上盲板。水进入610号贮罐后与MIC反应产生二氧化碳和热量。这类反应在20℃时进行缓慢，但因为热量累积，加之氯仿及光气提供的离子起催化作用，加速了水与MIC之间的反应。而且氯离子腐蚀管道（新安装的安全阀排放管的材质是普通钢，而非不锈钢），产生的铁离子等催化MIC发生聚合反应，产生大量的热，也加速了水与MIC之间的反应。MIC蒸发加剧，蒸气压上升，产生的二氧化碳也使压力上升。故异常反应愈来愈烈，导致罐内压力直线上升，温度急骤增高，最终造成泄漏事故发生。据推测事故当时罐内压力至少达到10MPa，温度至少达到 200℃。

（2）事故间接原因

本次事故发生的原因是多方面的，该厂 MIC 生产过程中的技术、设备、人员素质、安全管理等许多方面都存在问题。有人对本次事故进行了较详细的分析，找出了 67 条事故发生原因。在诸多原因中，以下几条是主要的。

① 厂址选择不当。建厂时未严格按工业企业设计卫生标准要求，没有足够的卫生隔离带。建厂时，许多失业者和贫穷者来到这里，在工厂周围搭起棚房安家，与工厂仅一街之隔，形成了霍拉和贾拉喀什两个贫民聚居的小镇。而政府考虑到饥民的生计，容忍了这种危险的聚居。结果在这次悲惨的事故中，两个小镇在工厂下风侧，居民死伤最多，受害最重。

② 当局和工厂对 MIC 的毒害作用缺乏认识。发生重大泄漏事故后，没有应急救援和疏散计划。事故当夜，市长（原外科医生）打电话问工厂毒气的性质，回答是气体没有什么毒性，只不过会使人流泪。一些市民打电话给当局问发生了什么事，回答是搞不清楚，并劝说居民，最好是待在家里不要动。结果不少人在家中活活被毒气熏死。在整个事故过程中，通信系统在维持秩序和组织疏散方面没有发挥应有作用。农药厂的阿瓦伊亚医生说："公司想努力发出一个及时的劝告，但被糟糕的印度通信部所阻断。在发生毒气泄漏的当日早晨，我花了两个小时试图通过电话通知博帕尔市民，但得不到有关部门的回答。"

③ 防护检测设施差。工厂仅有一套安全装置，由于管理不善，而未处于应急状态之中，事故发生后不能启动。该厂没有像美国工厂那样的早期报警系统，也没有自动检测安全仪表。雇员缺乏必要的安全卫生教育，缺乏必要的自救、互救知识，灾难来临时又缺乏必要的安全防护保障，因此事故中雇员束手无策，只能四散逃命。

④ 管理混乱。工艺要求 MIC 贮存温度应保持在 0℃左右，而有人估计该厂 610 号贮罐长期贮存温度为 20℃左右（因温度指示已拆除）。安全装置无人检查和维修，致使在事故中，塔的淋洗器不能充分发挥作用。因随意拆除温度指示和报警装置，坐失抢救良机。交接班不严格，常规的监护和化验记录漏记。该厂自 1978 年至 1983 年先后曾发生过 6 起中毒事故，造成 1 人死亡，48 人中毒。这些事故却未引起该厂领导层的重视，未能认真吸取教训，终于酿成大祸。

⑤ 技术人员素质差。12 月 2 日 23 时 610 号贮罐突然升压，操作人员向工长报告时，得到的答复却是不要紧，可见工长对可能发生的异常反应缺乏认识。

公司管理人员对 MIC 和光气的急性毒性简直到了无知的程度，他们经常对朋友说："当光气泄漏时，用湿布将脸和嘴盖上，就没有什么危险了。"他们经常向市长说："工厂一切都很正常，没有值得操心的。工厂很安全，非常安全。"甚至印度劳动部长也说："博帕尔工厂根本没有什么危险，永远不会发生什么事情。"操作规程要求，MIC 装置应配置专职安全员、3 名监督员、2 名检修员和 12 名操作员，关键岗位操作员要求大学毕业。而在 1984 年 12 月该装置无专职安全员，仅有 1 名负责装置安全的责任员、

1名监督员、1名检修员，操作员无1名大学毕业生，最高也只有高中学历。MIC装置的负责人是刚从其他部门调入的，没有处理MIC紧急事故的经验。操作人员注意到MIC贮罐的压力突然上升，但没有找到压力上升的原因。为防止压力上升，设置了一个空贮罐，但操作人员没有打开该贮罐的阀门。清洗管道时，阀门附近没有插盲板，水流入MIC贮罐后可能发生的后果操作员不知道。违章作业，MIC贮罐按规程实际贮量不得超过容积的50%，而610号实际贮量超过70%。

⑥ 对MIC急性中毒的抢救措施无知。MIC可与水发生剧烈反应，因此用水可较容易地破坏其危害性，如用湿毛巾可吸收MIC并使其失去活性，这一信息若向居民及时发布可免去很多人的死亡和双目失明。医疗当局和医务人员都不知道其抢救方法。当12月5日美国联合碳化物公司打来电话称可用硫代硫酸钠进行抢救时，该厂怕引起恐慌而没有公开这个信息。12月7日联邦德国著名毒物专家带了5万支硫代硫酸钠来到印度的事故现场，说明该药对抢救中毒患者很有效，但州政府持不同意见，要求专家离开博帕尔市。

4. 事故教训

从这起震惊全世界的惨重事故中，可以总结出如下几个方面的教训：

① 对于生产化学危险物品的工厂，在建厂选址时应作危险性评价。根据危险程度留有足够的防护带。建厂后，不得临近厂区建居民区。

② 对于生产和加工有毒化学品的装置，应装配传感器、自动化仪表和计算机控制等设施，提高装置的安全水平。

③ 对剧毒化学品的贮存量应以维持正常运转为限，博帕尔农药厂每日使用MIC的量为5吨，但该厂却贮存了55吨，这样大的贮存量没有必要。

④ 健全安全管理规程，并严格执行。提高操作人员技术素质，杜绝误操作和违章作业。严格交接班制度，记录齐全，不得有误，明确责任，奖罚分明。

⑤ 强化安全教育和健康教育，提高职工的自我保护意识和普及事故中的自救、互救知识。坚持持证上岗，没有安全作业证者不得上岗。

⑥ 对生产和加工剧毒化学品的装置应有独立的安全处理系统，一旦发生泄漏事故，能即时启动处理系统，将毒物全部吸收和破坏掉。安全处理系统应定期检修，只要生产正常进行，安全处理系统即应处于良好的应急工作状态。

⑦ 对小事故要做详细分析处理。该厂在1978年至1983年间曾发生过6起急性中毒事故，并且有一人中毒死亡，遗憾的是这未能引起管理人员对安全的重视。

⑧ 凡生产和加工剧毒化学品的工厂都应制定化学事故应急救援预案。通过预测把可能导致重大灾害的情报在工厂内公开。并应定期进行事故演习，使有关人员清楚防护、急救、脱险、疏散、抢险、现场处理等信息。

5.11 工业毒物的通风排毒与净化吸收

5.11.1 通风排毒措施

（1）系统设计

设计过程中需要考虑工作区域的布局、通风管道的布置以及通风设备的选择。确保通风系统能够将毒物及时排出，保持工作区域的空气清新。

（2）通风模式

通风模式是通风排毒的关键。常见的通风模式包括：一气流多口式通风、一气流一口式通风和局部排风等。

（3）控制风速

根据实际情况调整通风设备的风速，确保流速达到最佳排毒效果。

（4）安全评估

通风排毒之前需要进行安全评估，确保通风系统能够正常运行并达到预期的排毒效果。安全评估包括通风系统的性能测试、气体浓度检测等。

5.11.2 净化吸收方法

（1）装置选择

净化吸收是通过设备将空气中的毒物吸附或转化为无害物质来实现的。常见的有活性炭吸附装置、湿式吸收装置和催化剂装置等。根据毒物的特性选择适合的装置。

（2）工艺优化

净化吸收过程中，需要进行工艺优化，包括吸附剂的选择、吸附温度的控制以及吸附时间的设置等，以提高吸附效率和降低能耗。

（3）操作管理

需要定期检查装置的运行情况，及时更换吸附剂或催化剂，进行维护保养。

5.11.3 综合应用

通风排毒和净化吸收可以综合应用，以提高工作区域的空气质量和毒物的处理效率。

在系统设计中考虑通风排毒和净化吸收的结合。

根据毒物的特性和工作环境的要求，选择适当的通风模式和净化装置。

5.12 车间空气中毒物的测定与评价

5.12.1 含尘、含毒空气样品的采集

正确采集有代表性的样品是保证空气监测质量的重要因素。车间有害物在空气中的浓度和分布情况随着生产工艺、气象条件等因素而经常发生变化。为了正确反映生产现场空气污染的真实情况，不仅要选择准确的分析方法，还必须掌握采样的基本原则和操作技巧。所以，必须根据不同的测定目的，正确选择采样方法、分析方法、采样地点、采样时机和采样数量。

(1) 含尘空气样品的采集

选择采样地点是测尘工作的基础。如果位置选择不当会影响测定结果的真实性。一般是根据测定目的来选择采样地点。如欲了解作业人员接触毒物的情况，采样点应选择在作业人员经常活动的作业地带。采样器进口的位置应设在操作者的呼吸带高度处，通常架于距地面约 1.5m 的高度。采样装置的装配和测定程序是用胶管把采样器、流量计、吸尘器连接起来，并检查装置是否正确严密；取出滤膜，放入采样器中，根据测定要求，调整采样器进气口方向；打开固定在胶管上的螺旋夹，并开动吸尘器；调整流量，用秒表计时。采样时间一般为 10～20min，含尘浓度较高时，采样时间可短些；浓度较低时，抽气量可大些，时间也可延长些。

(2) 含毒空气样品的采集

首先要了解生产过程中毒物的品种和散发情况，以及在空气中的存在形式，以便确定采样方法和分析方法，而后根据测定目的选择采样点。

① 评价劳动环境有害物的污染程度，采样点应设在操作人员经常停留的作业地点和活动场所，并在呼吸带高度处。采样点应有代表性，其数量要大于车间内的岗位数。

② 采样的时机反映毒物浓度变化，时间取决于毒物排放量。

采样注意事项：采样前装好吸收液或滤膜；采样保持流量稳定；采样记录；样品尽快送检，防止过久发生变化。

5.12.2 空气样品测定方法

快速测定方法有可见和紫外分光光度法、红外吸收光谱法、原子吸收分光光度法、荧光分析法、色谱法、离子选择电极法等。

5.12.3 劳动环境评价

我国卫生部（现国家卫生健康委员会）1979年颁布的《工业企业设计卫生标准》（最新修订版GBZ 1—2010）是劳动环境评价的重要依据。对于国家暂时尚无卫生标准的，可参考美国、日本、俄罗斯等国的卫生标准进行评价，但应注明标准来源。

测定点的评价是以一定时期内该点样品测定的合格率为依据，合格率达到75%以上者为合格点，否则为不合格点。

测定点合格率是企业或车间劳动环境评价的依据。劳动环境可分为四级。测定点合格率在85%以上者为优；70%～85%者为良；50%～70%者为中；50%以下者为差。如有结果超过卫生标准50倍及以上的样品，即使合格率达标也不能评为优或良。

现行的其他主要标准和规范如下。

GB 18871—2002：《电离辐射防护与辐射源安全基本标准》；

GBZ 2.1—2019：《工作场所有害因素职业接触限值　第1部分：化学有害因素》；

GBZ 2.2—2007：《工作场所有害因素职业接触限值　第2部分：物理因素》；

HJ 61—2021：《辐射环境监测技术规范》；

GB/T 18083—2000：《以噪声污染为主的工业企业卫生防护距离标准》。

思考题

1. 为什么说毒物的含义是相对的？
2. 试分析影响毒物毒性的因素，以及应用职业接触限值时应注意的问题。
3. 简述毒物侵入人体的途径并说明会造成哪些伤害。
4. 为防止发生职业中毒事故，化工企业人员应注意哪些问题？
5. 发生急性中毒事故后，如何进行职业中毒的现场急救？
6. 在工业上防止职业中毒有哪些技术措施？如何正确使用个体防护设施进行个体防护？

参考文献

[1] 温路新，李大成，刘敏，等．化工安全与环保［M］．2版．北京：科学出版社，2020.

[2] 李振花，王虹．化工安全概论［M］．4版．北京：化学工业出版社，2023.

[3] 李德江，陈卫丰，胡为民．化工安全生产与环保技术［M］．北京：化学工业出版社，2019.

[4] 王成君，田华．化工安全与环保［M］．北京：化学工业出版社，2023.

[5] 王利霞，宋延华．化工安全与环保［M］．北京：化学工业出版社，2022.

第6章 压力容器和机电设备安全

知识目标

1. 明确蒸汽锅炉的安全运行和管理。
2. 掌握压力容器的操作、维护和安全状况评定。
3. 掌握高压工艺管道的安全技术管理。
4. 掌握动机械安全技术。
5. 掌握电气设备的危险与防护。
6. 掌握压缩机操作与维护。
7. 掌握泵操作安全。

能力目标

1. 具备压力容器操作和安全状况评定的能力。
2. 具备处理化学工业生产中涉及的压力容器及机电设备问题的能力及防护维护的能力。

在化学工业生产活动中，压力容器与各类机电设备构成了工艺流程的核心骨架。它们承载着高温、高压、高速运转、强电流等高能量状态，是保障产能、实现功能的关键设施。然而，设备运行过程中蕴含的能量若失去控制，或设备本身存在缺陷、操作维护不当，极易引发严重的事故，不仅造成巨大的经济损失，更可能威胁人员生命安全和环境健康。本章“压力容器和机电设备安全”旨在系统性地阐述这些关键设备的安全运行原理、管理要求及防护技术，构建预防为主、风险可控的安全管理体系。本章将重点聚焦于几类高风险设备，包括承压设备、动机械、电气设备、关键流体机械设备。通过对上述核心设备的安全技术与管理要点的学习，学生应能深刻理解这些设备运行的风险特性，掌握规范操作、合理维护、正确检修及应急处理的关键知识，从而在实际工作中有效辨识风险、落实安全措施、预防事故发生，为工业生产的稳定、高效、安全运行奠定坚实基础。本章内容技术性强、实践要求高，建议学生结合工程实际和安全法规进行学习与思考。

6.1 蒸汽锅炉的安全运行和管理

锅炉作为特种设备领域重要的蒸汽发生装置，在动力输出、热能转换及工艺供汽系统中发挥着关键作用。实践表明，若存在设计缺陷或制造工艺不达标，特别是运维管理失范时，易使安全事故频发。多年来，锅炉安全始终受到国家劳动安全监管部门的高度重视，陆续出台了《锅炉安全技术监察规程》等多项安全与劳动保护领域的法规、规范和标准（表 6-1），实施成效显著。本节将根据国家有关部门关于特种设备安全运行的法规要求，重点围绕锅炉安全使用规范、日常维护要点及应急处置等内容展开系统阐述。

表 6-1 锅炉安全运行标准列表

标准编号	标准名称	发布部门	实施日期	状态
CB/T 3640—1994	船用锅炉安全阀修理技术要求	中国船舶工业总公司	1994-07-01	现行
DB15/T 1817—2020	在用工业锅炉安全、环保、经济运行管理导则	内蒙古自治区市场监督管理局	2020-02-03	现行
DB31/T 1057—2025	在用工业锅炉安全、节能和环保管理基本要求	上海市市场监督管理局	2025-07-01	现行
DB31/T 965—2022	电站锅炉安全、节能和环保管理基本要求	上海市市场监督管理局	2022-10-01	现行
DB33/T 2097—2018	生物质成型燃料锅炉安全节能管理要求	浙江省质量技术监督局	2018-02-26	现行
DB37/T 4313—2021	小于 0.1MPa 低压锅炉安全技术要求	山东省市场监督管理局	2021-03-02	现行
DB37/T 4608—2023	碱回收锅炉安全运行评估技术规范	山东省市场监督管理局	2023-06-11	现行
DB43/T 1255—2017	有机热载体锅炉安全操作规程	湖南省质量技术监督局	2017-04-17	现行
DB63/T 949—2020	锅炉安全使用管理规范	青海省市场监督管理局	2021-01-01	现行
DL/T 959—2020	电站锅炉安全阀技术规程	国家能源局	2021-02-01	现行
DL/T 959—2020E	电站锅炉安全阀技术规程(英文版)	国家能源局	2021-02-01	现行
GB/T 31117—2014	船用辅锅炉安全技术要求	国家质量监督检验检疫	2015-07-01	现行
JT/T 4536—1989	船用锅炉安全阀修理技术要求	中华人民共和国交通部	1989-11-01	现行
TSG 11—2020	锅炉安全技术规程(2024 年最新版)	国家市场监督管理总局	2021-06-01	现行

6.1.1 锅炉分类及其参数系列

(1) 锅炉型号

完整的锅炉型号由三部分组成。第一部分包括锅炉本体形式和燃烧方式的汉语拼音代号及蒸发量（t/h）；第二部分包括工作压力（MPa）和过热蒸汽温度（℃）；第三部分包括燃料品种的汉语拼音代号及设计序号。锅炉本体形式、燃烧方式和燃料品种的汉语拼音代号分别列于表 6-2、表 6-3 和表 6-4。

表 6-2 锅炉本体形式的汉语拼音代号

锅炉种类	本体形式	汉语拼音代号	锅炉种类	本体形式	汉语拼音代号
锅壳锅炉	立式水管	LS(立、水)	水管锅炉	单锅筒横置式	DH(单、横)
	立式火管	LH(立、火)		双锅筒纵置式	SZ(双、纵)
	卧式外燃	WW(卧、外)		双锅筒横置式	SH(双、横)
	卧式内燃	WN(卧、内)		纵横锅筒式	ZH(纵、横)
	卧式双火管	WS(卧、双)		分联箱横锅筒式	FH(分、横)
水管锅炉	单锅筒立式	DL(单、立)		强制循环式	QX(强、循)
	单锅筒纵置式	DZ(单、纵)			

表 6-3　燃烧方式的汉语拼音代号

燃烧方式	汉语拼音代号	燃烧方式	汉语拼音代号	燃烧方式	汉语拼音代号
固定炉排	G(固)	抛煤机加倒转炉排	D(倒)	沸腾炉	F(沸)
活动手摇炉排	H(活)	振动炉排	Z(振)	半沸腾炉	B(半)
链条炉排	L(链)	下饲炉排	A(下)	室燃炉	S(室)
抛煤机	P(抛)	往复推饲炉排	W(往)	旋风炉	X(旋)

表 6-4　燃料品种的汉语拼音代号

燃料品种	汉语拼音代号	燃料品种	汉语拼音代号	燃料品种	汉语拼音代号
无烟煤	W(无)	褐煤	H(褐)	稻糠	D(稻)
贫煤	P(贫)	油	Y(油)	甘蔗渣	G(甘)
烟煤	M(烟)	气	Q(气)	煤矸石	S(石)
劣质烟煤	L(劣)	木柴	M(木)		

举例：型号 SHL10-13/350-W-l 表示双锅筒横置式链条炉排，蒸发量为 10t/h，出口蒸汽压力为 13（1275kPa），出口过热蒸汽温度为 350℃，适用于无烟煤，经过第一次修改设计制造的锅炉。

(2) 锅炉分类

锅炉有多种分类方式。按用途分为电站锅炉（用于发电系统蒸汽供应）、工业锅炉（为工业生产过程和建筑物采暖提供蒸汽或热能）、机车锅炉（移动动力源）、船舶锅炉（移动动力源）、生活锅炉（生活热水及供暖系统）；按压力分为低压锅炉（$P<2.5$MPa）、中压锅炉（$2.5\leqslant P<5.3$MPa）、高压锅炉（$5.3\leqslant P<16.7$MPa）、亚临界压力锅炉（$16.7\leqslant P<22.1$MPa）、超临界压力锅炉（$P\geqslant 22.1$MPa）；按安装方式分为固定式锅炉（地基安装）和移动式锅炉（车载/船载集成）；按锅炉结构分类分为火管锅炉（壳式结构）、水管锅炉（直流/自然循环）和水火管组合锅炉。

(3) 工业蒸汽锅炉参数系列

工业蒸汽锅炉参数系列见表 6-5，表中的压力和温度都是出口蒸汽的额定值。

表 6-5　工业蒸汽锅炉参数系列

压力/MPa(kgf/cm^2)		0.39(4)	0.69(7)	0.98(10)	1.28(13)		1.57(16)		2.45(25)	
温度/℃		饱和	饱和	饱和	饱和	350	饱和	350	饱和	400
额定出力/(t/h)	0.1	△								
	0.2	△								
	0.5	△	△							
	1	△	△	△						
	2	△	△	△	△		△			

续表

压力/MPa(kgf/cm²)		0.39(4)	0.69(7)	0.98(10)	1.28(13)		1.57(16)		2.45(25)	
额定出力/(t/h)	4		△	△	△		△		△	
	6		△	△	△	△	△	△	△	△
	10		△	△	△	△	△	△	△	△
	15			△	△		△	△	△	△
	20			△	△	△	△	△	△	△
	35				△		△	△	△	△
	65				△		△			

6.1.2 锅炉运行安全

使用锅炉的单位应建立以岗位责任制为主的各项规章制度。锅炉上水、点火、升压、运行和停炉要严格按照有关操作规程进行。

(1) 点火和升压

锅炉点火前必须进行汽水系统、燃烧系统、风烟系统、锅炉本体和辅机系统的全面检查，确定完好。每个阀门在点火前位置正确，风机和水泵冷却水畅流、润滑正常，安全附件灵敏、可靠，才可以进行点火准备工作。

锅炉点火需在完成所有准备工作后进行。锅炉点火所需的时间应根据炉型、燃烧方式、水循环等情况确定。由于锅炉燃用燃料和燃烧方式不同，点火时的注意事项各异。燃用不同燃料锅炉点火安全要求列于表 6-6。

表 6-6 燃用不同燃料锅炉点火安全要求

燃料种类	点火安全要求
燃油锅炉	1. 点火前必须采用强制通风的方式对烟道和炉膛系统进行置换，务必将可能积存的油气或可燃气彻底排净； 2. 点火时应保持炉膛负压 30～50Pa 或所需数值； 3. 点火时人不能正对点火孔，应从侧面引燃； 4. 严禁先喷油，后插入火把，用蒸汽雾化燃烧器，还应先排除冷凝水； 5. 若一次点火不着或运行中突然灭火，必须先关闭油阀，按 1. 通风换气后，重新点火
燃气锅炉	1. 点火前必须强制通风置换，保持炉膛负压(50～100Pa)不少于 5min； 2. 通风置换前，严禁明火带入炉膛和烟道中，点火时炉膛负压维持在 30～50Pa； 3. 若一次点火不着必须立即关闭燃气阀，停止进气，待通风换气后重新点火，严禁用炉膛余火二次点火
燃煤锅炉	1. 点火前一般采用自然通风，彻底通风 10～15min； 2. 点火时如自然通风不足，可启动引风机； 3. 点火有困难时，可在靠近烟囱底部堆烧木柴，保持通风

续表

燃料种类	点火安全要求
燃煤粉锅炉	1. 点火前应对一次风管逐根吹扫，每根吹扫2～3min，以清除管内可能积存的煤粉； 2. 点火前必须强制通风置换，保持炉膛负压（50～100Pa）不少于5min； 3. 若一次点火不着或发生熄火，应立即停止送粉，并对炉进行充分通风换气后再次点火

锅炉点火后，受热面被加热，辐射受热面（水冷壁）与对流受热面进入非稳态传热，工质相变产生蒸汽蓄积，主蒸汽阀保持关闭状态下，饱和蒸汽持续累积形成压力梯度，此即为升压过程。为使锅炉各部件冷热均匀，胀缩一致，进水、点火、升压都要缓慢进行。新装或检修后的锅炉，点火升压后气压在0.1～0.2MPa间允许紧一次拆动过的螺栓。紧固螺栓时应保持汽压稳定，要用力均匀、逐只对称上紧；操作人员须位于法兰侧向安全位置，执行侧身紧固操作，防止蒸汽外泄烫伤。在升压过程中，应注意炉墙及各部件的热膨胀情况，确保承压部件均匀膨胀，不得有异常变形和裂纹。

(2) 并炉和送汽

当两台或两台以上锅炉共用一条蒸汽母管或接入同一分汽缸时，点火升压锅炉与母管或分汽缸连通称为并炉。并炉前要进行暖管，即用蒸汽将冷的蒸汽管道、阀门等加热，并把蒸汽凝成的水排掉。并炉应在锅炉汽压与蒸汽母管汽压相差0.05～0.10MPa时进行。

送汽时应该先缓开主汽门（有旁路的应先开旁通门），等汽管中听不到汽流声时，才能大开主汽门。主汽门全开后回旋一圈，再关旁通门。并炉时应注意水位、汽压变动，若管道内有水击现象应疏水后再并炉。

(3) 正常运行维护

锅炉正常运行时，主要是对锅炉的水位、汽压、汽水质量和燃烧情况进行监视和控制。锅炉水位波动应在正常范围内。水位过高，蒸汽带水，蒸汽品质恶化，易造成过热器结垢，影响汽机的安全；水位过低，下降管易产生汽柱或汽塞，恶化自然循环，易造成水冷壁管过热变形或爆破。

在锅炉运行中要保持汽压的稳定。对蒸汽加热设备，汽压过低，汽温也低，影响传热效果；汽压过高，轻者使安全阀动作，浪费能源，并带来噪声，重者则易超压爆炸。此外，汽压变化应力求平缓，汽压陡升、陡降都会恶化自然循环，造成水冷壁管损坏。

为了保证锅炉传热面的传热效能，锅炉在运行时必须对易积灰面进行吹灰。吹灰时应增大燃烧室的负压，以免炉内火焰喷出烧伤人。为了保持良好的蒸汽品质和受热面内部的清洁，防止发生汽水共腾和减少水垢的产生，保证锅炉安全运行，必须排污，给水也应预先处理。

(4) 停炉保养

锅炉停炉有正常停炉和事故停炉两种情况。正常停炉应按锅炉安全操作规程的规定进行。首先停止供给燃料、停止送风、减少引风。随负荷逐渐降低减少上水。停止供汽后开启过热器出口联箱疏水门和排汽门，冷却过热器以避免锅内压力继续升高。锅筒内水温降至 70℃以下时，方可放水。随着炉温的降低，应及时除灰和清理受热面上的积灰。

事故停炉也称作紧急停炉。停炉步骤是：首先停止供给燃料、停止送风、减少引风；接着熄灭和清除炉膛内的燃料，然后打开炉门、灰门、烟风道闸门等以冷却锅炉，最后切断锅炉同蒸汽总管的联系。为了加速锅炉冷却，除严重缺水事故外，可向锅炉进水、放水。

锅炉停炉后，为防止腐蚀必须进行保养。常用的方法有干法、湿法和热法三种。

(1) 干法保养

干法保养只用于长期停用的锅炉。正常停炉后水放净，清除锅炉受热面及锅筒内外的水垢、铁锈和烟灰，用微火将锅炉烘干，放入干燥剂。而后关闭所有的门、孔，保持严密。一月之后打开人孔、手孔检查，若干燥剂呈现粉状、失去吸潮能力，则更换新干燥剂。视检查情况决定缩短或延长下次检查时间。若停用时间超过三个月，则在内外部清扫后，受热面内部涂以防锈漆，锅炉附件也应维修检查，涂油保护，再按上述方法保养。

(2) 湿法保养

湿法保养也适用于长期停用的锅炉。停用后清扫内外表面，然后进水（最好是软水），将适量氢氧化钠或磷酸钠溶于水后加入锅炉，生小火加热使锅炉外壁面干燥，内部由于对流使各部位碱浓度均匀，锅内水温达 80～100℃时即可熄火。每隔 5 天对锅内水化验一次，控制其碱度在 5～12mg/L 范围。

(3) 热法保养

停用时间在 10 天左右宜用热法保养。停炉后关闭所有风、烟道闸门，使炉温缓慢下降，保持锅炉汽压在大气压以上（即水温在 100℃以上）即可。若汽压保持不住，可生小火或用运行锅炉的蒸汽加热。

6.1.3 锅炉常见事故及处理

6.1.3.1 水位异常

(1) 缺水

缺水事故是很常见的锅炉事故之一。当锅炉水位低于最低许可水位时称作缺水。在缺水后锅筒和锅管被烧红的情况下，若大量上水，水接触到烧红的锅筒和锅管会产生大量蒸汽，汽压剧增会导致锅炉烧坏，甚至爆炸。

缺水原因：违规脱岗、工作疏忽、判断错误或误操作；水位测量或警报系统失灵；自动给水控制设备故障；排污不当或排污设施故障；加热面损坏；负荷骤变；炉水含盐量过大。

预防措施：严密监视水位，定期校对水位计和水位警报器，发现缺陷及时消除；

注意缺水现象的观察，缺水时水位计玻璃管（板）呈白色；严重缺水时严禁向锅炉内给水；注意监视和调整给水压力和给水流量，与蒸汽流量相适应；排污应按规程规定，每开一次排污阀，时间不超过30s，排污后关紧阀门，并检查排污是否泄漏；监视汽水品质，控制炉水含量。

（2）满水

满水事故是锅炉水位超过了最高许可水位，也是常见事故之一。满水事故会引起蒸汽管道发生水击，容易把锅炉本体、蒸汽管道和阀门震坏；此外，满水时蒸汽携带大量炉水，使蒸汽品质恶化。

满水原因：操作人员疏忽大意，违章操作或误操作；水位计和水考克缺陷及水连接管堵塞；自动给水控制设备故障或自动给水调节器失灵；锅炉负荷降低，未及时减少给水量。

处理措施：如果是轻微满水，应关小鼓风机和引风机的调节门，使燃烧减弱；停止给水，开启排污阀门放水；直到水位正常，关闭所有放水阀，恢复正常运行。如果是严重满水，首先应按紧急停炉程序停炉；停止给水，开启排污阀门放水；开启蒸汽母管及过热器疏水阀门，迅速疏水；水位正常后，关闭排污阀门和疏水阀门，再生火运行。

6.1.3.2 汽水共腾

汽水共腾是锅筒内水位波动幅度超出正常情况，水面翻腾程度异常剧烈的一种现象。其后果是蒸汽大量带水，使蒸汽品质下降；易发生水冲击，使过热器管壁上积附盐垢，影响传热而使过热器超温，严重时会烧坏过热器而引发爆管事故。

汽水共腾原因：锅炉水质没有达到标准；没有及时排污或排污不够，造成锅水中盐碱含量过高；锅炉水中油污或悬浮物过多；负荷突然增加。

处理措施：降低负荷，减少蒸发量；开启表面连续排污阀，降低锅水含盐量；适当增加下部排污量，增加给水，使锅水不断调换新水。

6.1.3.3 燃烧异常

燃烧异常主要表现在烟道尾部发生二次燃烧和烟气爆炸。多发生在燃油锅炉和煤粉锅炉内。这是由于没有燃尽的可燃物附着在受热面上，在一定的条件下，重新着火燃烧。尾部燃烧常将省煤器、空气预热器、引风机烧坏。

二次燃烧原因：炭黑、煤粉、油等可燃物能够沉积在对流受热面上是因为燃油雾化不好或煤粉粒度较大，不易完全燃烧而进入烟道；点火或停炉时，炉膛温度太低，易发生不完全燃烧，大量未燃烧的可燃物被烟气带入烟道；炉膛负压过大，燃料在炉膛内停留时间太短，来不及燃烧就进入尾部烟道。尾部烟道温度过高是因为尾部受热面粘上可燃物后，传热效率低，烟气得不到冷却；可燃物在高温下氧化放热；在低负荷特别是在停炉的情况下，烟气流速很低，散热条件差，可燃物氧化产生的热量积蓄起来，温度不断升高，引起自燃。同时烟道各部分的门、孔或风挡门不严，漏入新鲜空气助燃。

处理措施：立即停止供给燃料，实行紧急停炉，严密关闭烟道、风挡板及各门孔，防止漏风，严禁开引风机；尾部投入灭火装置或用蒸汽吹灭器进行灭火；加强锅炉的给水和排水，保证省煤器不被烧坏；待灭火后方可打开门孔进行检查。确认可以继续运行，先开启引风机 10～15min 后再重新点火。

6.1.3.4 承压部件损坏

(1) 锅管爆破

锅炉运行中，水冷壁管和对流管爆破是较常见的事故，性质严重，需停炉检修，甚至造成伤亡。爆破时有显著声响，爆破后有喷汽声；水位迅速下降，汽压、给水压力、排烟温度均下降；火焰发暗，燃烧不稳定或被熄灭。发生此项事故时，如仍能维持正常水位，可紧急通知有关部门后再停炉，如水位、汽压均不能保持正常，必须按程序紧急停炉。

发生这类事故的原因一般是水质不符合要求，管壁结垢或管壁受腐蚀或受飞灰磨损变薄；升火过猛，停炉过快，使锅管受热不均匀，造成焊口破裂；下集箱泥垢未排除，阻碍锅管水循环，锅管得不到冷却而过热爆破。应采取的预防措施是：加强水质监督；定期检查锅管；按规定升火、停炉及防止超负荷运行。

(2) 过热器管道损坏

现象：过热器附近有蒸汽喷出的响声；蒸汽流量不正常，给水量明显增加；炉负压降低或产生正压，严重时从炉膛喷出蒸汽或火焰；排烟温度显著下降。发生这类事故的原因一般是：水质不良，或水位经常偏高，或汽水共腾，以致过热器结垢；引风量过大，使炉膛出口烟温升高，过热器长期超温使用；也可能烟气偏流使过热器局部超温；检修不良，使焊口损坏或水压试验后，管内积水。

事故发生后，如损坏不严重，又有生产需要，待备用炉启用后再停炉，但必须密切注意不能使损坏恶化；如损坏严重，则必须立即停炉。控制水、汽品质，防止热偏差，注意疏水，注意安全检修质量，即可预防这类事故。

(3) 省煤器管道损坏

沸腾式省煤器出现裂纹和非沸腾式省煤器弯头法兰处泄漏是常见的损坏事故，最易造成锅炉缺水。事故发生后的表象是：水位不正常下降；省煤器有泄漏声；省煤器下部灰斗有湿灰，严重者有水流出；省煤器出口处烟温下降。

沸腾式省煤器处理办法：加大给水，降低负荷，待备用炉启用后再停炉；若不能维持正常水位则紧急停炉，并利用旁路给水系统，尽力维持水位，但不允许打开省煤器再循环系统阀门。非沸腾式省煤器处理办法：开启旁路阀门，关闭出入口的风门，使省煤器与高温烟气隔绝；打开省煤器旁路给水阀门。

事故原因：给水质量差，水中溶有氧和二氧化碳发生内腐蚀；经常积灰，潮湿而发生外腐蚀；给水温度变化大，引起管道裂缝；管道材质不好。预防措施：控制给水质量，必要时装设除氧器；及时吹铲积灰；定期检查，做好维护保养工作。

6.1.4 锅炉给水安全

水是锅炉的主要工质之一，水质优劣直接影响着锅炉设备的安全经济运行。根据锅炉事故分析，水质不良造成的锅炉事故约占锅炉事故总数的 40%以上。因此，在锅炉运行管理中，必须做好水处理及水垢的清除工作。

(1) 水中杂质危害及水处理

天然水中含有大量杂质，未经处理的水应用于锅炉就容易形成水垢、腐蚀锅炉、恶化蒸汽质量等。各种杂质的危害主要表现在以下方面。

① 氧：存在于水中的氧对金属具有腐蚀作用，水温在 60～80℃，还不足以把氧从水中驱出，而氧腐蚀速率却大大增加。水的 pH 对氧腐蚀有很大影响，$pH<7$ 时，可促进溶解氧的腐蚀；$pH>10$ 时，氧腐蚀基本停止。水中溶解氧是锅炉腐蚀的主要原因。

② 二氧化碳：水中二氧化碳含量较高时呈酸性反应，对金属有强烈的腐蚀作用。水中的二氧化碳还是使氧腐蚀加剧的催化剂。

③ 硫化氢：水中的硫化氢会引起锅炉的严重腐蚀。

④ 钙、镁：水中的钙、镁一般以碳酸氢盐、盐酸盐、硫酸盐的形式存在，是锅炉受热面结垢的主要原因。

⑤ 氯离子：为减少氯离子引起的点蚀和应力腐蚀裂纹，钢铁锅炉水通常建议控制氯离子不超过 300mg/L。

⑥ 二氧化硅：能和钙、镁离子形成非常坚硬、不易清除的水垢。

⑦ 硫酸根：给水中的硫酸根进入锅炉后与钙、镁结合，在受热面上生成石膏质水垢。

⑧ 其他杂质：碳酸钠、重碳酸钠进入锅炉后受热分解，产生氢氧化钠使炉水碱度增加，分解产物中的二氧化碳又是一种腐蚀性气体。炉水碱度过高会引起汽水共腾，也可能在高应力部位发生苛性脆化。有机介质进入锅炉，受热分解会造成汽水共腾，并产生腐蚀。

水处理包括锅炉外水处理和锅炉内水处理两个步骤。

① 锅炉外水处理：天然水中的悬浮物质、胶体物质以及溶解的高分子物质，可通过凝聚、沉淀、过滤处理；水中溶解的气体可通过脱气的方法去除；水中溶解的盐类常用离子交换法和加药法等进行处理。

② 锅炉内水处理：向锅炉用水中投入软水药剂，把水中杂质变成可以在排污时排掉的泥垢，防止水中杂质引起结垢。此法对低压锅炉，防垢效率可达 80%以上；但对压力稍高的锅炉，效果不大，仅可作为辅助处理方法。

(2) 水垢的危害及清除

锅炉水垢按其主要组分可分为碳酸盐水垢、硫酸盐水垢、硅酸盐水垢和混合水垢。碳酸盐水垢主要沉积在温度和蒸发率不高的部位及省煤器、给水加热器、给水管道中；

硫酸盐水垢（又称石膏质水垢）主要积结在温度和蒸发率最高的受热面上；硅酸盐水垢主要沉积在受热强度较大的受热面上。硅酸盐水垢十分坚硬，难清除，热导率很小，对锅炉危害最大。由硫酸钙、碳酸钙、硅酸钙和碳酸镁、硅酸镁、铁的氧化物等组成的水垢称混合水垢，根据其组分不同，性质差异很大。

水垢不仅浪费能源，而且严重危害锅炉安全。水垢的热导率比钢材小得多，所以水垢能使传热效率明显下降，排烟温度上升，锅炉热效率降低。使用过程中，需要定期拷铲或化学除垢，而除垢会引起机械损伤或化学腐蚀，缩短锅炉寿命。而且，结垢也是锅炉受热面过热变形或爆裂的主要原因。

因为无论采用哪种水处理方法，都不能绝对清除水中的杂质。在运行锅炉中不可避免地有一个水垢生成过程。因此，除采用合理的水处理方法外，还要及时清除锅炉内产生的水垢。目前，清除水垢有手工除垢、机械除垢、化学除垢三种方法。

① 手工除垢。采用特制的刮刀、铲刀及钢丝刷等专用工具清除水垢。这种方法只适用于清除面积小、结构不紧凑的锅炉结垢。对于水管锅炉和结构紧凑的火管锅炉管束上的结垢，采用这种方法则不易清除。

② 机械除垢。主要采用电动洗管器和风动除垢器。电动洗管器主要用于清除管内水垢，风动除垢器常用的是空气锤和压缩空气枪。

③ 化学除垢。常称为水垢的“化学清洗”，是目前比较经济、有效、迅速的除垢方法。化学清洗是利用化学反应将水垢溶解除去的方法。清洗过程是水垢与化学清洗剂反应，不断溶解、不断用水带走的过程。由于所加的化学清洗剂及其反应性质不同，故有不同的化学清洗方法，主要有盐法、酸法、碱法、螯合剂法、氧化法、还原法、转化法等。目前用得较多的是酸法和碱法。

6.2 压力容器的安全概述及操作维护

6.2.1 压力容器安全概述

对于非明火压力容器（以下均简称压力容器），需要承受一定的温度、压力，因工艺介质性质的不同，常会伴随一定的化学或电化学腐蚀，尤其是化工压力容器所处理的工艺介质多数易燃、易爆、有毒，一旦发生事故，所造成的损害要比常温常压机械设备大得多，而且易产生中毒、火灾、爆炸等次生灾害，扩大事故后果。因此，对压力容器必须进行安全监察和安全管理。

6.2.1.1 压力容器的应用特点

(1) 种类繁多、应用面广

压力容器主要用于石油、化学和冶金工业，种类繁多、形式各异。下面简单介绍压力容器的不同分类方法。压力容器按照其工艺功能划分为反应容器、换热容器、分离容器和贮运容器四个类型；按照其设计压力 p 划分为低压容器、中压容器、高压容器和超高压容器四个类型；按照其设计压力 p 和容积 V，结合其工艺功能、其中物料的性质分类及其危险性，划分为第Ⅰ类容器、第Ⅱ类容器和第Ⅲ类容器三个类型。

压力容器的介质包括气体、液化气体以及最高工作温度高于或等于标准沸点的液体，大致可分为以下两组：第一组介质，毒性程度为极度危害、高度危害的化学介质，易爆介质，液化气体；第二组介质，除第一组以外的介质。

介质危害性指压力容器在生产过程中因事故致使介质和人体大量接触，发生爆炸或者因经常泄漏引起职业性慢性危害的严重程度，用介质毒性程度和爆炸危害程度表示。介质毒性程度综合考虑急性毒性、最高允许浓度和职业性慢性危害等因素，极度危害最高允许浓度小于 0. 1mg/m^3；高度危害最高允许浓度为 0. 1～＜1. 0mg/m^3；中度危害最高允许浓度为 1. 0～＜10. 0mg/m^3；轻度危害最高允许浓度大于或等于 10. 0mg/m^3。易爆介质指气体或液体的蒸气、薄雾与空气混合形成的爆炸混合物，并且其爆炸下限小于 10%，或者爆炸上限和爆炸下限的差值大于等于 20%的介质。介质的毒性危害程度和爆炸危害程度应依据《化学品安全技术说明书　内容和项目顺序》（GB/T 16483—2008）等标准确定。如该标准未明确规定某项，则可参考《工作场所有害因素职业接触限值　第 1 部分：化学有害因素》（GBZ 2. 1—2019）中的职业接触限值原则，由压力容器设计单位结合具体介质性质、接触浓度、工况、结构形式等因素自行确定介质组别。

压力容器类别划分方法如下。

① 基本划分：压力容器类别的划分应当根据介质特性等选择类别划分图，再根据设计压力 p（单位 MPa）和容积 V（单位 L）标出坐标点，确定压力容器类别：第一组介质压力容器类别的划分见图 6-1；第二组介质压力容器类别的划分见图 6-2。

② 多腔压力容器类别划分：多腔压力容器（如换热器的管程和壳程、夹套容器等）按照类别高的压力腔作为该容器的类别，并且按照该类别进行使用管理。但是应当按照每个压力腔各自的类别分别提出设计、制造技术要求。对各压力腔进行类别划定时，设计压力取本压力腔的设计压力，容积取本压力腔的几何容积。一个压力腔内有多种介质时，按照组别高的介质划分类别。

③ 介质含量极小的压力容器类别划分：当某一危害性物质在介质中含量极小时，应当根据其危害程度及其含量综合考虑，按照压力容器设计单位决定的介质组别划分类别。

④ 特殊情况的类别划分：坐标点位于图 6-1 或图 6-2 的分类线上时，按照较高的类别划分；对容积在 25L 以下、内径小于 150mm 的常规压力容器和一些容积大于 25L 的特殊行业的低压带压设备，容规中均有明确的划分说明，一般统一划分为第Ⅰ类压力容器，在一种压力容器中，如同时具备两个以上的工艺作用原理时，应当按照工艺过程中的主要作用来划分品种。

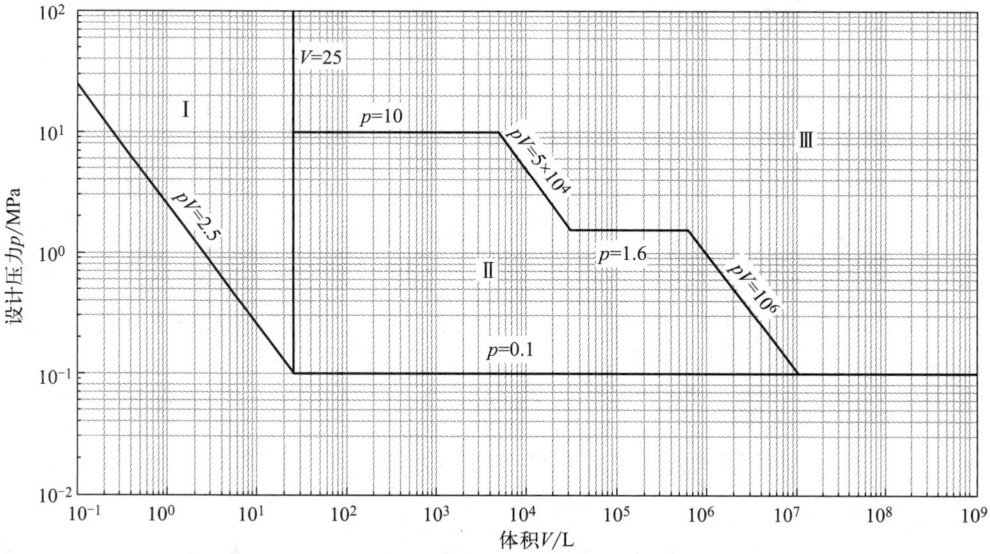

图 6-1 压力容器类别划分图（第一组介质）

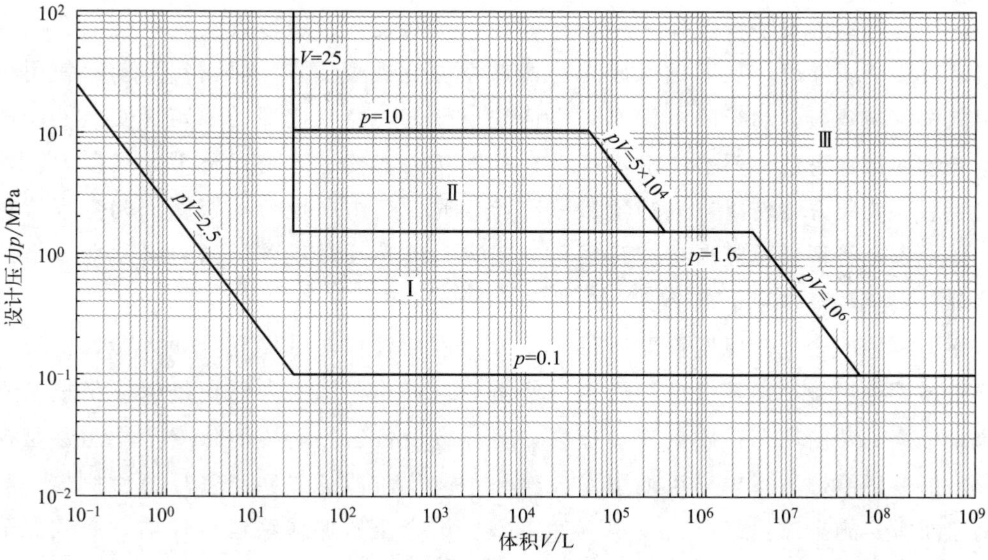

图 6-2 压力容器类别划分图（第二组介质）

压力容器广泛用于石油、化学和冶金工业的各个领域。如一个年产 30 万吨的乙烯装置，其中有压力容器 281 台，占设备总量的 35.4%。至于工厂用的液化石油气瓶、氧气钢瓶、氢气钢瓶更是随处可见。压力容器在医药、机械、采矿、航空航天、交通运输等工业部门也有广泛应用。

(2) 操作条件复杂、安全要求高

压力容器的操作条件极为复杂，有些甚至达到苛刻的地步。从－100℃以下的低温到 1000℃以上的高温，从大气压以下的真空到 100MPa 以上的超高压，温度和压力变化范围相当广。处理的介质多为易燃、易爆、有毒、腐蚀等有害物质，有数千个品种。如合成氨的操作压力为 10～100MPa，高压聚乙烯装置的操作压力为 100～200MPa。操作条件的复杂性使压力容器从设计、制造到使用、维护都不同于一般机械设备。

压力容器结构并不复杂，但因其承受各种静、动载荷或交变载荷，还有附加的机械或温度载荷，加工的物料多为有危险性的饱和液体或气体，容器一旦破裂就会卸压，导致液体蒸发或蒸气、气体膨胀，瞬间释放出极大量的破坏能量。承压容器多为焊接结构，容易产生各种焊接缺陷，一旦检验或操作失误，易发生爆炸破裂，器内的易燃、易爆、有毒介质将向外喷泄，会造成灾难性后果。所以压力容器比一般机械设备有更高的安全要求。

6.2.1.2 压力容器安全管理

目前，系统工程管理是压力容器管理推行的方法，即把容器的科研、设计、制造、安装、操作、检验、修理、事故、报废和信息反馈各个环节作为一个系统工程加以研究。研究人与容器、容器与环境、环境与人的相互作用、相互依存关系，用信息论和控制论方法，掌握和控制容器的技术现状，防范事故，确保压力容器安全、经济地运行。

在压力容器的安全管控体系中，首要任务是对设计、制造及安装单位的资质进行严格审查和资质许可，从而确保压力容器质量符合规范要求。容器启用前，使用单位必须向国家或省级劳动行政主管部门申请注册登记，经专业评估确定其安全性能等级后，申领使用许可证，严格杜绝不符合标准的压力容器进入使用环节。当压力容器完成安装后，安装方与使用方进行项目移交验收时，须由属地劳动监管部门全程监督见证。整个安全管理过程应当持续开展科学研究与信息反馈工作，同时将从业人员的技术培训与安全教育贯穿于整个安全管理体系的全过程。

压力容器的全生命周期管理体系可划分为前期管理与后期管理两大阶段。设备前期的资质管控直接决定其运行可靠性与经济效益产出，同时为后期维保提供技术支撑与决策依据。若前期存在质量管理疏漏，将导致设备运行阶段潜伏安全隐患甚至提前失效，而后期维护不当同样可能引发安全事故。现阶段通过实施驻厂监检制度，对产品制造质量实施全过程监控、技术文件完整性核查及质保体系运行评估，有效保障设备前期管理质量。

针对在用压力容器的安全管控，基于设备安全状态评级建立分级检验机制，通过周期性检测评估及时调整设备状态等级。依据检测数据与修复效果动态更新设备风险等级，形成“继续服役-限制运行-修复使用-强制报废”的多级决策机制。当前安全监管体系依托设备状态分级实施精准管控，同步推行检验机构资质认证、检测人员资格考核及焊接作业人员持证管理三重保障机制，确保检验作业规范性、焊缝质量可靠性，实现对安全隐患的早期识别与主动干预，构建预防性安全保障体系。

该系统性管理模式的实施，不仅为压力容器技术创新提供支撑，更为在用设备全生命周期的合规设计、安全生产和经济效益最大化构建了完整的保障机制。

6.2.2 压力容器的操作与维护

压力容器的设计性能存在明确的限定边界，其承载强度、抗腐蚀能力和温度耐受性均需在特定参数范围内实现。实际运行中，人为操作失误极易引发设备性能衰减或突发性安全事故。全球压力容器故障案例分析表明，超过半数的事故根源可追溯至操作流程失当。当前随着化工领域新型材料研发加速、生产装置规模化发展、极端工况常态化应用，以及中高强度特种钢材普及化使用，操作人员的规范化作业管理已成为预防压力容器失效风险的核心管控环节。

6.2.2.1 压力容器工艺参数原则

压力容器的工艺规范、操作规程及运行参数设置必须严格遵循设备结构强度的安全阈值。工艺规程和岗位操作法应重点管控以下要素。

(1) 运行边界控制

① 压力容器工艺操作指标及最高工作压力、最低工作壁温；

② 操作介质的最佳配比和其中有害物质的最高允许浓度及反应抑制剂、缓蚀剂的加入量。

(2) 作业程序规范

① 标准化启停流程与工况转换程序；

② 限定升压/降压、升温/降温速率极值；

③ 确立压力波动允许区间及特殊工况处置要求。

(3) 设备监护机制

① 运行中的巡回检查路线，检查内容、方法、周期和记录表格；

② 制定异常工况诊断标准及应急处置预案；

③ 完善运行参数记录体系与趋势分析制度。

(4) 全周期管理要求

① 明确压力容器岗位职责矩阵与维护保养规程；

② 规定压力容器停用设备封存技术标准与保养方案。

使用单位必须严格遵守原始设计参数，严禁在温度/压力超标、低温脆化或腐蚀加剧条件下运行。操作人员必须熟知工艺规程、岗位操作法和安全技术规程，通晓容器结构和工艺流程，经理论和实际考核合格取得资质认证后方可上岗作业。

6.2.2.2 压力容器操作维护

① 应从工艺操作上制定措施，保证压力容器的安全经济运行。如完善平稳操作规定，通过工艺改革，适当降低工作温度和工作压力等。

② 应加强防腐蚀措施，如喷涂防腐层、加衬里，添加缓蚀剂，改进净化工艺，控制腐蚀介质含量以及便于放净防止积液的设备结构等。

③ 根据存在缺陷的部位和性质，采用定期或状态监测手段，查明缺陷有无发展及

发展程度，以便采取措施。

6.2.2.3 异常情况处理

为了确保安全，当压力容器运行过程中出现下列任一技术状态异常时，须立即执行紧急停机程序。

① 参数越界失控：容器关键运行参数（工作压力/壁温/有害物浓度）超过操作规程规定的允许值，经应急处置仍无法有效控制时；

② 结构完整性失效：容器受压元件发生贯穿或非稳定裂纹、鼓包、变形或严重泄漏等，危及安全运行时；

③ 保护系统失效：安全附件失灵，无法保证容器安全运行时；

④ 连接系统崩溃：紧固件损坏、接管断裂，难以保证安全运行时；

⑤ 次生灾害风险：容器本身、相邻容器或管道发生火灾、爆炸或有毒有害介质外溢，直接威胁容器安全运行时。

应对压力容器异常工况，建立系统性安全评估机制，必须克服侥幸心理和临时处置思维，应谨慎、全面地考虑事故的潜在性和突发性，确保处置决策同时覆盖显性故障排除与隐性风险防控两个维度。

6.2.3 压力容器破裂和缺陷修复

6.2.3.1 压力容器破裂

压力容器及其承压部件在使用过程中，其尺寸、形状或材料性能发生改变，完全失去或不能良好实现原定功能，继续使用会失去可靠性和安全性，需要立即停用修复或更换，把这称作压力容器及其承压部件的失效。压力容器最常见的失效形式是破裂失效，有韧性破裂、脆性破裂、疲劳破裂、应力腐蚀破裂、蠕变破裂等几种类型。通过对破裂宏观变形和微观形貌的观察分析，可以判断破裂的类型和致因。

（1）韧性破裂

韧性破裂是容器壳体承受过高的应力，以致超过或远远超过其屈服极限和强度极限，使壳体产生较大的塑性变形，最终导致破裂。容器的韧性破裂，爆破压力一般超过容器剩余壁厚计算出的爆破压力。如化学反应过载破裂，一般产生粉碎性爆炸；物理性超载破裂，多从容器强度薄弱部分突破，一般无碎片抛出。

韧性破裂的特征主要表现在断口有缩颈，其断面与主应力方向成45°，有较大剪切唇，断面多呈暗灰色纤维状。当严重超载时，爆炸能量大、速度快，金属来不及变形，易产生快速撕裂现象，出现正压力断口。

（2）脆性破裂

脆性破裂从压力容器的宏观变形观察，并不表现出明显的塑性变形，常发生在截面不连续处，并伴有表面缺陷或内部缺陷，即常发生在严重的应力集中处。因此，把容器未发生明显塑性变形就破坏的破裂形式称为脆性破裂。

化工压力容器常发生低应力脆断，主要原因是热学环境、载荷作用和容器本身结构缺陷。所处理的介质易造成容器应力腐蚀、晶间腐蚀、氢损伤、高温腐蚀、热疲劳、腐蚀疲劳、机械疲劳等，使焊缝和母材原发缺陷易于扩展开裂，或在应力集中区易产生新的裂纹并扩展开裂，使容器承受的应力低于设计应力而破坏。

(3) 疲劳破裂

压力容器在周期性应力载荷持续作用下，承压设备的结构部件将发生渐进性损伤累积，承压部件发生破裂或泄漏。其与脆性破裂一样，容器外观没有明显的塑性变形，而且也是突发性的。容器的这种破坏形式称为疲劳破裂。疲劳破裂往往发生在局部应力较高或存在材料缺陷处，加之器壁总体应力不大，所以容器没有明显塑性变形。如果容器材料强度较低而韧性较好，不一定发生破裂，而是疲劳裂纹穿透器壁发生泄漏。如果容器材料强度偏高而韧性较差，则要发生爆破事故。

疲劳破裂一般要经历裂纹的产生、裂纹扩展到临界尺寸、剩余断面的失稳断裂三个阶段，断口也有三个区。由于裂纹始发部分占断口尺寸很小，观察到的较明显的是裂纹扩展区和最终断裂区两个区。前者有一个“磨亮”的平滑表面，能看到贝壳状纹理，汇聚于破裂起源点，即应力集中或原始缺陷处；后者则呈放射状及人字状花纹。

容器发生疲劳破裂的先决条件是存在交变载荷，可以是开停车或间歇操作容器周期性的加压卸压、操作过程中较大的压力或温度波动等。其次，发生疲劳破坏的局部区域存在较大的应力变化幅度，因而，具备疲劳裂纹扩展的载荷条件，即交变应力范围。此外，该区域原来就可能存在裂纹性缺陷。

(4) 应力腐蚀破裂

应力腐蚀破裂是指容器材料在特定的介质环境中，在拉应力作用下，经一定时间后发生开裂或破裂的现象。

(5) 蠕变破裂

在高温下运行的压力容器，当操作温度超过一定限度，材料在应力作用下发生缓慢的塑性变形，塑性变形经长期累积，最终会导致材料破裂。蠕变破裂有明显的塑性变形和蠕变小裂纹，断口无金属光泽呈粗糙颗粒状，表面有高温氧化层或腐蚀物。

6.2.3.2 压力容器缺陷修复

压力容器破裂大多是由制造质量较差所致。压力容器的制造缺陷有成型组装缺陷和焊接缺陷两个类型。确认材质无劣化或劣化甚微不影响使用，或可用焊接方法修复的压力容器，应该进行修复。

在材质没有劣化的前提下，表面缺陷如裂纹、咬边、划伤、电弧擦伤等，可通过打磨圆滑过渡消除，如果剩余壁厚能够满足结构强度要求，则可接着采用防腐措施或改进工艺参数防止继续腐蚀。对于塑性、韧性、可焊性较好的钢材，其缺陷可采用补焊或堆焊的方法处理。施焊时应采取必要措施，防止焊接产生新的焊接缺陷和金属损伤。发现有大面积腐蚀和磨损难以堆焊处理时，可采用局部挖补方法，也可采用开设接管或人孔的方法。发现材质严重劣化时，不应轻易补焊或堆焊，必要时可局部更换或报废。临氢介质容器缺陷涉及焊接修复时，必须消氢后施焊。根据上述缺陷处理原则，可采用以下方法修复。

(1) 打磨法

表面缺陷可用打磨法处理。考虑到缺陷底部可能产生裂纹或表面裂纹有超深的可能，打磨时应注意：如点状或小面积缺陷应用指形砂轮打磨；条状缺陷应用角形砂轮沿缺陷走向打磨成条形深槽，边打磨边进行磁粉或着色探伤，直到消除缺陷为止。打磨后不得有棱角或条痕。如打磨缺陷过深需要补焊时，应进行补焊处理。

(2) 补焊和堆焊方法

表面超深缺陷和埋藏缺陷，首先将有缺陷部位按焊接要求打磨成坡口，用补焊方法消除。表面龟裂或大面积腐蚀需要堆焊处理。如母材和焊缝存在埋藏缺陷，当清除缺陷深度达 2/3 板厚时仍存在缺陷，应停止清除，开始补焊，然后在背面重新清除再补焊。如采用碳弧气刨清除缺陷，应用砂轮修整刨槽，并清除渗碳层后补焊。补焊后应进行无损探伤。

(3) 局部挖补或部分更换法

发现局部腐蚀超深、局部材质劣化、局部蠕变或局部鼓胀变形，难以保证安全使用，可采取局部挖补或部分更换筒节或封头的方法处理。挖补就是挖掉一块补上一块，也叫镶块补焊。对厚壁容器的局部挖补，补板中心要加厚，边缘与筒体等厚，焊后应进行热处理或消除应力处理。

如果局部损伤严重、面积较大，可以采用局部更换筒节或封头的方法。更换筒节的长度不得小于 300mm，且不小于 5 倍壁厚。局部更换筒节，施焊时必须保证一端能自由伸缩，防止焊缝产生过高的收缩应力和残余应力。

(4) 层板包扎加固法

容器局部腐蚀严重，材料可焊性较差，缺陷无法用焊接方法消除时，容器受力由环向应力控制，轴向强度有足够安全裕量，在结构允许的条件下，层板包扎加固。层板一般采用可焊性好的材质，防止使用层板与筒体会产生电化学腐蚀的材料。

(5) 堵孔

厚壁容器发生穿孔腐蚀、制造时钻孔失误、运行中泄漏时，只要孔径小于设计规定的壳体无补强开孔直径时，可以采用自紧密封焊封堵。

6.2.4 压力容器安全状况等级评定

压力容器一般应当于投入使用后三年内进行首次定期检验。在用压力容器安全状况等级评定是把压力容器安全监察和安全管理推向按压力容器安全状况进行管理的轨道。这里介绍的是常规安全状况等级评定。

6.2.4.1 安全状况等级评定原则

应根据对材质、结构和缺陷的检验结果，进行材质、结构和缺陷的评定，做出客观、明确的结论。评定时，既承认已多年使用的超标缺陷，又不排除其存在的危险性。对有材质劣化、原有缺陷有扩展又产生新缺陷的压力容器，应从严评定。评定等级分为5级。评定时，以评定项目等级最低项的等级作为压力容器最终等级。现行容规规定：安全状况等级为1、2级可继续使用，下次检验周期为6年；安全状况等级为3级可继续使用，下次检验周期为3～6年；安全状况等级为4级应监控使用，其检验周期由检验机构确定，累计监控使用时间不得超过3年，但液化气体罐车、槽车不允许继续使用；5级应对缺陷进行处理，否则不得继续使用。

6.2.4.2 安全状况等级评定

（1）材质评定

实际材质与原设计选定材质不符合时，如果实际材质清楚，经材质检验未发现新生缺陷（不包括正常腐蚀），不影响定级。如使用中产生新缺陷，并确认是实际材质选用不当所致，应定为4级或5级，液化气体罐车、槽车应定为5级。

材质如有石墨化、合金元素迁移、回火脆性、应变时效、晶间腐蚀、氢损伤及脱碳、渗碳等，应根据材质劣化程度定为4级或5级。

（2）结构评定

封头主要参数不符合现行标准，但经检验未发现新缺陷，可定为2级或3级，如发现新缺陷应根据有关规定条款评定。封头与筒体连接形式，如采用单面焊对接而未焊透，液化气体罐车、槽车应定为5级；其他用途压力容器应定为3～5级。如采用不等厚板件对接结构，经检验未查出新缺陷，可定为3级；若发现新缺陷，则应定为4级或5级。

焊缝布置不当或焊缝间距小于规定值，经检验未发现新缺陷，可定为3级；若发现新缺陷，则应定为4级或5级。按规定应采用全焊透结构的角焊缝，但没有采用全焊透结构的主要承压元件，经检验未发现新缺陷，可定为3级；若发现新缺陷，应定为4级或5级。

如果开口不当，经检验未发现新缺陷，对一般压力容器可定为2级或3级；如果孔径超过规定，其计算和补强结构经过特殊考虑，不影响定级；未做特殊考虑，补强不够，应定为4级或5级。

错边量和棱角度超标，应根据具体情况评定。

（3）缺陷评定

表面裂纹按规定是不允许的，应一律消除。如果确有裂纹，其深度在壁厚余量范围内，打磨后不需补焊，不影响定级；其深度超过壁厚余量，打磨后补焊合格，可定为2级或3级。

由于工卡具、电弧等因素引起压力容器损伤，如果是焊迹可利用打磨方法消除，在不补焊的情况下能保持原有性能，不影响定级；需要补焊的，补焊合格后可定为2级或3级。变形无须进行处理的，不影响定级，继续使用不能满足强度要求的，可定为5级。使用时出现局部鼓包，如弄清原因并判断不再继续发展时，可定为4级；无法查明原因或发现材质进入屈服状态，可定为5级。

焊缝咬边深度在内表面不超过0.5mm，在外表面不超过1.0mm；焊缝连续长度在内外表面均不超过100mm；焊缝两侧咬边长度在内表面不超过焊缝总长的10%，在外表面不超过焊缝总长的15%，对于一般压力容器不影响定级，当咬边超标时应予修复。对罐、槽车和有特殊要求的压力容器，检验时未发现新的缺陷，可定为2级或3级；查出有新缺陷及咬边超标，应予修复。对低温压力容器，焊缝咬边应打磨消除，无须补焊的，不影响评级：若需补焊，补焊合格后可定为2级或3级。

存在腐蚀的压力容器，对于均匀腐蚀，如按最小壁厚余量（扣除至下一个使用周期的腐蚀量的2倍）校核强度合格，不影响评级；若需补焊，补焊合格后可定为2级或3级。

压力容器焊缝存在的埋藏缺陷应按规定进行局部或全部探伤，根据具体情况评定。压力容器耐压试验时安全性能不能满足要求，属于本身原因的，应定为5级。

6.2.4.3 检验评定报告

检验评定报告应包括所评定的安全状况等级、允许继续使用的参数、监控使用的限制条件、下次的检验周期、判废的依据及其他事宜。

6.3 高压工艺管道的安全技术管理

6.3.1 概述

作为化工生产体系的核心动脉网络，工艺管道系统承担着连接反应单元、传递工艺介质的核心功能，其运行可靠性直接决定生产系统的连续性，以完成特定的化工工艺过程，达到制取各种化工产品的目的。工艺管道与机械设备一样，伴有介质的化学环境和热学环境，在复杂的工艺条件下运行，设计、制造、安装、检验、操作、维修的任何失误，都有可能导致管道的过早失效或发生事故。特别是高压工艺管道，由于承受高压，加上化工介质的易燃、易爆、有毒、强腐蚀和高低温特性，一旦发生事故，就更具危险性。

在化工装置中，高压工艺管道的主要风险集中表现为温度压力异常、材料侵蚀损耗及机械振动三大类。超温超压现象往往源于反应系统的操作失控或工艺参数异常波动，而管道腐蚀与磨蚀的剧烈程度则与介质组分中的腐蚀性物质浓度、杂质的含量、流体流动速率直接相关。机械振动问题可能由旋转设备动平衡失调或基础结构设计缺陷引发，更普遍的诱因在于管路系统内高速流体因弯头密集、截面突变或流速过高产生的周期性激振力。材料侵蚀会持续降低管壁的承压能力，机械振动则易导致法兰密封失效、焊缝疲劳开裂等连锁反应。在高压介质易燃易爆、有毒强腐蚀的条件下，即便微小管件或阀门的局部破损，也极可能演变为火灾爆炸或毒害扩散等灾难性后果。行业统计数据表明，高压管道的事故发生率及其破坏性强度已与压力容器事故处于同等风险等级，其安全管控必须作为化工装置完整性管理的核心环节加以强化。

为了防止事故、强化化工高压工艺管道的安全管理，《化工企业压力管道管理规定》以及中华人民共和国国家质量监督检验检疫总局发布的 TSG D0001—2009《压力管道安全技术监察规程——工业管道》明确将工艺压力管道（包括高压蒸汽、液化气体、易燃易爆及有毒介质管道）纳入特种设备安全监察范围；同时，行业最新标准 GB/T 44958—2024《化工设备安全管理规范》对化工设备（含高压管道）从选材、设计、制造、安装、运行、检维修到处置的全过程安全管理提出了系统要求。高压工艺管道的管理范围为：

①静载设计压力为 10～32MPa 的化工工艺管道和氨蒸发器、水冷排、换热器等设备和静载工作压力为 10～32MPa 的蛇管、回弯管；

②工作介质温度－20～370℃的高压工艺管道。

6

6.3.2 高压管道的设计、制造和安装

(1) 高压管道设计

高压工艺管道的设计工作须由具备相应压力等级资质认证的专业机构承担，此类机构应持有与管道工作压力等级相匹配的三类压力容器设计资质。设计过程中必须严格遵循国家现行压力管道规范体系及工程技术标准，确保所有技术参数符合行业强制要求。设计主体单位需向施工方提供包含完整技术文档、施工详图及力学计算书的全套设计资料，且所有技术文件须经设计单位总工程师审核签发后方具备法律效力与技术合规性。

(2) 高压管道制造

高压工艺管道、阀门管件和紧固件的制造必须由经过省级以上主管部门鉴定和批准的有资格的单位承担。制造单位应具备下列条件：

① 有与制造高压工艺管道、阀门管件相适应的技术力量、安装设备和检验手段；

② 有健全的制造质量保证体系和质量管理制度，并能严格执行有关规范标准，确保制造质量。

制造厂对出厂的阀门、管件和紧固件应出具产品质量合格证，并对产品质量负责。

(3) 高压管道安装

高压工艺管道的安装作业须由具备国家三类压力容器安装资质且许可范围覆盖对应压力等级的专业施工单位实施。对于已配备高压工艺管道的生产型企业，其管道维修改造工程仅限针对自有管道系统开展，且作业过程需严格遵循特种设备安全技术规范，严禁超出资质认定范围承接第三方管道工程。

高压工艺管道的安装修理与改造必须严格执行《工业金属管道工程施工规范》（GB

50235—2010)、《现场设备、工业管道焊接工程施工规范》(GB 50236—2011)以及设计单位提供的设计文件和技术要求。施工单位对提供安装的管道、阀门、管件、紧固件要认真管理和复检，严防错用或混入假冒产品。施工中要严格控制焊接质量和安装质量并按工程验收标准向用户交工。高压管道交付使用时，安装单位必须提交下列技术文件：

① 高压管道安装竣工图；

② 高压钢管检查验收记录；

③ 高压阀门试验记录；

④ 安全阀调整试验记录；

⑤ 高压管件检查验收记录；

⑥ 高压管道焊缝焊接工作记录；

⑦ 高压管道焊缝热处理及着色检验记录；

⑧ 管道系统试验记录。

试车期间，如发现高压工艺管道振动超过标准，由设计单位与安装单位共同研究，采取消振措施，消振合格后方可交工。

6.3.3 高压管道操作与维护

高压工艺管道作为衔接生产装置与工艺设备的关键传输系统，应纳入对应机械设备的岗位管理范畴，实行与主体设备联动的统一操作与维护机制。相关作业人员需系统掌握高压管网的工艺流程、运行控制指标及设备构造特性。岗位资质认证体系中必须设置高压管道专项培训模块，人员须通过包含压力管道工艺规程、应急处置等内容的专业技术测评，取得操作授权后方可进行独立作业。

高压工艺管道的巡回检查应和机械设备一并进行。高压工艺管道检查时应注意以下事项：

① 机械和设备出口的工艺参数不得超过高压工艺管道设计或缺陷评定后的许用工艺参数，高压管道严禁在超温、超压、强腐蚀和强振动条件下运行；

② 检查管道、管件、阀门和紧固件有无严重腐蚀、泄漏、变形、移位和破裂以及保温层的完好程度；

③ 检查管道有无强烈振动，管与管、管与相邻件有无摩擦，管卡、吊架和支承有无松动或断裂；

④ 检查管内有无异物撞击或摩擦的声响；

⑤ 检查安全附件、指示仪表有无异常，发现缺陷及时报告，妥善处理，必要时停机处理。

高压工艺管道严禁下列作业：

① 严禁利用高压工艺管道作电焊机的接地线或吊装重物受力点。

② 高压管道运行中严禁带压紧固或拆卸螺栓。开停车有热紧要求者，应按设计规定热紧处理。

③ 严禁带压补焊作业。

④ 严禁热管线裸露运行。

⑤ 严禁借用热管线做饭或烘干物品。

6.3.4 高压管道技术检验

高压工艺管道的技术检验作为保障管道系统安全运行的核心管理措施，是评估管线服役状态、排查潜在隐患及实施事故预防机制的关键环节。该项检验工作须由企业内设的锅炉压力容器专业检验机构执行，或委托具备国家特种设备检验资质的第三方单位完成，相关检验机构需对检验结果承担法定责任。技术检验体系包含三级递进式评估流程，分别为基础性的外观状态检验、针对隐蔽缺陷的无损探伤检验以及涵盖材料性能、应力分析的系统性全面综合评估。

6

6.3.4.1 外部检查

车间每季至少检查一次，企业每年至少检查一次。检查项目包括：

① 管道、管件、紧固件及阀门的防腐层、保温层是否完好，可见管表面有无缺陷；

② 管道振动情况，管与管、管与相邻物件有无摩擦；

③ 吊卡、管卡、支承的紧固和防腐情况；

④ 管道的连接法兰、接头、阀门填料、焊缝有无泄漏；

⑤ 检查管道内有无异物撞击或摩擦声。

6.3.4.2 探查检验

探查检验是针对高压工艺管道不同管系可能存在的薄弱环节，实施对症性的定点测厚及连接部位或管段的解体检查。

(1) 定点测厚

高压工艺管道的测厚选点需基于系统性风险研判，重点覆盖介质动态作用下的典型失效风险区域。测点应有足够的代表性，找出管内壁的易腐蚀部位（如焊缝热影响区），流体转向的易冲刷部位（如弯头及异径管），制造加工减薄风险部位、高应力承载区域，以及根据实践经验选点，并充分考虑流体流动方式，如三通，有侧向汇流、对向汇流、侧向分流和背向分流等流动方式，流体对三通的冲刷腐蚀部位是有区别的，应对症选点。

将确定的测定位置标记在绘制的主体管段简图上，按图进行定点测厚并记录。定期分析对比测定数据并根据分析结果决定扩大或缩小测定范围和调整测定周期。根据已获得的实测数据，研究分析高压管段在特定条件下的腐蚀、磨蚀规律，判断管道的结构强度，制定防范和改进措施。

高压工艺管道定点测厚周期应根据腐蚀、磨蚀年速率（mm/a）确定。腐蚀、磨蚀速率小于 0.10mm/a，每四年测厚一次；0.10～0.25mm/a，每两年测厚一次；大于 0.25mm/a，每半年测厚一次。

(2) 解体抽查

解体抽查需建立动态检验档案体系，主要基于介质腐蚀特性、热应力分布、流体动力学参数及结构振动特征等多因素分析，选定具有工况代表性的可拆卸段进行解体检验，并在管道系统三维图中建立检验坐标定位体系。

检验重点聚焦关键承压元件完整性评估：法兰、三通、弯头、螺栓以及管口、管口壁、密封面、垫圈的腐蚀和损伤情况。同时还要抽查部件附近的支承有无松动、变形或断裂。对于不可拆解的全焊缝管道系统，优先选择介质交汇区域、异种钢焊接接头等高风险部位，在阀门维护窗口期运用工业内窥镜实施管壁内部状态扩展检验。

解体抽查计划应纳入企业预防性维护体系，结合装置大修周期实施分级轮检制度，通过分年度递进式检验实现管道系统全生命周期的完整性管理。

6.3.4.3 全面检验

全面检验是高压工艺管道的系统性检验，需结合生产装置大修或年度停车检修周期实施综合性停机评估，旨在对管道系统的服役状态进行技术鉴定，形成继续服役、降级使用、局部更新或强制报废的决策依据。全面检验的周期原则上应控制在 10 至 12 年区间内，且最后一次检验必须在管道设计寿命终止前完成。遇有下列情况则全面检验周期应适当缩短：

① 工作温度大于 180℃的碳钢和工作温度大于 250℃的合金钢的临氢管道或探查检验发现氢腐蚀倾向的管段；

② 通过探查检验发现腐蚀、磨蚀速率大于 0.25mm/a，剩余腐蚀余量低于预计全面检验时间的管道和管件，或发现有疲劳裂纹的管道和管件；

③ 使用年限超过设计寿命的管道；

④ 运行时出现超温、超压或鼓胀变形，有可能引起金属性能劣化的管段。

全面检验主要包括以下项目。

(1) 表面检查

表面检测体系包含宏观检查与表面无损检测技术双重维度。宏观检查是通过目视方法系统评估管道本体、管件及焊缝区域的表面腐蚀形貌，精确测定机械损伤的深度特征与分布规律，并建立完整的形态学档案。表面无损检测则应用磁粉检测或渗透检测等先进手段，对管件连接部位、焊缝热影响区及螺纹啮合面进行裂纹敏感性筛查，重点识别表面开口型缺陷（如微裂纹、折叠痕、腐蚀坑等）的形态特征。

针对全焊缝高压管道系统，应在阀门拆卸维护窗口期运用工业内窥镜实施管壁内部状态可视化检测。当内壁可达性受限时，需采用超声波测厚结合射线成像技术进行复合式缺陷评估，通过超声波反射信号与射线衰减系数的协同分析，实现对隐蔽性缺陷的立体化诊断。检测数据须同步集成至管道完整性管理系统，形成可追溯的数字化检测档案。

（2）解体检查和壁厚测定

管道、管件、阀门、丝扣和螺栓、螺纹的检查，应按解体要求进行。按定点测厚选点的原则对管道、管件进行壁厚测定。对于工作温度大于 180℃的碳钢和工作温度大于 250℃的合金钢的临氢管道、管件和阀门，可用超声波能量法或测厚法根据能量的衰减或壁厚“增厚”来判断氢腐蚀程度。

（3）焊缝埋藏缺陷探伤

对制造和安装时探伤等级低的、宏观检查成型不良的、有不同表面缺陷的或在运行中承受较高压力的焊缝，应用超声波探伤或射线探伤检查埋藏缺陷，抽查比例不小于待检管道焊缝总数的 10%。但与机械和设备连接的第一道、口径不小于 50mm 的或主支管口径比不小于 0.6 的焊接三通的焊缝，抽查比例应不小于待检件焊缝总数的 50%。

（4）破坏性取样检验

对于使用过程中出现超温、超压有可能影响金属材料性能的，或以蠕变率控制使用寿命、蠕变率接近或超过 1%的，或有可能引起高温氢腐蚀或氮化的管道、管件、阀门，应进行破坏性取样检验。检验项目包括化学成分、力学性能、冲击韧性和金相组成等，根据材质劣化程度判断邻接管道是否继续使用、监控使用或判断报废。

高压工艺管道系统性检验需同步执行承压完整性验证与密封性能测试，并形成法定技术文件。检验流程应分阶段实施液压/气压强度试验，测试压力须达到设计压力的 1.25～1.5 倍并维持稳压时效，通过压力衰减率评估结构稳定性。气密性试验需采用惰性气体介质实施超压检验，结合氦质谱或皂泡法进行微泄漏定位，泄漏率须符合标准要求。在此基础上，须编制包含三维应力分析图谱、材料金相检验数据及密封副配合精度的综合评价报告，明确管道系统在现行工况下的合规性等级与安全裕度。该报告需经第三方权威机构审核签章后，纳入设备全生命周期管理档案，作为下一检验周期规划与运行参数调整的核心依据。

6.4 动机械安全技术

在化学工业领域，多元化的生产工艺体系催生了种类繁多的特种设备应用。典型的生产单元配置包括物料输送设备、破碎装置、研磨系统、压滤分离器、离心分离机组、气体压缩单元及流体输送泵组等流程机械，同时涵盖设备维保所需的数控加工中心、精密车削系统等专用机床。这类设备普遍具备动态运转特性，其动力传动系统与旋转剪切机构被称为动态运转设备，统称为动机械。统计数据显示，化工生产的主要机械伤害事故源自此类动态设备组件的异常运行。通过实施动态设备风险源辨识与本质安全化改造工程，可显著提升行业本质安全水平。本节重点阐述动态设备的共性安全操作规范。

从人机工程学的角度看，人和机械是一个统一的整体，人和机械间要有合理的匹配。动机械的伤害事故是由人的不安全行为和机械本身的不安全状态造成的。

6.4.1 人的不安全行为

人的不安全行为表现是多方面的，大致可以分为操作失误和误入危区两种状况。

6.4.1.1 操作失误

在现代化工业生产体系中，机械装备普遍呈现系统集成度高、控制逻辑复杂的特性，这要求从业人员具备多维度的专业素养。然而个体在生理机能、认知水平及技能掌握层面存在显著异质性，具体表现在体能储备阈值、逻辑推演能力、风险研判精度以及动作协调性、操作程序熟练度等关键指标维度。特别值得关注的是，人类神经系统对环境刺激的应激响应机制具有高度敏感性，人的情绪易受作业环境变量、社会关系网络及家庭生活事件等外源性因素扰动时，极易引发注意力分配失当、判断优先级紊乱等非稳态心理反应，继而诱发人为操作偏差，导致操作失误。

① 动机械产生的噪声危害比较严重，操作者的知觉和听觉会产生麻痹，当动机械发出异声时，操作者不易发现或判断错误。

② 动机械的控制或操纵系统的排列和布置与操作者习惯不一致，动机械的显示器或指示信号标准化不良或识别性差，而使操作者误操作。

③ 操作规程不完善、作业程序不当、监督检查不力都易造成操作者失误，导致事故。

④ 操作者本身的因素如技术不熟练、准备不充分、心情不良等，也易导致失误。

⑤ 动机械突然发生异常，时间紧迫，造成操作者过度紧张而导致失误。

⑥ 操作者缺乏对动机械危险性的认识，不知道动机械的危急部位和范围，进行不安全作业而产生失误。

⑦ 取下平安罩、切断联锁装置等人为地使动机械处于不安全状态，从而导致事故。

6.4.1.2 误入危区

（1）动机械危区

所谓危区是指动机械在一定的条件下，有可能发生能量逆流或旁流造成人员伤害的部位或区域。如压缩机主轴联结部位、副轴、活塞杆、十字头、填料函、油泵皮带轮或传动轮、风机叶轮、电机转子等；机床的变速箱、轴、轴孔、卡盘、进刀架、固定支架、工件等；冲压机械的模具、传动系统、锤头等；剪切机械的刀口、传动系统等；传送机械的皮带、链条、滚筒、电机等。危区部位一般都有一定的危区范围，假如人的某个部位进入动机械危区范围，就有可能发生人身伤害事故。

（2）误入危区的原因

在人机系统中，人的自由度比动机械大得多，而每个人的素养和心理状态千差万别，所以误入危区的可能性是存在的。

① 机械操作状况的变化使工人改变已熟练掌握的原来的操作方法，会产生较大的心理负担，如不及时加强培训和教育，就很可能产生误入危区的不安全行为。

②“图省事、走捷径”是人们的共同心理。对于已经熟悉了的机械，人们往往会下意识地进行操作，也不必选择更安全的操作方法，因而会有意省掉某些操作环节，而且一次成功就会重复照干，这也是误入危区的常见原因。

③ 条件反射是人和动物的本能，但由于条件反射时会让人忘记置身于危区。如某工人在机床上全神贯注地工作，这时后面有人与之打招呼，条件反射使其下意识地转身，遗忘了身处危区，把手无意中伸入卡盘，发生伤害事故。

④ 疲惫使操作者体力下降、大脑产生麻木感，有可能出现某些不安全行为而误入危区。

⑤ 由于操作者身体状况不佳或操作条件影响，造成没看到或看错、没听到或听错信号，产生不安全行为而误入危区。

⑥ 人们有时会忘记某件事而出现思维错误，而错误的思维和记忆会使人做出不安全的行为，有可能使人体某个部位误入危区。

⑦ 指挥者不熟识业务，指挥不当，多人多机系统的联络失误以及紧急状态下人的紧急慌乱，都有可能产生不安全行为，导致误入危区。

6.4.2 动机械的不安全状态

尽管人为操作失准在工业事故成因中占据主导地位，但设备系统的固有安全缺陷同样构成重要风险源。工程技术层面的安全缺口与人员行为失误形成叠加效应，共同构成事故发生的多重致因。安全工程学研究表明，此类人机界面交互过程中的风险耦合现象，往往在设备安全冗余度不足或防护屏障失效时，显著提升意外伤害发生的概率阈值。

6.4.2.1 动机械危险源

动机械是运动的机械，当设备运行过程中产生动能非受控传递至人体组织时，当机械能逸散施于人体时，就会发生生物力学损伤事件。机械能逸散施于人体的主要原因是机械设计不合理、强度计算误差、安装调试存在问题、安全装置缺陷以及人的不安全行为。动机械伤害事故的危险源常存在于下列部位：

① 旋转的机件有将人体或物体从外部卷入的危险；旋转轴的突出部分有钩挂衣袖、裤腿、长发等而将人卷入的危险；机床的卡盘、钻头、铣刀等也存在着与旋转轴同样的危险。

② 传动部件如传动齿轮、传动皮带、传动对轮、传动链条等有钩挂衣袖、裤腿、长发等将人卷入的危险；风翅、叶轮等有绞伤或咬伤的危险。

③ 相互接触而旋转的滚筒，如轧机、压辊、卷板机、干燥滚筒等都有把人卷入的危险。

④ 做直线往复运动的部位，如往复泵和压缩机的十字头、活塞，龙门刨床、牛头刨床、平面铣床、平面磨床的运动机构等，都存在着撞伤和挤伤的危险。

⑤ 冲压、剪切、锻压等机械的模具、锤头、刀口等部位存在着撞压、剪切的危险。动机械的摇摆部位存在着撞击的危险。

⑥ 动机械的操纵点、控制点、检查点、取样点及送料过程都存在不同的潜在危险因素。

6.4.2.2 动机械不安全状态原因

动机械的设计、制造、安装、调试、使用、维修直至报废都有可能产生不安全状态。

(1) 设计阶段的原因

动机械的形式、结构和材质是在设计阶段决定的，所以设计阶段的有些不安全状态是先天的，将始终伴随动机械，终生难以消除。因此，控制设计时的不安全状态是极为重要的。

动机械设计时产生不安全状态的原因有：对安全装置和设施考虑不周；对使用条件的预想与实际差距太大；选用材质不符合工艺要求；强度或工艺计算有误；结构设计不合理；设计审核失误；等等。这些大都是设计者缺乏经验或疏忽所致。

(2) 制造、安装阶段的原因

制造、安装是动机械的成型阶段，在这个阶段产生不安全状态的原因有：没按设计要求装设安全装置或设施；没按设计要求选材；所用的材料没有按要求严格检查，材料存在的原始缺陷没有发现；制造工艺、安装工艺不合理；制造、安装技术不熟练，质量不合标准；随意更改图纸，不按设计要求施工；等等。

(3) 使用、维修阶段的原因

在设备全生命周期管理体系中，运行维护阶段作为机械系统效能输出的关键期，其安全风险主要源于多维度的系统性失效：操作层面存在非规范作业流程，环境维度面临极端工况条件挑战，机械学层面表现为润滑介质失效引发的摩擦副异常磨损及应力腐蚀加剧。其他风险要素包括超负荷运行、维护保养差、操作技术不熟练、人为造成机械不安全状态（如取下防护罩、切断联锁、摘除信号指示等）、超期不修、检修质量差等。更值得注意的是，设备可靠性劣化进程中的逾期服役现象与检修工艺控制失当（如公差配合精度超标、动态平衡校正不足等），会显著降低机械系统的本质安全水平，形成潜在的多米诺效应风险源。

6.4.3 动机械安全防护

动机械安全防护的重要环节是防止出现人的不安全行为和动机械的不安全状态。在动机械运行系统中，要有预防人身伤害的防护装置。

6.4.3.1　防止人的不安全行为

人在操作动机械的整个过程中，从信息输入、储存、分析、判断、处理到操作动作的完成，每个环节都有可能产生不安全行为而造成伤害事故。因此，必须采取各种措施避免人的不安全行为，提高人操作的安全可靠性。

应该建立健全安全操作规程，动机械的安全操作规程应包括下述内容：

① 动机械的工作原理、结构特点、各项性能指标；

② 动机械主要零部件的规格材质及使用条件；

③ 工艺流程、工艺指标、开停车方法及注意事项；

④ 安全操作法及有关规章制度；

⑤ 安全设施、冷却和润滑方法；

⑥ 危区及危区范围事故处理方法；

⑦ 合理的操作程序和操作动作。

动机械操作规程应针对不同类型动机械的特点，详细准确地编制。安全操作规程一经确立，就是动机械的操作法规，不得随意违反。

应定期进行安全教育和安全技术培训，不断提高操作者的安全意识和安全防护技能，教育操作者熟练掌握并严格遵守安全操作规程，应结合同类型动机械事故案例进行教育，使操作者对操作过程中可能发生的事故进行预测和预防。

应不断改善操作环境，如室温、尘毒、振动、噪声等的处理和控制；加强劳动纪律规范，防止操作者过度疲劳作业；优化人机匹配，防止或减少失误。

6.4.3.2　提高动机械的安全可靠性

（1）零部件安全

动机械的各种受力零部件及其连接必须合理选择结构、材料、工艺和安全系数，在规定的使用寿命期内，不得产生断裂和破碎。动机械零部件应选用耐老化或抗疲劳的材料制造，并规定更换期限，其安全使用期限应小于材料老化或疲劳期限。对于易被腐蚀的零部件，应选用耐腐蚀材料制造或采取相应的防腐措施。针对环境敏感区域的腐蚀防护体系，应采用金属基复合材料或实施等离子喷涂处理，对于高腐蚀工况环境需额外配置电化学保护装置，特别在海洋盐雾或化工腐蚀介质场景中需采用多层复合防腐涂层技术。

（2）控制系统安全

动机械须配置具备安全完整性等级认证的智能控制中枢，其核心要求在于构建故障安全型冗余架构，确保系统在运行参数偏离阈值或执行机构异常位移时自动触发保护性停机，不会造成危险。控制装置应安装在使操作者能看到整个机械动作的位置上，否则应配置开车报警声光信号装置。动机械的调节部分应采用自动联锁装置，以防止误操作和自动调节、自动操纵等失误。

（3）操纵器安全

操纵器应有电气或机械方面的联锁装置，易出现误动作的操纵器应采取保护措施。

操纵器应明晰可辨，必要时可辅以易理解的形象化符号或文字说明。

(4) 操作人员安全防护

动机械需要操作人员经常变换工作位置的应配置安全走板，走板宽度应不低于0.5m；操作位置高于2m以上者，应配置供站立的平台和防护栏杆，走板、梯子、平台等均应有良好的防滑功能。

6.4.3.3 预防人身伤害的防护装置或设施

人员易触及的可动零部件应尽可能密封，以免在运转时与其接触。确保机械运行时，操作者需要接近的可动零部件必须有安全防护装置。为防止动机械运行中运动的零部件超过极限位置，应配置可靠的限位装置。若可动零部件所具有的动能或势能会引起危险时，则应配置限速、防坠落或防逆转装置。机械运行过程中，为避免工具、工件、连接件、紧固件等甩出伤人，应有防松脱措施和配置防护罩或防护网等。

6.5 电气设备危险与防护

6.5.1 电气危险概述

在职业安全工程领域，电气危害构成重大工业风险源。人体作为生物导体，当意外构成闭合电路中的导电介质时，将引发严重的电生理紊乱。此类触电事故多源于劣质绝缘材料引发的带电体异常接触。触电事故依照其作用方式可分为电击和电伤两种类型。人遭电击后会引起胸肌收缩、神经中枢麻痹、心跳暂停、出血等症状。人体遭受数十毫安工频电流电击时，时间稍长即会致命。电击虽是全身伤害，但一般不在身体表面留下大面积明显伤痕。电伤是电能转变为热能、化学能、机械能等其他形式的能，对人体造成伤害。如由于电流的热效应，会引起细胞组织的损害或烧伤；供能电路的合闸或短路产生的电弧可造成人体的深度烧伤；电能转化为化学能或机械能会在人体留下电印记、皮肤金属化和机械损伤等。电伤多属局部性伤害，在人体表面留有明显伤痕。

在低压配电系统的安全防护体系中，电击事故占据主导性风险类别。基于人体接触带电体的不同工况，电击模式可细分为单相接触、双相接触及电势梯度接触三种典型场景。工厂低压动力电路是380V交流电压，通常是变压器中性点接地的三相四线制电网，每相对地电压220V。当人体接触到三个相线的任何一相时，人体即承受了220V的单相电压。所以单相电击是指人立于地面，手或其他部位触及带电导体造成的电击。这种触电事故危险性较大，易造成死亡。双相电击是指人体不同部位同时触及三相电网中任意两相带电导体，电流从一相通过人体流入另一相，构成一个闭合回路而造成的电击。双相电击的危险性要比单相电击的大。跨步电压电击是指人的两脚处在对地电压不同的两点造成的电击。跨步电压电击危险的大小取决于人在电场中的位置和跨步距离。

电击按照电气设备和线路的运行状况，还可以分为直接接触电击和间接接触电击两种类型。直接接触电击是指电气设备和线路正常运行时，人体触及带电体造成的电击。间接接触电击是指电气设备和线路发生故障时，人体触及正常时不带电而故障时意外带电的导体造成的电击。

在大多数有关电的工业事故中，电流都是从手经靠近心脏处流向脚。人体内部的电阻较小，而干燥皮肤的电阻却较大。但皮肤在比较低的电压下就能被加热并发生热降解，皮肤的电阻会随之下降。上述身体条件决定了触电电流易从身体流过，造成伤害。

6.5.2 电流对人体的作用

人体在电流作用下会产生麻木、针刺、打击、疼痛、痉挛、呼吸困难、血压升高、心跳紊乱、心室颤动等症状。引起上述各种症状的电流并非某一确定值，而是某一确定的范围。能引起人体感觉的最小电流值称为感知阈值。男性平均感知阈值约为1. 1mA，女性约为 0. 7mA。人能自主摆脱带电导体的最大电流值称为摆脱阈值。男性平均摆脱阈值约为 16mA，女性约为 10. 5mA。室颤阈值是引起心室颤动的最小电流值。由于心室颤动极易产生生命危险，可以认为室颤阈值是最小致命电流值。心室颤动是电流通过心脏时引起的致命性心律失常，通常表现为每分钟数百次的不规则电活动(例如约 300～400 次/分钟)，其阈值通常在 30～100mA 范围（尤以约 50mA 为常用工程参考值)，并受电流频率、路径、作用时间和个体差异等影响。心室颤动时会终止血液循环。数十毫安的电流通过人体即可引起心室颤动。

电流流经人体造成伤害的严重程度受多种因素影响，如触电持续的时间、电流的种类、电流流过的途径等。随着通电时间延长，人体吸收的外部能量增加，人体电阻也会随之下降。因此，通电时间越长，电击对人体的伤害就越大。从电流种类角度考虑，工频电流对人体的伤害程度大于直流电流和高频电流对人体的伤害程度。电流流经心脏者，电击危险性很大。左手至前胸、左手和右手间、手和脚间的电流途径同样也很危险。双脚间和局部肢体的电流途径的危险性则较小，但遭电击后，由于受害者失去自我控制能力，可能会出现新的电流途径。电流作用于人体时，女性的危险性较男性的大；儿童的危险性较成人的大；体弱有病者的危险性较健壮者的大；体重小的危险性较体重大的大。

6.5.3 触电防护技术和措施

为有效地防止触电事故，可采用绝缘、屏护、安全间距、保护接地或接零、漏电保护装置等技术或措施。

(1) 绝缘

绝缘是指用绝缘物把带电体封闭起来，以防止电流外泄或与其他导体产生不希望的接触。绝缘物只有遭到破坏时绝缘效果才失效。电工绝缘材料的体积电阻率一般在 $10^7\Omega/m^3$ 以上。新装和大修后的低压线路和设备，绝缘电阻不应低于 0.5MΩ；运行中的线路和设备不应低于每伏工作电压 1000Ω，在潮湿环境运行的不应低于每伏工作电压 500Ω；控制线路一般不应低于 1MΩ，潮湿环境的可降低为 0.5MΩ。

对于 35kV 及以上电压等级的线路和设备，其绝缘电阻应不低于 2500MΩ。架空线路每个绝缘子的绝缘电阻不应低于 300MΩ。运行中电缆的绝缘电阻应根据其额定电压设定在 300～1500MΩ。电力变压器在投入运行前，其绝缘电阻不应低于出厂时的 70%，如测得电力变压器绝缘电阻低于出厂后试验值的 70%，应根据有关规定对绝缘油做耐压强度及其他相关有效试验。高压交流电动机的定子绝缘电阻不应低于每千伏工作电压 1MΩ，转子绝缘电阻不低于每千伏工作电压 0.5MΩ。FS 型避雷器的绝缘电阻不应低于 2500MΩ。

绝缘物由于击穿、损伤、老化均会降低或失去绝缘性能。绝缘物在强电场等因素作用下完全失去绝缘性能的现象称为击穿。气体击穿后能自行恢复绝缘性能；液体击穿后能基本上恢复或一定程度上恢复绝缘性能；固体击穿后不能恢复绝缘性能。损伤是指绝缘物由于腐蚀性气体、蒸汽、潮气、粉尘及机械等因素而受到损伤，降低甚至失去绝缘性能。老化是指绝缘物在电、热等因素作用下，电气性能和力学性能逐渐恶化并失去。带电体的绝缘材料若被击穿、损伤或老化，就会发生电流泄漏，造成一定危险。

对于安全要求较高的设备或器具，如绝缘手套、绝缘靴、绝缘垫等电工安全用具，阀型避雷器、断路器、变压器、电力电缆等高压设施，某些日用电器和电动工具等，应定期进行电流试验，及时发现绝缘材料的硬伤、脆裂等内部缺陷。同时，还应定期对绝缘物做介质损耗试验，采取有力措施保证绝缘物的绝缘性能。

(2) 屏护和安全间距

屏护是借助屏障物的保护防止触及带电体。屏护装置包括护栏和障碍，可以防止触电，也可以预防电弧烧伤和弧光短路等事故。屏护装置所用材料应该有足够的机械强度和良好的耐火性能，可根据现场需要制成板状、网状或栅状。

护栏高度不应低于 1.7m，下部边缘离地面不应超过 0.1m。金属屏护装置应采取接零或接地保护措施。护栏应具有永久性特征，必须使用钥匙或工具才能移开；障碍也必须足够牢固，不得随意移开。屏护装置上应悬挂“高压危险”的警告牌，并配置适当的信号装置和连接装置。

安全间距是将带电体置于人和设备所及范围之外的安全措施。带电体与地面之间、带电体与其他设备或设施之间、带电体与带电体之间均应保持必要的安全距离。安全间距可以用来防止人体、车辆或其他物体触及或过分接近带电体，间距还有利于检修安全和防止电气火灾及短路等各类事故。电压高低、设备类型、环境条件及安装方式等是决定间距大小的基本依据。

架空线路与地面和水面应保持一定的安全距离。架空线路应尽量避开建筑物，尽量避免跨越建筑物，尤其是有可燃材料屋顶的建筑物。架空线路与建筑物之间也需要有一定的安全距离。架空线路与有爆炸风险、火灾危险的厂房之间应保持一定的安全防火间距。几种线路同杆架设时，电力线路必须位于弱电线路的上方，高压线路必须位于低压线路的上方。线路之间、线路导线之间的间距也需要符合安全要求。

常用电器开关的安装高度一般设定为 1.3～1.5m，贴墙平开关离地面高度可设定为 1.4m。室内吊灯灯具高度应大于 2.5m，空间条件有限制时可减为 2.2m。户外照明灯具高度不应小于 3m，墙上灯具高度允许减为 2.5m。

为了防止人体接近带电体，带电体安装时必须留有足够的检修间距。在低压操作时，人体及其所带工具与带电体的距离不应小于 0.1m；在高压无遮拦操作时，人体及其所带工具与带电体之间的最小距离视工作电压而定，但不应小于 0.7m。

(3) 保护接地或接零

保护接地或接零是防止人体间接接触电击的安全措施。保护接地适用于各种不接地电网，在这些电网中，由于绝缘损坏或其他原因可能使正常不带电的金属部分呈现危险电压。如变压器、电机、照明器具的外壳和底座，配电装置的金属构架，配线钢管或电缆的金属外皮等，除另有规定外，均应接地。

保护接零是把设备外壳与电网保护零线紧密连接起来。当设备带电部分碰到并连接其外壳时，立即形成相线对零线的单相回路，短路电流将使线路上的过流速断保护装置迅速启动，断开故障部分的电源，消除触电危险。保护接零适用于低压中性点直接接地的 380V 或 220V 的三相四线制电网。

(4) 漏电保护装置

漏电保护装置除用于防止直接接触电击和间接电击以外，还可用于防止漏电火灾、监测一相接地、绝缘损坏等事故。依据启动原理和安装位置，漏电保护装置可分为电压型、零序电流型、中性点型、泄漏电流型等几种类型。

电压型漏电保护装置是以设备外壳对地电压作为启动信号，发生漏电，设备外壳对地电压达到启动数值时，继电器迅速启动，切断接触器的控制回路，从而断开设备的电源。

零序电流型漏电保护装置是以零序电流互感器作为检测器。正常时，三相电流在其铁芯中产生的磁场互相抵消，互感器副边不产生感应电势，继电器不启动，开关保持在闭合位置。设备漏电时，产生零序电流，感应器副边产生感应电势，继电器启动，并通过脱扣机构使开关断开电源。

中性点型漏电保护装置是将灵敏电流继电器的线圈并联在击穿保险器的两端，在一定条件下起漏电保护作用的装置。正常时，零序电流很小，继电器不启动；当设备漏电、有人单相触电、一相或两相接地、一相或两相对地绝缘降低到一定程度时，继电器迅速启动，通过接触器断开电源。

泄漏电流型漏电保护装置的继电器是由两个整流器供给直流电源，直流电经零序电压互感器、变压器、线路对地绝缘电阻构成回路。当设备漏电或有人单相触电时，由于各相对地平衡遭到破坏，互感器输出零序电压，继而整流器输出直流电压，从而使继电器启动，通过接触器断开电路。

6.5.4 触电急救

（1）急救原则

① 坚定急救意识。人体触电后，通常会出现神经麻痹，严重者会出现呼吸中断、心脏停止跳动等症状。从外表看，触电者似乎已经死亡，实际上是处于假死的昏迷状态。因而发现触电者时，绝不可以认为已经死亡而放弃急救，要有坚定的急救意识，并立即采取有效的急救措施，进行耐心、持久的抢救。资料记载有触电者经过 4h 昏迷乃至更长时间抢救复苏的病例。

② 抓紧抢救时机。统计资料表明，从触电后 1min 开始实施救治，有 90％效果良好；从触电后 6min 开始实施救治，有 10％效果良好；从触电后 12min 开始实施救治，救活的可能性很小。因此，抓紧抢救时机，争分夺秒地急救，是触电急救成功的关键。

（2）迅速脱离电源

人体触电后，如果通过人体的电流超过了摆脱电流，人体就会产生痉挛或失去知觉等症状，导致触电者不能立即自行摆脱电源。因而，发现有人触电后，应迅速使触电者脱离电源，这是触电急救的首要措施。只有在触电者脱离了电源后，才能对触电者施救，触电急救中，使触电者脱离电源的方法有以下几种：

① 如果触电地点附近有电源开关或插头，应立即拉开开关或拔掉插头，使电源断开；

② 如果远离电源开关，可用有绝缘的电工钳剪断电线，或者用带绝缘木把的斧头、刀具砍断电源线；

③ 如果是带电线路断落造成的触电，可利用手边干燥的木棒、竹竿等绝缘物把电线拨开，或用衣物、绳索、皮带等将触电者拉开，使其脱离电源；

④ 如果是高压触电，必须立即通知电气负责人员，切断电源后方可进行抢救。

（3）现场急救措施

① 触电者伤害不严重：如果只是四肢麻木，全身无力，而神志依然清醒，或者虽一度昏迷但没失去知觉者，可使其就地休息 1～2h，并严密观察。

② 触电者伤害较严重：心脏虽跳动，但无知觉无呼吸者，应立即进行人工呼吸；如有呼吸而心脏停止跳动者，应立即采用人工体外挤压法进行救治。

③ 触电者伤害很严重：心脏和呼吸都已停止且两眼瞳孔放大，这种情况必须同时采取口对口的人工呼吸和人工体外挤压两种方法救治，并且要有充分耐心坚持下去，尽可能坚持抢救 6h 以上，直到把人救活或确诊已经死亡为止。如果决定送医院救治，

在途中切不可中断急救措施。

④ 触电者有外伤：可采用食盐水或温开水冲洗伤口并用酒精消毒后包扎，防止创伤表面受细菌感染。如伤口出血，要设法止血。

在抢救触电者时，严禁注射强心针。人体触电时心脏在电流作用下出现颤动和收缩，脉搏跳动微弱，血液传播混乱。此时注射强心针只会加剧对心脏的不良刺激。尽管处理后精神上可能呈现瞬间好转，但很快就会情况恶化，造成心力衰竭死亡。

6.6 压缩机操作与维护

压缩机可分为往复式压缩机、离心式压缩机和轴流式压缩机三个基本类型。往复式压缩机依靠活塞的往复运动达到对气体压缩的目的。离心式压缩机由蜗壳、叶轮、机座等组成，依靠离心力的作用压缩气体，从而达到输送气体的目的。轴流式压缩机也称作轴流风机，是通过旋转的叶片对气体产生推升力，使气体沿着轴向流动，产生压力，从而达到输送气体的目的。

6

6.6.1 压缩机操作中的危险因素

(1) 机械伤害

压缩机的轴、联轴器、飞轮、活塞杆、皮带轮等裸露运动部件可造成对人的伤害。零部件的磨蚀、腐蚀或冷却、润滑不良及操作失误，超温、超压、超负荷运转，均有可能引起断轴、烧瓦、烧缸、烧填料、零部件损坏等重大机械事故。这不仅造成机械设备损坏，对操作者和附近的人也会构成威胁。

(2) 爆炸和着火

输送易燃、易爆介质的压缩机，在运转或开停车的过程中极易发生爆炸和着火事故。这是因为气体在压缩过程中温度和压力升高，使其爆炸下限降低，爆炸危险性增大；同时，温度和压力的变化，压缩机易发生泄漏。处于高温、高压的可燃介质一旦泄漏，体积会迅速膨胀并与空气形成爆炸性气体，加上泄漏点漏出的气体流速很高，极易在喷射口产生静电火花而导致着火爆炸。

(3) 中毒

输送有毒介质的压缩机，由于泄漏、操作失误、防护不当等易发生中毒事故。另外，在生产过程中对废气、废液的排放管理不善或违反操作规程进行不合理排放，操作现场通风不畅、排气不好等，也易发生中毒。

(4) 噪声危害

压缩机在运转时会产生很强的噪声。如空气鼓风机、煤气鼓风机、空气透平机等的工业噪声级常可达到92～110dB，大大超过国家规定的噪声级标准，对操作者有很大危害。

（5）高温与中暑

压缩机操作岗位环境温度一般比较高，特别是夏季，受太阳辐射热的影响，常产生高温、高湿度、强热辐射的特殊环境条件，影响人体的正常散热功能，导致体温调节障碍而引起中暑。

6.6.2 压缩机操作安全

压缩机操作应遵守下列原则：

① 时刻注意压缩机的压力、温度等各项工艺指标是否符合要求。如有超标现象应及时查找原因，及时处理。

② 经常检查润滑系统，使之保持通畅、良好。所用润滑油的牌号必须符合设计要求。润滑油必须严格实行三级过滤制度，充分保证润滑油的质量。对于循环使用的润滑油，必须定期分析化验，并定期补加新油或全部更换新油，使润滑油的闪点、黏度、水分、杂质、灰分等各项指标保持在设计要求范围之内。采用循环油泵供油的，应注意油箱的油压和油位；采用注油泵自动注油的，则应注意各注油点的注油量。

③ 气体在压缩过程中会产生热量，这些热量是靠冷却器和气缸夹套中的冷却水带走的。必须保证冷却器和水夹套的水畅通，不得有堵塞现象。冷却器和水夹套必须定期清洗，除去水垢以保持散热效率，冷却水温度不应超过 40℃。如果压缩机运转时冷却水突然中断，应立即关闭冷却水入口阀，而后停机令其自然冷却，以防设备很热时，突然放进冷却水使设备骤冷发生炸裂。

④ 应随时注意压缩机各级出入口的温度。如果压缩机某段温度升高，则有可能是压缩比过大、活门坏、活塞环坏、活塞托瓦磨损、冷却或润滑不良等造成的。应立即查明原因，作相应的处理。如不能立即确定原因，则应停机并进行全面检查。

⑤ 应定时（每 30min）把分离器、冷却器、缓冲器分离下来的油水排掉。如果油水累积太多，就会带入下一级气缸。少量带入会污染气缸、破坏润滑，加速活塞托瓦、活塞环、气缸的磨损；大量带入则会造成液击，毁坏设备。

⑥ 应经常注意压缩机的各运动部件的工作状况。如有不正常的声音、局部过热、异常气味等，应立即查明原因，作相应的处理。如不能准确判断原因，应紧急停车处理。待查明原因，处理好后方可开车。

⑦ 压缩机运转时，如果气缸盖、活门盖、管道连接法兰、阀门法兰等部位漏气，需停机卸掉压力后再行处理。严禁带压松紧螺栓，以防受力不均、负荷较大导致螺栓断裂。

⑧ 在寒冷季节，压缩机停车后，必须把气缸水夹套和冷却器中的水排净或使水在系统中强制循环，以防气缸、设备和管线冻裂。

⑨ 压缩机开车前必须盘车。压缩可燃气体的压缩机开车前必须进行置换，分析合格后方可开车。

6.6.3 压缩机故障处理

压缩机故障的原因及处理方法列于表 6-7。

表 6-7 压缩机故障的原因及处理方法

故障	原因	处理方法
轴瓦发热	轴瓦(轴承)间隙调整不好、轴承损坏	调整轴瓦(轴承)间隙、修理或更换轴瓦(轴承)
	润滑不良、润滑油脏	调整润滑油量，清洗油龙头、油过滤网和油过滤器或更换新油
气缸温度高	冷却水量不足、冷却水温度高	加大冷却水量、降低水温
	冷却水夹套堵塞	清理冷却水夹套
	压缩比大	调整压缩比
	气缸活门损坏	更换损坏的气缸活门
	活塞环损坏	停车检查更换活塞环
	气缸内润滑油不足	调整注油器的注油量
	气缸拉毛	停车修理气缸套
	活塞托瓦磨损	停车重新挂托瓦
	气缸余隙量大	调整气缸余隙
轴承(轴瓦)发出不正常响声	轴承(轴瓦)松动，轴瓦间隙量大	重新调整轴承(轴瓦)量
	轴承(轴瓦)损坏	更换轴承(轴瓦)
	轴承(轴瓦)润滑不良	改善润滑
气缸内发出异常响声或撞击声	气缸内带入液体，发生液击	及时排放冷却器、分离器、缓冲器内的油水，紧急停车，清除气缸内的积水
	气缸内有杂物	紧急停车，清除气缸内的杂物
	气缸余隙过小	重新调整气缸余隙
	活塞背帽松动	停车，打紧活塞背帽
	气缸润滑不良，气缸拉毛	加强润滑，修理气缸套
	活塞托瓦磨损严重	活塞重新挂托瓦或更换托瓦
	活塞环损坏	更换活塞环
气缸活门发出异常声音或有倒气声	活门弹簧力太弱或损坏	修理或更换活门
	活门阀片损坏	
	活门座密封口损坏	
	活门固定螺栓松动	
	活门内垫损坏	更换活门内垫

续表

故障	原因	处理方法
某段出口压力升高，而下一段压力降低	下一段气缸活门损坏	更换下一段气缸活门
	下一段活塞环损坏	更换下一段活塞环
	下一段气缸余隙过大	调整下一段气缸余隙
某段出口压力下降	本段气缸活门损坏	更换本段气缸活门
	本段活塞环损坏	更换本段活塞环
	本段近路阀、放空阀、排油水阀内漏或震开	关牢上述阀门，检查、修理或更换上述阀门
	压力调节器故障	检查、修理压力调节器
吸入压力下降	入口过滤器堵塞	清理入口过滤器
	入口水封积水过多	放掉入口水封中的水
	加量过大、过猛	缓慢加量，调整负荷
	前一工序有问题	打循环，与前一工序联系
	入口压力调节器故障	修理入口压力调节器
吸入压力升高	气缸活门损坏	更换气缸活门
	活塞环损坏	更换活塞环
	近路阀开度太大	调整近路阀开度
	压力调节器失灵	修理压力调节器
	前一工序有问题	与前一工序联系
打气量降低	气缸活门损坏	更换气缸活门
	活塞环损坏	更换活塞环
	气缸余隙过大	调整气缸余隙
	吸气压力低	联系前一工序，清理入口分离器，排放入口水封积水
	各级吸气温度高	清洗冷却器、气缸水夹套，加大水量，降低水温
	各段近路、放空和排油水阀内漏或开度大	调整阀的开度、修理或更换内漏阀门
填料温度高或漏气	填料修整及安装质量不达标	重新修整及安装填料
	填料装配间隙不当	重新调整填料各部间隙量
	填料材质不对	选择符合要求的材质
	填料润滑不良	调整注油量，加强润滑
	填料冷却不良	清理填料冷却水套，加大水量
	活塞杆磨损或有划痕	修理或更换活塞杆

续表

故障	原因	处理方法
中体部位发出异常声响或温度升高	十字头与活塞杆连接松动	紧固十字头与活塞杆连接
	十字头销松动	螺栓拧紧十字头销的固定螺栓
	连杆小头瓦量过大或过小，小头瓦松动	调整小头瓦量或更换小头瓦
	十字头滑板松动	拧紧滑板固定螺栓
	十字头滑板磨损或损坏	修理或更换十字头滑板
	中体滑道拉毛	修理中体滑道
	润滑不良	调整油量，如油脏更换新油
	十字头滑板与滑道间隙过大或过小	调整滑板间隙
	十字头跳动或跑偏	拉线、调整
	中体滑道处有异物	取出异物
主轴箱内发出异常响声	主轴瓦、甩瓦松动	紧固主轴瓦、甩瓦固定螺栓
	主轴瓦、甩瓦量过大或过小	调整主轴瓦、甩瓦盘
	主轴瓦、甩瓦损坏	更换主轴瓦、甩瓦
	主轴、连杆的窜量大	调整主轴、连杆窜量
	曲拐碰击油管或其他异物	重新排布油管、电偶管，取出异物
	主轴瓦、甩瓦润滑不良	吹通油路，加大油量，保证油质
	主轴箱回油不畅，箱内积油过多	疏通主轴箱回油管路
压缩机振动严重	气缸内油水多	及时排放油水，调整气缸内的注油量，停车、清除气缸内积水
	压缩机的地脚螺栓松动	重新调整和紧固地脚螺栓
	各段压缩比失调	调整各段压缩比
	气缸、滑道、连杆不在一条直线上	重新拉线找正
	中体或气缸的固定螺栓松动	紧固中体或气缸的固定螺栓
	设计考虑脉动不够，使缓冲器和配管不合理	应用气流脉动原理重新加设缓冲器和重新配管
	管道或附属设备固定卡或支架不牢或松动	加固管道和设备固定卡和支架

6.7 泵操作安全

泵是输送液体的动机械，其种类多种多样，主要分为容积泵、叶片泵、喷射泵三大类型。容积泵、叶片泵和喷射泵分别依靠工作室容积的间歇改变、工作叶轮的旋转运动和工作液体的能量达到输送液体的目的。容积泵又包括往复泵，叶片泵则包括离心泵和轴流泵。本小节只介绍常用的、易发生故障的往复泵和离心泵。

6.7.1 往复泵操作安全

(1) 安全操作

① 泵在启动前必须进行全面检查，重点检查以下要点：轴封的密封性、润滑和冷却系统状况、各阀门的开关情况、泵和管线的各连接部位的密封情况等。

② 盘车数周，检查是否有异常声响或阻滞现象。

③ 具有空气室的往复泵，应保证空气室内有一定体积的气体，且应及时补充损失的气体。

④ 检查各安全防护装置是否完好、齐全，各种仪表是否灵敏。

⑤ 为了保证额定的工作状态，通过调节蒸汽泵的进汽管路阀门改变双冲程数；对动力泵而言，则通过调节原动机转数或其他装置。

⑥ 泵启动后，应检查各传动部件是否有异声，泵负荷是否过大，确定一切正常后方可投入使用。

⑦ 泵突然出现不正常运转情况时，应停泵检查。

⑧ 结构复杂的往复泵必须按制造厂家的操作规程进行启动、停泵和维护。

(2) 故障处理

往复泵的故障原因及处理方法列于表 6-8。

表 6-8 往复泵的故障原因及处理方法

故障	原因	处理方法
不吸水	吸入高度过大	降低吸入高度
	底阀的过滤器被堵或底阀本身有毛病	清理过滤器或更换底阀
	吸入阀或排出阀漏液太厉害	修理或更换吸入阀或排出阀
	吸入管路阻力太大	清理吸入管,吸入管减少弯头或加大弯头曲率半径,更换成较粗的管线
	吸入管路漏气严重	处理好漏气处
流量低	泵缸活塞磨损	更换活塞或活塞环
	吸入阀或排出阀漏液	更换吸入阀、排出阀
	吸入管路漏气严重	处理漏气处
压头不足	泵缸活塞环及阀漏液	更换活塞环、修理或更换阀
	动力不足、转动部分有故障(动力泵)	处理转动部分故障、加大电机
	蒸汽不足、蒸汽部分漏气(蒸汽泵)	提高蒸汽压力、处理蒸汽泄漏处

续表

故障	原因	处理方法
蒸汽耗量大	蒸汽缸活塞环漏气	更换蒸汽缸活塞环
	轴封漏气	检修轴封
有异常响声	冲程数超过规定值	调整冲程数
	阀的举高过大	修理阀
	固定螺母松动	紧固螺母
	泵内掉入杂物	停泵检查,取出杂物
	吸入空气室空气过多排出,空气室空气太少	调整空气室的空气量
零件发热	润滑油不足	检查润滑油油质和油量,更换新油
	摩擦面不干净	清洗摩擦面

6

6.7.2 离心泵操作安全

① 开泵前，严格检查泵的进排出阀门的开关情况，泵的冷却和润滑情况，压力表、温度计、流量表等是否灵敏，安全防护装置是否齐全。

② 盘车数周，严格检查是否有异常声响或阻滞现象。

③ 按要求进行排气和灌注。如果是输送易燃、易爆、易中毒介质的泵，在灌注、排气时，应特别注意勿使介质从排气阀内喷出。如果是易腐蚀介质，勿使介质喷到电机或其他设备上。

④ 应检查泵及管路的密封情况。

⑤ 启动泵后，严格检查泵的转动方向是否正确。当泵的转数达到额定值时，检查空负荷电流是否超高。当泵内压力达到工艺要求后，立即缓慢打开出口阀。泵开启后，关闭出口阀的时间不能超过 3min。因为泵在关闭排出阀运转时，叶轮所产生的全部能量都变成热能使泵变热，时间一长有可能把泵的摩擦部位烧毁。

⑥ 停泵时，应先关闭出口阀，使泵进入空转，然后停下原动机，关闭泵入口阀。

⑦ 泵运转时，应经常严格检查泵的压力、流量、电流、温度等情况，应保持良好的润滑和冷却，应经常保持各连接部位、密封部位的密封性。

⑧ 若泵运行中出现异声、振动、压力与流量下降、电流升高等异常，应停泵检查，查明原因后再启动。

⑨ 结构复杂的离心泵必须按制造厂家的规定进行启动、停泵和维护。

离心泵的故障原因及处理方法列于表 6-9。

表 6-9 离心泵的故障原因及处理方法

故障	原因	处理方法
泵启动后不供液体	气未排净，液体未灌满泵	重新排气、灌泵
	吸入阀门不严密	修研或更换吸入阀
	吸入管或盘根箱不严密	更换填料，处理吸入管漏处
	转动方向错误或转速过低	改变电机接线，检查处理原动机
	吸入高度大	检查吸入管，降低吸入高度
	轴封密封液管闭塞	检查清洗密封管
	过滤网堵塞	检查清理过滤网
启动时泵的负荷过大	排出阀未关死或内漏	开泵前关闭排出阀，修理或更换排出阀
	从平衡装置引出液体的管道堵塞	检查和清洗平衡管
	叶轮平衡盘装得不正确	检查和清除不正确的装配
	电动机断相	检查电机接线和保险丝
在运转过程中流量减小	转速降低	检查原动机
	有气体进入吸入管或进入泵内	检查入口管，消除漏处
	压力管路中阻力增加	检查所有阀门、管路、过滤器等可能堵塞之处，并加以清理
	叶轮堵塞	检查和清洗叶轮
	密封环、叶轮磨损	更换磨损的零部件
在运转过程中压头降低	转速降低	检查原动机，消除故障
	液体中含有气体	检查和处理吸入管漏处，压紧或更换盘根，将气排出
	压力管破裂	关小排出阀，处理排气管漏处
	密封环磨损或损坏，叶轮损坏	更换密封环或叶轮
原动机过热	转数超过额定值	检查原动机，消除故障
	泵的流量大于许可流量而压头低于额定值	关小排出阀门
	原动机或泵发生机械损坏	检查、修理或更换损坏的零部件
发生振动或异声	机组装配不当	重新装配、调整各部间隙
	叶轮局部堵塞	检查、清洗叶轮
	机械损坏，泵轴弯曲，转动部分咬住，轴承损坏，排出管和吸入管紧固装置松动	检查或更换损坏的零部件，加固紧固装置
	吸入高度太大，发生汽蚀现象	停泵，采取措施降低吸入管高度

思考题

1. 压力容器潜在的安全隐患是什么？

2. 常见的压力容器破裂形式有哪些？其特点是什么？

3. 锅炉常见事故及处理措施有哪些？

4. 为什么锅炉给水前必须进行水处理？

5. 压缩机操作中的危险因素有哪些？

6. 从人机工程学的角度分析人的不安全行为主要包括哪些方面？通常误入危区的原因是什么？

7. 说明常见的触电防护技术和措施有哪些？

8. 往复泵和离心泵操作安全需注意哪些事项？

6

参考文献

[1] 崔政斌，王明明．压力容器安全技术［M］．3版．北京：化学工业出版社，2020.

[2] 刘景良．机械与特种设备安全［M］．2版．北京：化学工业出版社，2024.

[3] 李涛，魏永明，彭阳峰．化工安全基本原理与应用［M］．北京：化学工业出版社，2023.

[4] 廖传华，朱廷风，王妍．工业过程设备维护与检修［M］．北京：化学工业出版社，2018.

[5] 殷文成．化工离心泵故障分析及维护［J］．设备管理与维修，2024（17）：159-161.

[6] 杨帆，杨旺，车赛，等．化工安全与环保［M］．北京：中国石化出版社，2022.

[7] 刘红波，李勋，杨衍超．化工生产安全技术与环境保护［M］．北京：化学工业出版社，2023.

第 7 章
化工环保技术

知识目标

1. 明确化工废水及其处理原则。
2. 掌握化工废水的物理处理、化学处理、物理化学处理、生化处理等技术。
3. 掌握化工废气处理原则。
4. 掌握各类污染物的处理技术。
5. 掌握化工废渣的一般处理技术。
6. 掌握典型化工废渣的回收利用技术。

能力目标

1. 熟悉主流处理技术，能系统阐述物理法、化学法、生物法的原理及适用场景。
2. 能根据废水特性、处理目标及成本约束，合理选择处理工艺组合。
3. 能根据废气特性选择物理法、化学法或生物法。
4. 能绘制并优化废气处理系统的工艺流程图。
5. 能根据酸性/碱性气体特性选择吸收液并确定浓度。
6. 掌握典型化工废渣的理化特性及其环境影响。
7. 分析典型化工行业的废渣处理案例，总结技术组合与问题解决策略。

化学工业是国民经济的重要支柱产业，在创造巨大物质财富的同时，其生产过程中产生的大量“三废”（废水、废气、废渣）也对生态环境构成了严峻挑战。环境保护已成为全球共识和可持续发展的核心要求，化工生产必须遵循绿色发展理念，从源头削减污染、提高资源利用效率、强化末端治理，实现经济效益与环境效益的双赢。化工环保技术是化学工程类专业知识体系中的重要组成，旨在探讨化工生产中污染物的来源、特性及其综合防治技术。本章系统性地阐述了化工“三废”的污染特征、处理原则及核心工程技术，构建科学、完整的三废处理知识体系。本章内容主要围绕以下核心模块展开：化工废水综合治理、化工废气净化技术、化工废渣处理与资源化，安全贯穿始终。通过对本章内容的学习，学生将全面掌握化工三废治理的基本原理、核心技术与工程实践要点，理解不同污染物特性、处理要求下技术路线的选择依据，并建立起安全与环境一体化管理的思维模式，深刻认识到有效的三废治理不仅是末端控制，更是化工过程安全、绿色、高效运行的内在需求。通过精简的思考题，学生进一步巩固核心概念，促进对实际工程问题的分析能力，为从事化工环保设计、运行、管理和研究打下坚实的理论基础。此外，为应对日益严格的环保法规并推动可持续发展，三废处理领域正涌现出多项革命性前沿技术，如深度净化复杂气体污染物的低温等离子体耦合技术等。让我们共同步入这一挑战与机遇并存的三废治理技术领域，探索资源节约、环境友好型化工生产之路。

7.1 化工废水及其处理方法

化学工业是一个多品种、多行业的工业部门，包括化学矿山、石油化工、煤炭化工、酸碱工业、化肥工业、塑料工业、医药工业、染料工业、涂料工业、橡胶工业、炸药和起爆药工业、感光材料等。

化工生产需要大量用水，也会排出大量废水。因此，化工厂多集中在水域附近，如江、河、湖、海等，产生的废水就近排入水域，若不对废水进行处理，将对水域造成污染。

化工废水总的特点是量大、有害种类多。据统计，我国化工行业排出的废水量占全部废水量的22%，居第一位。化工废水对水系的污染是许多地方最突出的环境问题，因此也成为环境治理的首要目标。

7.1.1 化工废水概述及其处理原则

7.1.1.1 化工废水的种类

化工废水按成分可分为三大类。含有机物的废水，如有机原料、合成材料、农药、染料等行业排出的废水。含无机物的废水，如无机盐、氮肥、磷肥、硫酸、硝酸及纯碱等行业排出的废水。含有机物和无机物的混合废水，如氯碱、感光材料、涂料等行业。

化工废水按所含主要污染物可分为：含氰废水、含硫废水、含氟废水、含酚废水、含有机磷化合物废水、含铬废水、含铅废水、含汞废水、含其他有机物废水等。

7.1.1.2 化工废水污染的特点

① 水质成分复杂：化工废水中含有多种溶剂类物质和环状结构的化合物，这些成分增加了处理难度。

② 污染物含量高：由于原料反应不完全和生产中使用的大量溶剂，废水中污染物含量高，这些污染物主要是由原料剩余或大量溶剂未处理或未回收造成的。

③ 有毒有害物质多：化工废水中含有许多有毒有害物质，如氰化物、酚、砷、汞、镉和铅等，这些物质在一定的浓度下会对生物和微生物产生毒性影响。

④ 有机物浓度高：特别是石油化工废水中，各种有机物的浓度较高，如有机酸、醇、醛、酮、醚和环氧化物等，这些有机物在水中会进一步氧化分解，消耗水中大量的溶解氧，直接影响水生生物的生存。

⑤ pH不稳定：化工排放的废水时而呈强酸性，时而呈强碱性，这种现象对生物、建筑物及农作物都有极大的危害。

⑥ 营养化物质多：磷、氮含量较高的废水会造成水体富营养化，使水中藻类和微

生物大量繁殖，严重时会造成赤潮，影响鱼类生长。

⑦ 恢复困难：受到有害物质污染的水域要恢复到原始状态是相当困难的，尤其是被微生物富集的重金属物质，即使停止排放仍难以消除。

7.1.1.3 化工废水处理原则

(1) 水污染指标

水污染指标是衡量水体被污染程度的数值标示，也是控制和检测水处理设备运行状态的重要依据。其中，最常用的水污染指标有以下八个。

① 生化需氧量（biochemical oxygen demand，BOD）：表示在有饱和氧条件下，好氧微生物在 20℃，经一定天数降解每升水中有机物所消耗的游离氧的量，常用单位为 mg/L，常以 5 日为测定 BOD 的标准时间，以 BOD_5 表示。它是反映水中有机污染物含量的一个综合指标。

② 化学需氧量（chemical oxygen demand，COD）：表示用强氧化剂把有机物氧化为 H_2O 和 CO_2 所消耗的相当氧量。常用的氧化剂为重铬酸钾或高锰酸钾，分别表示为 COD_{Cr} 或简写（COD）和 COD_{Mn}（也称耗氧量，简称 OC），单位为 mg/L。但两种氧化剂都不能氧化稳定的苯类有机化合物。它是衡量水质污染程度的重要指标，COD 的数值越大表明水体的污染情况越严重。

③ 总需氧量（total oxygen demand，TOD）：指有机物完全被燃烧氧化时，C、H、N、S 分别被氧化为 CO_2、H_2O、NO、SO_2 时所消耗的氧量，单位为 mg/L。它比 BOD、COD 更接近于实际需氧量。

④ 总有机碳（total organic carbon，TOC）：表示水中有机污染物的总含碳量，以碳含量表示，单位为 mg/L。由于 TOC 的测定采用燃烧法，因此能将有机物全部氧化，它比 BOD 或 COD 更能直接表示有机物的总量。通常作为评价水体有机物污染程度的重要依据。

⑤ 悬浮物（suspended solid，SS）：水样过滤后，滤膜或滤纸上截留下来的物质，单位为 mg/L。一般用浊度表示水因含悬浮物而呈浑浊状态，即对光线透过时所发生阻碍的程度。水的浊度大小不仅与颗粒的数量和性状有关，而且同光散射性有关，在我国，一个浊度单位（1 度）被定义为：1L 蒸馏水中含有 1mg 二氧化硅（作为基准物）时所产生的浊度。

⑥ pH 值：表示污水的酸碱性。

⑦ 有毒物质：表示水中对生物有害物质的含量，如氰化物、砷化物、汞、镉、铬、铅等，单位为 mg/L。

⑧ 大肠杆菌数：指每升水中所含大肠杆菌的数目，单位为个/L。

(2) 废水处理的一般原则

废水中污染物复杂多样，通常需要多种处理方法联合使用才能达到排放标准。

化工废水处理的主要原则：首先是从清洁生产的角度出发，改革生产工艺和设备，减少污染物产生，防止废水外排，对废水进行综合利用和回收。必须外排的废水，其处理方法随水质和要求而异。

污水净化体系依据处理深度又可分为一级处理、二级处理、三级处理。

① 一级处理：为初始处理单元，主要通过物理方法分离水中的悬浮态污染物，如悬浮固体物、胶状物、浮油或重油等，可以采用栅网过滤拦截、自然重力沉降、气浮分离、隔油等方法。经一级处理的废水仍具有较高生化需氧量负荷，必须进行二级处理。

② 二级处理：构成有机废水处理的核心工艺层，主要是去除废水中的溶解有机污染物和部分胶状污染物，降低废水的生化需氧量和部分化学需氧量，通常采用生化处理法，是含有机物废水处理的主体部分。化学混凝和化学沉淀是二级处理的方法，如含磷酸盐废水和含胶体物质的废水需要化学混凝法处理。环境卫生标准要求高，出水水质要求严苛或存在特殊污染特征时，如废水的色度异常、异味显著、臭味污染严重，或生化需氧量和化学需氧量比值很小（小于 0.20）时，则需要采用三级方法启动深度净化处理程序。

③ 三级处理：又称污水深度净化处理或高级处理，是终端处理单元，重点攻克生物难降解的有机污染物和废水中溶解的无机污染物，采用包括活性炭吸附、高级氧化技术在内的复合处理体系，并选择性采用离子交换树脂或膜分离技术等精密分离手段，最终实现水质指标的全面提标。

(3) 化工废水处理标准

化工废水处理的目标有两类：一是在厂内重复利用；二是向厂外排放。

对前一类的要求，原则上只要满足厂内应用标准即可。对后一类的最低要求是需要符合我国环境保护的相关标准，包括废水接收方和排放方两方面的标准。

我国已制定了比较完善的水系环境保护的质量标准，对化工废水处理来说，最基本的是《地表水环境质量标准》（GB 3838—2002）和《污水综合排放标准》（GB 8978—1996）。我国也制定了多项行业废水排放标准，有行业排放标准的企业就执行本行业的标准，其他则执行《污水综合排放标准》。

《地表水环境质量标准》是我国现行最基本的水质标准。该标准依据地表水水域环境功能和保护目标，按功能高低依次划分为五类。

Ⅰ类：主要适用于源头水、国家自然保护区；

Ⅱ类：主要适用于集中式生活饮用水地表水源地一级保护区、珍稀水生生物栖息地、鱼虾类产卵场、仔稚幼鱼的索饵场等；

Ⅲ类：主要适用于集中式生活饮用水地表水源地二级保护区、鱼虾类越冬场、洄游通道、水产养殖区等渔业水域及游泳区；

Ⅳ类：主要适用于一般工业用水区及人体非直接接触的娱乐用水区；

Ⅴ类：主要适用于农业用水区及一般景观要求水域。

《污水综合排放标准》是我国现行的重要的污水排放标准。该标准按污水的排放去向，分年限规定了 69 种水污染物的最高允许排放浓度及部分行业最高允许排水量。对向地面水体和城市下水道排放的污水，分别规定了执行级别（分别为一级、二级、三级）标准。将排放的污染物按其性质分为两类：第一类污染物是指能在环境和动植物体内积蓄，对人体健康产生长远不良影响者，如汞、镉、铬、铅、砷、苯并芘等；第二类污染物指对人体健康影响较小的。各类污染物都分别列出了对应的各类接受水域的最高允许浓度及最大排水量。

7.1.2 物理法处理废水

物理法在工业废水处理中占有重要的地位，作为基础性工艺手段发挥着不可替代的作用。与其他方法相比，物理法具有设备结构简单、全生命周期运营成本低、管理复杂度低、效果稳定且有高度可预测性等优点。它主要用于去除废水中的漂浮物、悬浮固体、矿物性固态物和油相污染物等物质。

物理法通常作为膜分离、生化反应等深度处理工艺的预处理单元，或作为多级处理系统的补充性强化模块，通过物质初级分离为后续处理工艺创造有利水力条件，显著提升整体处理系统的效能稳定性与经济性。

物理法包括：重力分离、离心分离、过滤分离等。

7.1.2.1 重力分离法

(1) 基本原理

重力分离法又称为沉淀法，是基于固液两相密度差异产生的重力沉降原理实现固液分离的过程，利用废水中呈悬浮状的污染物与水的密度不同的原理，借重力沉降（或上浮）作用使其从水中分离出来。此法常常被用作其他处理方法的预处理或再处理，可分为自然沉淀和混凝沉淀两种。

自然沉淀是依靠废水中固体颗粒的自身重量进行沉降。此种方法仅针对较大颗粒的污染物，是典型的重力沉淀法，属于无外加动力型分离技术的典型代表，是高性价比的初级分离方案，尤其适用于无需精密分离的工业废水预处理环节。

混凝沉淀的核心作用机制在于向废水体系投加具有电荷中和及吸附架桥功能的化学混凝剂，通过双电层压缩与高分子链缠绕的协同效应，促使水中呈稳定分散态的胶体微粒脱稳聚集，形成具有快速沉降特性的致密絮凝体，加速在水中的沉降，此法本质上是化学法，具体内容将在化学法处理工业废水部分再介绍。

(2) 沉淀处理的设备

生产上用来对污水进行沉淀处理的设备称为沉淀池。根据池内水流的方向不同，沉淀池的形式大致可以分为五种：平流式沉淀池、竖流式沉淀池、辐射式沉淀池、斜管式沉淀池、斜板式沉淀池等。

沉淀池的操作区域可以分为沉淀部分和集泥部分。

沉淀部分：废水在这部分内流动，悬浮固体颗粒也在这部分区域内进行沉降。为了使水流均匀地通过各个水断面，一般均在污水的入口处设置挡板，并且要使进水的入口置于池内的水面以下。另外在沉淀池的出水口前，设置浮渣挡板，用以防止漂浮在水面上的浮渣以及油污等流出沉淀池。

集泥部分：沉降物在此部分沉淀，沉降到池底的污泥需定期排放。采用机械排泥的沉降池底是平底。也可以采用泥浆泵或利用水的压力将污泥排出，此时池底应为锥形。另外还可以同时采用两种排泥方式。

石油开采与炼制、煤化工、石油化工及轻工业行业的生产过程排出大量含油废水。油品相对密度一般都小于 1，只有重油相对密度大于 1。化工炼油废水中的油类一般以三种状态存在，即：

① 悬浮状态，这部分油在废水中分散颗粒较大，易于上浮分离，占总含油量的 80%～90%；

② 乳化状态，油珠颗粒较小，直径一般在 0.05～25μm，不易上浮去除，占总含油量的 10%～15%；

③ 溶解状态，这部分油仅占总含油量的 0.2%～0.5%。

只要去除前两部分油，则废水中的绝大多数油类物质被去除，一般能够达到排放要求。对于悬浮状态的油类，一般用隔油池分离；对于乳化油则采用浮选法分离。

常用的隔油池有平流式、竖流式及斜板式。国内多采用平流式隔油池，其构造与平流式沉淀池相似，在实际运行中主要起隔油作用，但也有一定的沉淀作用。

(3) 影响因素

影响污水悬浮物沉降效率的主要因素：

① 污水的流速；

② 悬浮颗粒的沉降速度；

③ 沉淀池的尺寸。

沉淀法分离水中悬浮物的必要条件：悬浮颗粒的沉降速度大于（极值是等于）水流速度，该速度差值越大沉降效果越好，而这又与沉淀池尺寸有关。

影响颗粒从液体中分离的主要因素：颗粒与液体的密度差、颗粒直径和液体的动力黏度。

7.1.2.2 离心分离法

(1) 基本原理

离心分离法的核心作用机理是多相流态体系在离心力场作用下的异质分离特性。含悬浮污染物的废水在高速旋转形成受控流态时，由于不同密度及粒径的悬浮颗粒所受到的离心力大小不同，质量大的被甩到外圈，质量小的则留在内圈，通过精密设计的旋转装置构造与流道控制系统，实现不同物相在离心场中的动态沉降轨迹控制，最终借助差异化导流收集系统完成固液组分的有效分离，实现废水中悬浮颗粒的分离，使废水得以净化，是物理法水处理技术体系中的重要单元操作。这种基于旋转动能转化的机械分离方式，无须添加化学药剂即可高效实现微米级悬浮颗粒的去除。

当废水高速旋转时，水中的颗粒物所受的离心力 F_c 表示如下：

$$F_c = (m - m_0) \times \frac{v^2}{r} (N)$$

式中，m 为颗粒质量，kg；v 为颗粒的圆周切线速度，$2\pi rn/60$，m/s；m_0 为颗粒排开同体积废水的质量，kg；r 为旋转半径，m；n 为转速，r/min。

同一颗粒所受到的重力 F_g 为：

$$F_g = (m - m_0) \times g (N)$$

离心力与重力之比称为分离系数 α：

$$\alpha = \frac{F_c}{F_g} \approx \frac{rn^2}{900}$$

在进行离心分离时，离心力对悬浮颗粒的作用远远超过重力。例如：若旋转半径 r＝0.5m，转速 n＝300r/min，则 $\alpha = 50$。因此离心力远超过重力的大小，显然，废水进行离心分离时，加大废水的旋转速度能提高离心分离效率，大大加强悬浮颗粒的分离过程。

(2) 离心分离方式

7

离心分离设备按离心力产生的方式不同可分为水力旋流器和离心机两种类型。

水力旋流器（或称旋液分离器）有压力式（见图 7-1）和重力式两种，其设备固定，液体靠水泵压力或重力（进出水头差）由切线方向进入设备，造成旋转运动产生离心力。离心机依靠转鼓高速旋转，使液体旋转产生离心力。

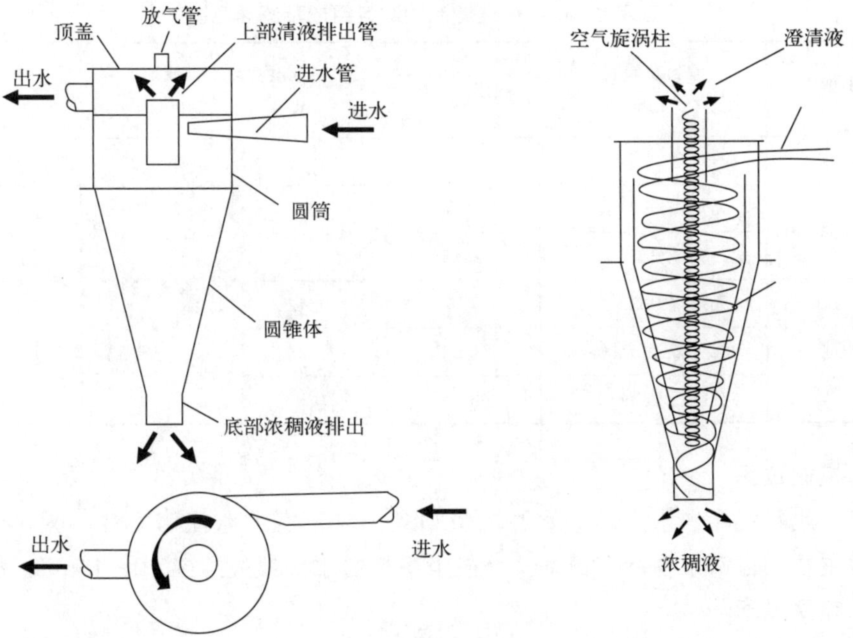

图 7-1　压力式水力旋流器

压力式水力旋流器可以将废水中所含的粒径 5μm 以上的颗粒离心分离出去。进水的流速一般在 6～10m/s，进水管稍向下倾 3°～5°，这样有利于水流向下旋转运动。

压力式水力旋流器的优点是体积小，单位容积的处理能力高，处理能力可达 $1000m^3/(m^2 \cdot h)$；其次构造简单，使用方便，易于安装维护。缺点是水泵和设备易磨损，设备费用高，耗电较多。

重力式水力旋流器也称水力旋流沉淀池。废水由切线方向进入池内，造成旋流，颗粒被抛向池壁并沉于池底。这种旋流器的离心力较弱，分离主要靠重力，故其生产能力一般只有 $20\sim30m^3/(m^2 \cdot h)$。

离心机处理废水也称为机械旋转的离心分离方法，离心机的种类很多，按照分离系数 α 的大小进行分类，离心机可以分为：

① 常速离心机，$\alpha \leqslant 3500$；

② 高速离心机，$3500 < \alpha \leqslant 50000$；

③ 超高速离心机，$\alpha > 50000$。

离心机处理废水的特点是分离效率高，但设备复杂、造价较昂贵，适用于小批量、有特殊要求的难处理的废水。

7.1.2.3 过滤分离法

废水中含有的微粒物质和胶状物质可以采用机械过滤的方法加以去除。过滤分离法常用在废水的最终处理中，使滤出的水可以进行循环使用。有时过滤也作为废水处理的预处理方法，用以防止水中的微粒物质及胶状物质破坏水泵，堵塞管道及阀门等。普通快速滤池的滤料组成及滤速范围如表 7-1 所示。

表 7-1 普通快速滤池的滤料组成及滤速范围

<table>
<tr><th>滤池类型</th><th>滤料及粒径/mm</th><th>相对密度</th><th>滤料厚度/m</th><th>滤速/(m/h)</th><th>强制滤速/(m/h)</th></tr>
<tr><td>单层滤池</td><td>石英砂 0.5～1.2</td><td>2.65</td><td>0.7</td><td>8～12</td><td>10～14</td></tr>
<tr><td rowspan="2">双层滤池</td><td>无烟煤 0.8～1.8</td><td>1.5</td><td rowspan="2">0.4～0.5</td><td rowspan="5">4.8～24
一般为 24</td><td rowspan="2">14～18</td></tr>
<tr><td>石英砂 0.5～1.2</td><td>2.65</td></tr>
<tr><td rowspan="3">三层滤池</td><td>无烟煤 0.8～1.2</td><td>1.5</td><td>0.42</td><td rowspan="3">5～25</td></tr>
<tr><td>石英砂 0.5～0.8</td><td>2.65</td><td>0.23</td></tr>
<tr><td>石榴石 0.3～0.4</td><td>4.13</td><td>0.1</td></tr>
</table>

(1) 格栅过滤

格栅一般斜置在进水泵站集水井的进口处。它本身的水流阻力并不大，只有几厘米，阻力主要来自筛余物堵塞栅条。一般当格栅的水头损失达到 10～15m 时就该清洗。

(2) 筛网过滤

一些工业废水中含有较细小的悬浮物，选择不同尺寸的筛网能去除水中不同类型和大小的悬浮物，如纤维、纸浆、藻类等。相当于一个初沉池的作用。

筛网过滤装置很多，有振动筛网、水力筛网、转鼓式筛网、转盘式筛网、微滤机等。

(3) 颗粒介质的过滤

适用范围：去除废水中的微粒物质和胶状物质，常用作离子交换和活性炭处理前的预处理，也能用作废水的三级处理。

颗粒介质选择：根据废水中滤出的微粒尺寸大小、废水性质、过滤速度等因素选择。

常用滤料：石英砂、无烟煤粒、石榴石粒、磁铁矿粒、白云石粒、花岗岩粒以及聚苯乙烯发泡塑料球等。其中以石英砂使用最广，其主要用于酸性废水，而碱性废水用大理石或石灰石。

7.1.3 化学法处理废水

化学法是废水处理的基本方法之一。它是利用化学反应或化学作用来处理废水中的溶解物质或胶体物质，可用来去除废水中的金属离子、细小的胶体有机物、无机物、植物营养素（氮、磷）、乳化油、色度、臭味、酸、碱等，对于废水的深度处理有着重要作用。

7

化学法包括：中和法、混凝沉淀法、氧化还原法、化学沉淀法、电化学法等。

7.1.3.1 中和法

在化工、炼油企业中，产生的低浓度的含酸、含碱废水，在无回收及综合利用价值时，通常采用中和法进行处理。中和法也常用于废水的预处理，调整废水的 pH。中和法就是酸碱相互作用生成盐和水。例如：

$$H_2SO_4 + 2NaOH = Na_2SO_4 + 2H_2O$$

对含酸或含碱废水，含酸浓度 4%或含碱浓度 2%以下时，如果不能进行经济有效的回收、利用，则应经过中和，将废水的酸碱度调整到中性状态，才能够排放。而对于含酸、含碱浓度高的废水，则必须考虑回收及开展综合利用的方法，如通过结晶法、渗析法、离子交换法等回收。

(1) 酸性废水的处理

对酸性废水进行中和时，可采用以下一些方法：

① 使酸性废水通过石灰石滤床；

② 与石灰乳混合；

③ 向酸性废水中投加烧碱或纯碱溶液；

④ 与碱性废水混合，使废水 pH 近于 7；

⑤ 向酸性废水中投加碱性废渣，如电石渣、碳酸钙、碱渣等。

通常，尽量选用碱性废水或废渣来中和酸性废水，以达到以废治废的目的。采用中和法时，应注意两点：

① 中和时间一般要长，例如对含有弱酸的废水，选用碳酸盐，反应速度很慢；

② 中和后，应避免生产大量沉渣，否则会影响处理效果，同时又带来沉渣的处理

问题，故生成的盐要有一定大小的溶解度。

（2）碱性废水的处理

对碱性废水，一般可以采用以下途径进行中和：

① 向碱性废水中鼓入烟道废气（主要为 CO_2 和 SO_2）。这是一种以废治废，开展综合利用的好办法，既可以降低废水的 pH，又可以去除烟道气中的灰尘，并使烟道气中的 CO_2 及 SO_2 气体从烟气中分离出去，防止烟道气污染大气。不过这种中和后的废水中硫化物、色度、耗氧量都有所增加。

② 向碱性废水注入压缩的二氧化碳气体。

③ 向碱性废水投入酸或酸性废水等。对碱性废水进行中和时，可首先考虑采用酸性废水进行中和处理。若附近没有酸性废水时可采用投加酸进行中和。

7.1.3.2 混凝沉淀法

（1）混凝沉淀法原理

混凝沉淀法的基本原理是在废水中投入混凝剂，因混凝剂为电解质，在废水里形成胶团，与废水中的胶体物质发生电中和，形成混凝颗粒沉降。

混凝沉淀不但可以去除废水中粒径为 $10^{-3}\sim10^{-6}$mm 的细小悬浮颗粒，而且还能够去除色度、油分、微生物、氮和磷等富营养物质、重金属以及有机物等。

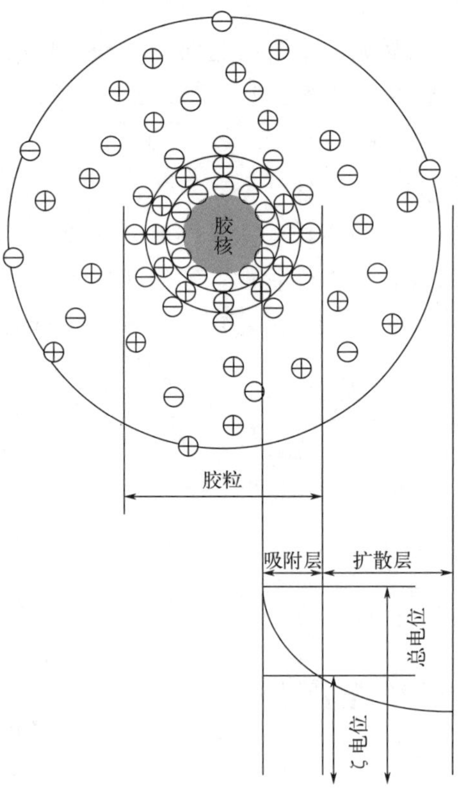

图 7-2 胶粒结构及双电层示意图

废水在未加混凝剂之前，水中的胶体和细小悬浮颗粒的本身质量很轻，受水的分子热运动的碰撞而做无规则的布朗运动。而且水中的胶体微粒表面都带有一层同性电荷，在其周围的溶液中又吸引众多的异性电荷离子形成双电层胶团，其中紧靠内层的异性电荷离子被牢固吸引形成吸附层（图 7-2）。吸附层胶核表面与溶液主体之间的电位差称 ζ 电位。

它们之间的静电斥力阻止微粒间彼此接近而聚合成较大的颗粒；其次，带电荷的胶粒和反离子都能与周围的水分子发生水化作用，形成一层水化壳，阻碍各胶体的聚合。

一种胶体的胶粒带电越多，其 ζ 电位就越大；扩散层中反离子越多，水化作用也越大，水化层也越厚，因此扩散层也越厚，稳定性越强。

废水中投入混凝剂后，胶体因 ζ 电位降低或消除，破坏了颗粒的稳定状态（称脱稳）。脱稳的颗粒相互聚集为较大颗粒的过程称为凝聚。未经脱稳的胶体也可形成大的颗粒，这种现象称为絮凝。不同的化学药剂能使胶体以不同的方式脱稳、凝聚或絮凝。

按机理，混凝可分为压缩双电层、吸附电中和、吸附架桥、沉淀物网捕四种。在水处理中往往可能是同时或交叉发挥作用的，只是在一定情况下以某种机理为主而已。实际混凝过程包括凝聚和絮凝两个步骤，凝聚使胶体脱稳并聚集为微絮粒，而后絮凝使微絮粒通过吸附、桥连和网捕成长为更大絮体而沉淀。

低分子电解质的混凝剂以压缩双电层作用产生凝聚为主；高分子聚合剂则以架桥联结产生絮凝为主。故通常将低分子电解质称为混凝剂，而把高分子聚合物单独称为絮凝剂。

(2) 影响混凝效果的因素

在废水的混凝沉淀处理过程中，影响混凝效果的因素比较多。其中重要的有以下几种。

① 水样的影响：对不同水样，由于废水中的成分不同，同一种混凝剂的处理效果可能会相差很大。

② 药剂投加量的影响：药剂投加量有其最佳值，混凝剂投加量不足，则水中杂质未能充分脱稳去除，加入太多则会再稳定。

③ 水温的影响：水温影响药剂在水中发生化学反应的速度，对金属盐类混凝剂影响很大。因其水解是吸热反应，水温较低时，絮凝体形成缓慢，结构松散，颗粒细小。对高分子混凝剂影响较小。

④ 碱度的影响：主要指金属盐类，因其混凝过程中水解产生大量 H^+，造成 pH 下降，以至降到最优混凝条件以下，保持一定碱度则使反应过程中 pH 基本保持恒定；对于高分子混凝剂，因其作用并非靠大量水解来实现的，且水中均会保持有一定的碱度，故对其最佳投加量影响不大。

⑤ 废水 pH 的影响：对金属盐类，pH 影响其在水中水解产物的种类与数量，一般在 pH＝5.5～8.0 时有较高脱除率；对于人工合成高分子混凝剂，则影响其活性基团的性质。

⑥ 水力条件的影响：混凝的过程是混凝剂与胶粒发生反应并逐步凝聚在一起的过程，水流速度过于缓慢，则混凝剂与胶粒反应速率太小，速度过于激烈则使结成的絮体重新破裂。一般混凝过程分为混合与反应两个阶段，混合阶段持续 10～30s，主要是使药剂迅速而均匀地扩散到水中；反应阶段通常为 10～30min，主要是使水中微粒凝聚增大而沉淀（或上浮）的过程。

(3) 混凝剂和助凝剂

混凝剂按化学成分可分为无机及有机两大类。无机类主要是铝和铁的盐类及其水解聚合物，有机类主要是高分子化合物，可分为天然的及人工合成的两大类。

① 无机混凝剂：主要是利用其中的强水解基团水解形成的微絮体使胶粒脱稳，无机混凝剂以其价格低廉、原料易得等优点得以大量运用，目前无机混凝剂的主要品种见表 7-2。

表 7-2 常用无机类混凝剂一览表

类别	药品名称	分子式
高分子	聚合氯化铝(PAC)	$[Al_2(OH)_nCl_{6-n} \cdot xH_2O]_m$
	聚合硫酸铝(PAS)	$[Al_2(OH)_n(SO_4)_{3-n/2}]_m$
	聚合氯化铁(PFC)	$[Fe_2(OH)_nCl_{6-n}]_m/[Fe_2(OH)_n(Cl)_{3-n/2}]_m$
	聚合硫酸铁(PFS)	$[Fe_2(OH)_n(SO_4)_{3-n/2}]_m$
低分子	硫酸铝(AS)	$Al_2(SO_4)_3 \cdot nH_2O$
	三氯化铝(AC)	$AlCl_3 \cdot 6H_2O$
	硫酸铝铵(AA)	$(NH_4)_2SO_4 \cdot Al_2(SO_4)_3 \cdot 24H_2O$
	硫酸铝钾(KA)	$K_2SO_4 \cdot Al_2(SO_4)_3 \cdot 24H_2O$
	含铁硫酸钾(MICS)	$Al_2(SO_4)_3+Fe_2(SO_4)_3$
	硫酸亚铁	$FeSO_4 \cdot 7H_2O$
	硫酸铁(FS)	$Fe_2(SO_4)_3 \cdot 12H_2O$
	氯化铁(FC)	$Fe_2Cl_3 \cdot 12H_2O$
	氯化锌(ZC)	$ZnCl_2$
	硫酸锌(ZS)	$ZnSO_4$
	氧化镁	MgO
	碳酸镁	$MgCO_3$
	电解铝	$Al(OH)_3$
	电解铁	$Fe(OH)_3$

② 有机混凝剂：分为天然有机混凝剂与人工合成有机高分子絮凝剂。天然高分子混凝剂由于电荷密度较小，分子量较低，且易发生生物降解而失去混凝活性，使用量较少。人工合成有机高分子絮凝剂都是水溶性聚合物，重复单元中常包含带电基团，因而也被称为聚电解质。包含带正电基团的为阳离子絮凝剂，包含带负电基团的为阴离子絮凝剂，既包含带正电基团又包含带负电基团的为两性絮凝剂，有些人工合成有机高分子絮凝剂在制备中并没有人为地引进带电基团，称为非离子絮凝剂。表 7-3 是水和废水处理中常用的有机絮凝剂。

表 7-3 常用有机絮凝剂

名称	离子型	说明
聚丙烯酰胺	非离子型	主要非离子絮凝剂品种
聚氧化乙烯	非离子型	无机絮凝剂，对某些情况很有效

续表

名称	离子型	说明
部分水解聚丙烯酰胺	阴离子型	负电性强，电荷对 pH 不敏感，均聚物
聚乙烯磺酸盐	阴离子型	均聚物，电荷与 pH 有关
聚乙烯胺	阴离子型	均聚物，电荷与 pH 有关
聚羟丙基-甲基氯化铵	阳离子型	均聚物，正电性强，电荷与 pH 无关
聚二甲基二烯丙基氯化铵	阳离子型	主要阳离子品种
聚羟丙基二甲基氯化铵	阳离子型	均聚物，正电性强，电荷与 pH 无关
聚二甲基二甲胺甲基丙烯酰胺	阳离子型	主要阳离子絮凝剂，电荷与 pH 有关
聚二甲氨基丙基甲基丙烯酰胺	阳离子型	水解为阳离子丙烯酰胺衍生物

为了提高混凝沉淀的效果，通常在使用混凝剂时还需加入一些助凝剂。

① pH 调节剂：用来调整废水的 pH，以达到混凝剂使用的最佳 pH，常用的有石灰等。

② 活化剂：用来改善絮凝体的结构，增加混凝剂的活性，如活性炭、各种黏土及活化硅酸等。

③ 氧化剂：用来破坏其他对混凝剂有干扰的有机物质，如氯等。

混凝沉淀处理流程：混凝沉淀处理流程包括投药、混合、反应及沉淀分离等，如图 7-3 所示。

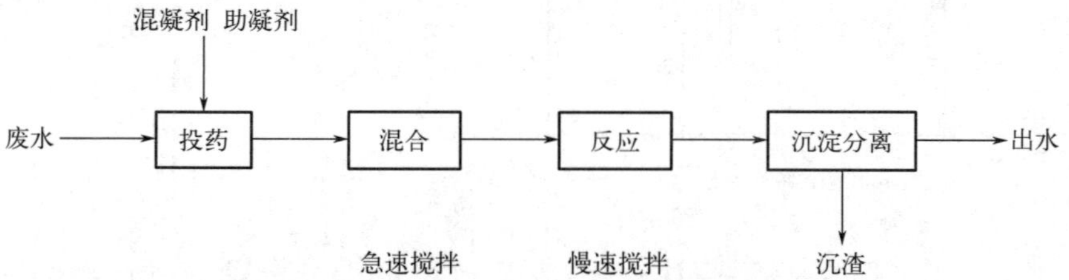

图 7-3　混凝沉淀处理流程示意图

7.1.3.3　氧化还原法

氧化还原法通过调控污染物的电子转移过程实现水质净化目标。废水经过氧化还原处理可使其中所含的有毒的有机污染物或无机污染物在特定反应条件下发生价态转换或分子结构重构，转化成无毒或毒性较小的稳定态物质，从而达到废水治理的目的。现在工业上用得比较多的氧化剂是 O_2 和 Cl_2 等，这类物质通过提供活性氧或次氯酸等中间产物，可高效催化污染物的降解反应进程。

常用的氧化法有空气氧化法和氯氧化法。

(1) 空气氧化法

空气氧化法是利用空气中的氧气氧化废水中的有机物和还原性物质的一种处理方

法，因空气氧化能力比较弱，主要用于含还原性较强物质的废水处理，如炼油厂的含硫废水。空气中的氧与水中硫化物的反应如下：

$$2HS^- + 2O_2 \longrightarrow S_2O_3^{2-} + H_2O$$

$$2S^{2-} + 2O_2 + H_2O \longrightarrow S_2O_3^{2-} + 2OH^-$$

$$S_2O_3^{2-} + 2O_2 + 2OH^- \longrightarrow 2SO_4^{2-} + H_2O$$

有机硫化物与氧反应生成二硫化物，其在水中的溶解度很小，容易从水中分离出去，反应如下：

$$2R—S—H + 1/2O_2 + H_2O \longrightarrow R—S—S—R + 2H_2O$$

根据理论计算，每氧化 1kg 硫化物为硫酸盐，约需要 4.0m^3 空气。实际操作中供气量往往为理论值的 2～3 倍。

空气氧化脱硫在密闭的塔器（如空塔、板式塔、填料塔）中进行。

图 7-4 为某炼油厂的废水氧化装置。含硫废水经隔油沉渣后与压缩空气及水蒸气混合，升温至 80～90℃，进入氧化塔，塔径一般不大于 2.5m，分为四段，每段高 3m。每段进口处设喷嘴，雾化进料。塔内气水体积比不小于 15。增大气水比则气液的接触面积加大，有利于空气中的氧向水中扩散，加快氧化速度。废水在塔内停留时间为 1.5～2.5h。

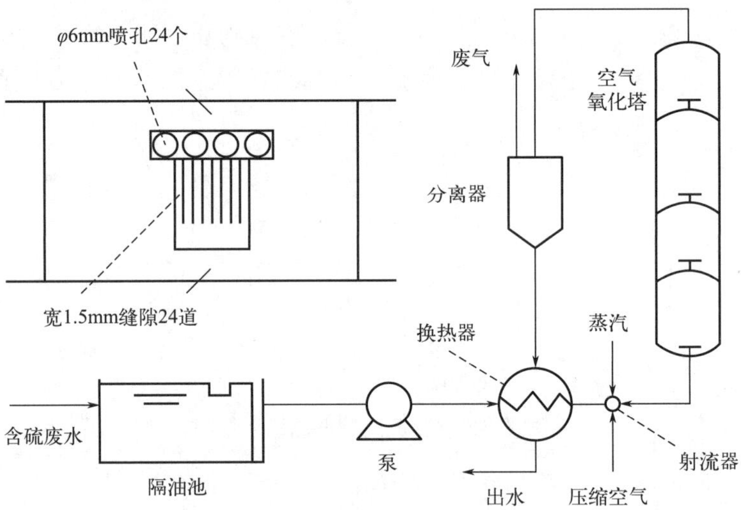

图 7-4　空气氧化法处理含硫废水流程

（2）氯氧化法

氯气是普遍使用的氧化剂，既用于水消毒，又用于废水氧化，主要是起到消毒杀菌的作用。通常的含氯药剂有液氯、漂白粉、次氯酸钠、二氧化氯等。各药剂的氧化能力用有效氯含量表示。氧化价大于－1 的那部分氯具有氧化能力，称为有效氯。作为比较基准，取液氯的有效氯含量为 100%。表 7-4 给出了几种含氯化合物的有效氯含量。

表 7-4　纯的含氯化合物的有效氯含量

化学式	分子量	有效氯的物质的量/mol	含氯量/%	有效氯含量/%
液氯 Cl_2	71	1	100	100
漂白粉 $CaCl(OCl)$	127	1	56	56
次氯酸钠 $NaOCl$	74.5	1	47.7	95.4
次氯酸钙 $Ca(OCl)_2$	143	2	49.6	99.2
一氯胺 NH_2Cl	51.5	1	69	138
亚氯酸钠 $NaClO_2$	90.5	2(酸性)	39.2	156.8
氧化二氯 Cl_2O	87	2	81.7	163.4
二氯胺 $NHCl_2$	86	2	82.5	165
三氯化氮 NCl_3	120.5	3	88.5	177
二氧化氯 ClO_2	67.5	2.5(酸性)	52.5	262.5

氯氧化法目前主要用在含酚、含氰化物、含硫化物的废水治理方面。

① 处理含酚废水：向含酚废水中加入氯、次氯酸盐或二氧化氯等，可将酚破坏。根据理论计算投加的氯量与水中的含酚量之比为 6∶1 时，即可使酚完全被破坏，但由于废水中存在其他化合物也与氯发生反应，实际上氯的需要量要超过理论量许多倍，一般要超出 10 倍左右。如果投氯量不够，酚不能完全被破坏，而且生成具有强烈臭味的氯酚。

② 处理含氰废水：用氯氧化法处理含氰废水时，是将次氯酸钠直接投入废水中，也可以将氢氧化钠和氯气同时加入废水中，氢氧化钠与氯气反应生成次氯酸钠。由于这种氯氧化法是在碱性条件下进行的，故又称为碱性氯化法。废水中含氰化物量与完成两个阶段反应所需的总氯及氢氧化钠的量之比理论上为：$n(CN):n(Cl_2):n(NaOH)=1:6.8:6.2$。实际上，为使氰化物完全被氧化，一般氯的投入量为废水中所含氰化物量的 8 倍左右。

7.1.4　物理化学法处理废水

废水经过物理方法处理后，仍会含有某些微米级悬浮物与溶解态有机污染物。为了进一步去除残存在水中的污染物，可以进一步采用基于界面作用的物理化学法实现污染物深度去除。常用的物理化学法有多孔介质吸附（活性炭/树脂吸附）、浮选（溶气/电絮凝浮选）、电渗析、反渗透、超过滤等。这些方法通过分子间作用力调控、界面能优化或膜孔径筛分效应可有效截留微污染物。

7.1.4.1 吸附法

在废水处理中，吸附法处理的主要对象是废水中用生化法难于降解的有机物或用一般氧化法难于氧化的溶解性有机物，包括木质素、氯或硝基取代的芳烃化合物、杂环化合物、洗涤剂、合成染料、除莠剂、二氯二苯三氯乙烷（DDT）等。

吸附法是基于多孔固体介质表面物理化学作用实现污染物定向去除的工艺方法。该技术通过具有多级孔道结构的吸附介质与废水体系接触，借助界面吸附作用机制选择性捕获水体中的目标污染物。常用的吸附剂有活性炭、硅藻质吸附剂、铝基矿物复合材料、磺化煤基质、冶金副产物矿渣以及吸附用的功能化高分子树脂等。其中活性炭是水处理领域应用最广泛的吸附剂。

当用活性炭等对废水进行处理时，吸附系统能展现出多重净化效能，它不但能够吸附一些难以降解的有机污染物（如多环芳烃等），降低COD，还能使废水脱色（如染料分子等）、脱臭（如去除硫醇类化合物等异味物质），把废水处理到可重复利用的程度。所以吸附法在废水的深度处理中得到了广泛的应用。

（1）吸附剂

一切固体物质都有吸附能力，但是只有多孔性物质或磨得极细的物质由于具有很大的比表面积，才能作为吸附剂，吸附剂的选择还必须满足以下要求：

① 吸附能力强；

② 吸附选择性好；

③ 吸附平衡浓度低；

④ 容易再生和再利用；

⑤ 机械强度好；

⑥ 来源容易获取；

⑦ 化学性质稳定；

⑧ 价格便宜。

一般工业吸附剂难以同时满足这八个方面的要求，因此，应根据不同的场合选用。目前常用的吸附剂很多，除人们熟悉的活性炭和硅胶外，还有白土、硅藻土、活性氧化铝、焦炭、树脂吸附剂、炉渣、木屑、煤灰及煤粉等。

吸附剂的吸附能力常用静活性来表示，即在一定的温度及平衡浓度的静态吸附条件下，每单位质量或单位体积吸附剂所能吸附的最大吸附质的量。

吸附过程的物料系统包括废水（溶媒）、污染物质（溶质）及吸附剂，因此吸附是属于不同相间的传质过程，机理比较复杂，影响吸附过程的因素比较多，主要可以归纳为三方面，即吸附剂的性质、污染物的性质以及吸附过程的条件。

吸附剂的吸附效果取决于吸附性、比表面积、孔隙结构、孔径分布等。

吸附介质再生技术是保障吸附工艺持续运行的核心环节。吸附剂孔隙被污染物填充至达到饱和吸附后，需通过定向脱附工艺实现吸附容量的恢复，才能重复使用。脱附是吸附的逆过程，即在吸附剂结构不发生变化或变化极小的情况下，用某种方法将孔隙内捕获的吸附质解离脱除，恢复吸附剂的吸附功能。

吸附剂再生使用具有显著的综合效益，可以大大降低废水的处理成本，减少废渣的排放量，同时可以回收有用的吸附质。

目前吸附剂的再生方法主要有反冲洗、加热再生、药剂再生、化学氧化再生、湿式氧化再生、生物再生等。

选择再生方法时，主要考虑三方面的因素：

① 吸附质的性质；

② 吸附机理；

③ 吸附质的回收使用价值。

（2）吸附工艺及设备

吸附工艺系统设计的核心在于构建全流程技术方案，需从吸附介质特性、工艺参数匹配及系统协同性三个维度进行系统规划。在设计吸附工艺和装置时，应首先确定采用的吸附剂类型，选择何种吸附和再生操作方法以及废水的预处理和后处理措施。一般需通过静态和动态试验来确定处理效果、吸附容量、设计参数和技术经济指标。

吸附操作分为间歇和连续两种。

① 间歇式吸附工艺：将吸附剂（多用粉状炭）投入废水中，不断搅拌，经一定时间达到吸附平衡后，用沉淀或过滤的方法进行固液分离。如果经过一次吸附，出水还达不到排放要求时，则需要增加吸附剂投加量和延长停留时间，或者对一次吸附出水进行二次或多次吸附。

间歇式吸附工艺适用于规模小、间歇排放的废水处理。因粉状炭的再生工艺比较复杂，不适用于大规模废水处理。

② 连续式吸附工艺：废水不断地流进吸附床，与吸附剂接触除去污染物，质量符合要求的处理后的水连续地从吸附床排出。按照吸附剂的充填方式，又分为固定床（图 7-5）、移动床（图 7-6）和流化床三种。

吸附法在污染物治理领域展现出广谱去除特性，不仅对芳香烃、卤代烃等有机污染物具有显著的去除效果，更在金属及化合物污染控制方面有独特的优势。以活性炭为例，这种多孔炭材料对汞、锑、铋、锡、钴、镍、铬、铜、镉等都有很强的吸附能力。这种兼具物理吸附与化学键合的复合作用模式，使其成为复杂金属废水处理的核心技术单元。在工业废水深度净化领域，活性炭吸附系统展现出显著的技术经济性。

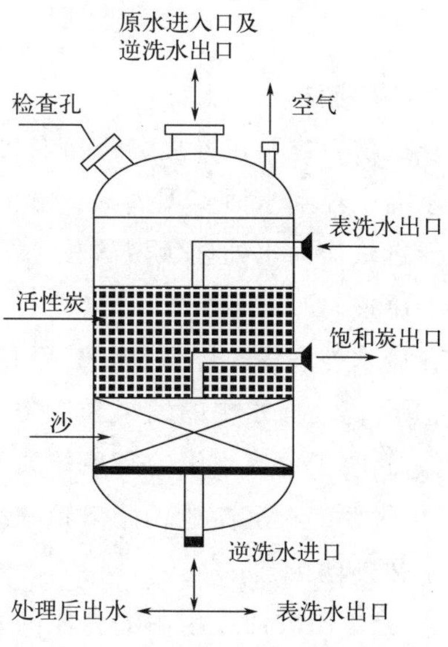

图 7-5　固定床吸附塔结构图

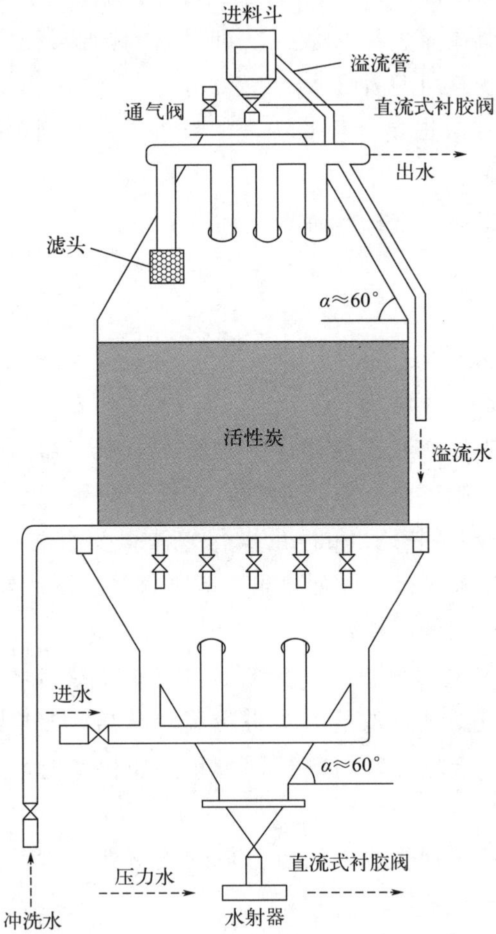

图 7-6　移动床吸附塔结构图

7.1.4.2　浮选法

浮选法就是利用高度分散的微小气泡作为载体去黏附废水中的污染物，使其密度小于水而上浮到水面实现固液或液液分离的过程。

浮选法作为水处理领域的核心方法，其应用范畴已从传统固液分离拓展至多相体系精准调控。

在废水处理中，浮选法已广泛应用于：

① 分离地面水中的细小悬浮物、藻类及微絮体；

② 回收工业废水中的有用物质，如造纸厂废水中的纸浆纤维及填料等；

③ 代替二次沉淀池，分离和浓缩剩余活性污泥，特别适用于那些易于产生污泥膨胀的生化处理工艺；

④ 分离回收油废水中的悬浮油和乳化油；

⑤ 分离回收以分子或离子状态存在的目的物，如表面活性剂和金属离子等。

(1) 浮选法基本原理

浮选法主要是根据表面张力的作用原理，实现气-液-固三相界面润湿性差异的精确调控，使污水中固体污染物黏附在小气泡上。当空气通入废水中时，与废水中的细小颗粒物共同组成三相体系。细小颗粒黏附到气泡上时，使气泡界面发生改变，引起界面能的变化。

颗粒能否黏附于气泡上而被浮选除去与颗粒和液体的表面性质有关。亲水性颗粒易被水润湿，水对它有较大的吸附力，气泡不易把水推开而代之，这种颗粒不易黏附于气泡上而除去。相反，疏水性颗粒则容易附着于气泡而被除去。

若要用浮选法分离亲水性颗粒（如纸浆纤维、煤粒、重金属离子等），就必须投加合适的药剂——浮选剂，以改变颗粒的表面性质，使其表面变成疏水性，易于黏附于气泡上。同时浮选剂还有促进起泡作用，可使废水中的空气形成稳定的小气泡，以利于气浮。

浮选剂的种类很多，常用浮选剂有松香油、石油及煤油产品，脂肪酸及其盐类，表面活性剂，等等。

7

(2) 浮选法操作流程

浮选法操作流程比较复杂，最常用的是加压浮选法和曝气浮选法。

① 加压浮选法：浮选法的核心机理建立在溶气释放的相变过程上。通过往压力容器内注入气体介质，将空气通入废水中，工作压力下使空气溶解在废水中达饱和状态，然后由加压状态突然减至常压，这时溶解在水中的空气迅速析出形成极微小的高分散性微气泡群，不断向水面上升。气泡在上升过程中捕集废水中的悬浮颗粒以及胶状物质等，一同带出水面，最终通过水面富集相分离装置实现污染物的定向去除。用这种方法产生的气泡直径为20～100μm，并且可人为地控制气泡与废水的接触时间，因而净化效果好，应用广泛。

② 曝气浮选法：将空气直接打入浮选池底部的充气器中，空气形成细小的气泡群，气泡捕集废水中颗粒后上浮到水面，由排渣装置将浮渣刮送到泥渣出口处排出。充气器可以用带有微孔的材料制成，如帆布、多孔陶瓷、微孔塑料管等。曝气浮选法动力消耗小，但由于气泡较大，又很难均匀，故浮选效果较加压浮选法要差一些，目前都是与生化的活性污泥法统一使用。

7.1.5 生化法处理废水

生化法本质是通过微生物群落的代谢活动实现污染物转化与能量流动的生态过程。该方法利用微生物的新陈代谢作用，使废水中呈溶解和胶体状态的有机污染物转化为无害物质，以实现废水净化的目的。

当化工废水中的有机污染物采用物理或化学或物理联合化学的方法无法达到治理要求，可考虑采用生化法。当废水中BOD_5与COD比值大于0.3时，也可采用生化法。

生化处理前，需要对工业废水中含有的对微生物有毒性的化合物进行解毒预处理。通过物理或化学方法将废水中重金属、氰化物等毒性物质浓度降至生物毒性阈值以下，确保后续生化单元中活性污泥菌群的代谢活性不受抑制。同时对工业废水中的悬浮物和颗粒物进行预处理，可以大大削减废水中的COD和BOD的量，构成生物处理系统稳定运行的基础性工艺优化策略，也是削减废水中有机物的一项简单而有效的措施。

生化法优点：条件温和，不需要高温高压，与化学法相比，其处理废水的费用低廉，运行管理方便。

生化法是废水处理系统中非常重要的方法之一，已广泛用作生活污水及工业有机废水的二级处理。

7.1.5.1 生化法分类

从微生物的代谢形式出发，生化法主要分为好氧处理和厌氧处理两大类型。

按照微生物的生长方式，可分为悬浮生化法和固着生化法两类。

按照系统的运行方式，可分为连续式和间隙式。

按照主体设备中的水流状态，可分为平推流式和完全混合式等类型。

根据作用原理不同可以大致分类如下：

- 生化处理
  - 好氧处理
    - 自然条件：水体自净——天然水体及氧化塘
      土壤净化——污水灌溉
    - 人工条件：悬浮生化法——活性污泥法及其变形、氧化塘、氧化沟
      固着生化法——生物滤池、生物转盘、接触氧化、好氧性生物流化床
  - 厌氧处理
    - 自然条件：高温堆肥、厌氧塘
    - 人工条件：悬浮生化法——厌氧消化、升流式厌氧污泥床、化粪池

其中，好氧处理的活性污泥法和生物滤池法比较成熟、应用较多，而人工条件下的厌氧处理正处于发展阶段。

7.1.5.2 微生物及生物处理

（1）微生物

微生物是肉眼看不见，只能凭借显微镜才能观察到的单细胞及多细胞生物。微生物在自然界中分布极广，种类繁多。在处理废水中常见的微生物可以分为以下两类：植物型［菌类——细菌（低等细菌、高等细菌）、真菌、藻类］、动物型（原生动物、后生动物）。

在废水处理过程中，随废水水质的差异，出现的微生物种类、数量也有明显差别，其中以细菌的数量最多。

微生物在生命活动过程中不断从外界环境中吸取营养物质，通过复杂的酶催化反应并将其加以利用，提供能量并合成新的生物体，同时又不断地向外界环境排泄废物，从而实现生命体的自我更新，这个过程称为微生物的新陈代谢，简称代谢。

各种生物的生命活动，如生长、繁殖、遗传及变异，都需要通过新陈代谢来实现。

没有新陈代谢，就没有生命。

环境条件的改变会引起微生物的变异。变异具有遗传性，利用微生物的这种特性，可以在人为干预的条件下培养所需要的微生物，部分改变其原有的特性，使之更好地用于不同的废水处理中。这种培养又称为驯化。利用驯化微生物改变其部分性状的方法称为定向驯化。微生物的定向驯化对用生化法处理废水具有特别重要的意义。

微生物具有来源广、易培养增殖、繁殖快、对环境适应性强、易变异、可以驯化等特征。这些特性使其易于适应有毒工业废水的水质条件，并通过新陈代谢使有机物无机化、有毒物质无害化。

(2) 生物酶

微生物处理废水时，一切反应都是在酶的作用下进行的。酶是微生物细胞特有的一种蛋白质，是具有高度专一性的高效生物催化剂。

酶的催化活性多受环境条件的影响，特别是温度、pH和某些离子等，因此废水需要具备一定的条件才能进行有效的生化法处理。

(3) 生化法对水质的要求

废水生化处理是以废水中所含的污染物作为营养源，利用微生物的代谢作用使污染物被降解，废水得以净化。

如果废水中突然进入有毒物质，或环境条件突然发生变化，超过微生物的承受限度时，将会对微生物产生抑制或有毒作用，使系统的运行遭到严重破坏。

因此，进行生化处理时，废水水质需要给微生物的生长繁殖提供适宜的环境条件，这是非常重要的。对废水水质的要求主要有以下几个方面。

① pH：在废水处理过程中，pH不能有突然变动，否则将使微生物的活力受到抑制，以至于造成微生物的死亡。一般而言，处理好氧生物，pH可保持在6.0～9.0范围内；处理厌氧生物，pH应保持在6.5～8.0。

② 温度：温度过高时，微生物会死亡，而温度过低时，微生物的新陈代谢作用将变得缓慢，活力受到抑制。一般生化法要求水温控制在20～35℃，但高温厌氧法水温需控制在50～55℃。

③ 水中的营养物及其毒物：微生物的生长、繁殖需要多种营养物质，其中包括碳源、氮源、无机盐类等。经过水质分析后，需向水中投加缺少的营养物质，以满足所需的各种营养物，并保持其间的一定数量比例，一般对生化需氧量、氮、磷的需要量的质量比应满足：

好氧法为 $m(BOD_5):m(N):m(P)=100:5:1$

厌氧法为 $m(BOD_5):m(N):m(P)=100:2.5:0.5$

在工业废水中，有时存在着对微生物具有抑制和杀害作用的化学物质，即有毒物质。有毒物质种类不少，且对微生物产生毒害是需要一定浓度的，即有一个毒物最高允许浓度。微生物驯化后，其有毒物质最高允许浓度可适当提高。表7-5列出了一部分有毒物质的最高允许浓度（仅供参考）。

表 7-5　废水生物处理中有毒物质允许浓度

毒物名称	允许浓度/(mg/L)	毒物名称	允许浓度/(mg/L)
亚砷酸盐	5	硫化物(以 S 计)	10～30
砷酸盐	20	氯化钠	10000
铅	1	CN^{-1}	5～20
镉	1～5	氰化钾	8～9
三价铬	10	硫酸根	5000
六价铬	2～5	硝酸根	5000
铜	5～10	氯苯	100
锌	5～20	甲苯	100～150
铁	100	甲醇	200
苯	100	吡啶	400
苯酚	100	油脂	30～50

④ 氧气：根据微生物对氧的要求，可分为好氧微生物、厌氧微生物及兼性微生物。好氧微生物在降解有机物的代谢过程中以分子氧作为受氢体，如果分子氧不足，降解过程就会因为没有受氢体而不能进行，微生物的正常生长规律就会受到影响，甚至被破坏。所以在好氧生物处理的反应过程中，需从外界供氧，一般要求反应器废水中保持溶解氧浓度在 2～4mg/L。

厌氧微生物对氧气很敏感，当有氧存在时，厌氧微生物就无法生长。这是因为在有氧存在的环境中，厌氧微生物在代谢过程中由脱氢酶所活化的氢将会与氧结合形成 H_2O_2，而厌氧微生物缺乏分解 H_2O_2 的酶，从而形成 H_2O_2 积累，对微生物细胞产生毒害作用。所以厌氧处理设备要严格密封，隔绝空气。

⑤ 有机物的浓度：废水生化处理时对进水有机物的浓度也有一定的要求。进水有机物的浓度高，将增加生物反应所需的氧量，往往由于水中含氧量不足造成缺氧，影响生化处理效果。但进水有机物的浓度太低，容易造成养料不够，缺乏营养也使处理效果受到影响。一般进水 BOD_5 值控制在 100～1000mg/L 范围内。

(4) 好氧生化处理和厌氧生化处理

根据生化处理过程中起主要作用的微生物种类的不同，废水生化处理可分为好氧生化处理和厌氧生化处理两大类。

① 好氧生化处理：此类处理由好氧微生物和兼性微生物参与，在有溶解氧的条件下，将有机物分解为 CO_2 和 H_2O，并释放出能量的代谢过程。

② 厌氧生化处理：在无氧的条件下，利用厌氧微生物作用，主要是厌氧菌的作用，来处理废水中的有机物。处理过程中受氢体不是游离氧，而是有机物质或含氧化合物，如 SO_4^{2-}、NO_3^-、NO_2^- 等。因此，最终代谢产物不是简单的 CO_2 和 H_2O，而是一些低分子有机物如 CH_4、H_2S、NH_4^+ 等。此类处理的优点是不需要供给氧气，动力消耗小，

设备简单，能回收一定数量的甲烷气体作为燃料。缺点是厌氧处理机理复杂，所需技术要求高，时间长，出水水质差，往往需进一步处理。

此外，还有一种兼氧氧化，也叫兼气性氧化或兼气性分解，是兼气性微生物生命活动的结果，它介乎好氧分解与厌氧分解之间。兼性微生物既能在有氧环境中生存也能在无氧条件下生存。

7.1.5.3 活性污泥法

活性污泥法是工业废水生化处理领域最常用的方法，其运行机制基于曝气池内持续曝气充氧的环境构建。它是在称作曝气池的废水处理池中，通过空气连续输入形成溶解氧饱和条件，利用池中悬浮生长的微生物絮体处理有机废水，这种微生物絮体被称为活性污泥。这种以微生物群落为核心的功能性载体，在曝气-沉淀的周期性循环中展现出对有机物的高效去除特性。

（1）活性污泥

活性污泥由好氧性微生物（包括细菌、真菌、原生动物及后生动物）及其代谢的和吸附的有机物、无机物组成，具有降解废水中有机污染物的能力。

活性污泥法处理的关键在于具有足够数量和性能良好的污泥。

活性污泥是大量微生物聚集的地方，即微生物高度活动的中心，在处理废水过程中，活性污泥对废水中的有机物具有很强的吸附和氧化分解能力，故活性污泥中还含有分解的有机物及无机物等。污泥中的微生物在废水处理中起主要作用的是细菌和原生动物。

（2）活性污泥法处理废水的过程

活性污泥除去废水中的有机物，主要经历吸附→氧化→絮凝体形成与凝聚沉淀三个阶段。

① 吸附阶段：污水与活性污泥接触后的很短时间内水中有机物（BOD）迅速降低，这主要是吸附作用引起的。

② 氧化阶段：在有氧的条件下，微生物将吸附的有机物一部分氧化分解获取能量，一部分则合成新的细胞。

③ 絮凝体形成与凝聚沉淀阶段：氧化阶段合成的菌体有机体絮凝形成絮凝体，通过重力沉淀从废水中分离出来，使水得到净化。

采用活性污泥法处理工业废水的大致流程如图 7-7 所示。

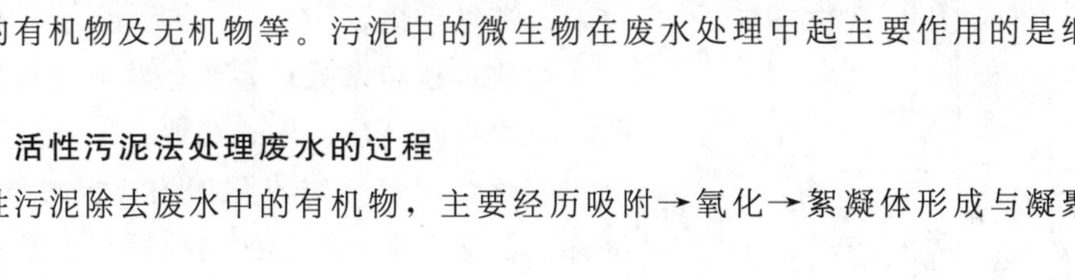

图 7-7 活性污泥法的基本流程图

(3) 活性污泥法处理废水装置的类型

按废水和回流污泥的进入方式及其在曝气池中的混合方式，活性污泥法可分为平推流式和完全混合式两大类。

① 平推流式：活性污泥曝气池有若干个狭长的流槽，废水从一端进入，另一端流出。此类曝气池又可分为平行水流（并联）式和转折水流（串联）式两种。沿途曝气充氧，随着水流的过程，底物（有机物及其他营养物）降解，微生物增长。平推流式曝气时间为6～8h，废水中BOD去除率可达95%。缺点有曝气池容积大，占地多。

② 完全混合式：是废水进入曝气池后，在搅拌下立即与池内活性污泥混合液混合，从而使进水得到良好的稀释，污泥与废水得到充分混合。

7.1.5.4 生物膜法

生物膜法是另一种好氧生化处理法，也称固着生化法。生物膜法是通过流动的废水同固体（填料、滤料）上附着的生物膜接触，生物膜吸附和氧化废水中的有机物并同废水进行物质交换，从而使废水得到净化的过程。

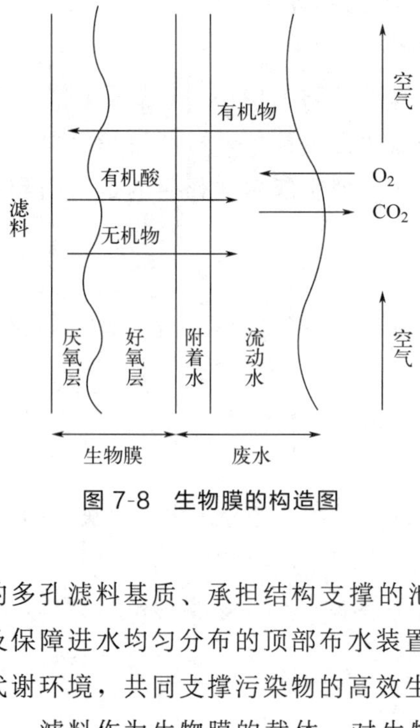

图7-8 生物膜的构造图

当含有机物的废水与固体载体长期流动接触时，载体的表面上会逐渐形成一层黏性生物膜。其构造如图7-8所示。生物膜主要是由好氧菌、厌氧菌和兼性菌的菌胶团和真菌菌丝组成，此外还有一些微生物。

生物膜法废水处理系统包含多种典型工艺类型，其中生物滤池、塔式滤池、生物转盘、生物接触氧化装置及生物流化床构成主要技术形态。以生物滤池为例，其主体结构通常采用钢筋混凝土或砖石砌筑结构构筑，池平面布局呈现矩形、圆形或多边形几何形态，其中圆形构型因流体力学特性优越而较为普遍。圆形构型装置的核心构造体系包含四个功能性模块：作为微生物载体层的多孔滤料基质、承担结构支撑的池体围护系统、实现处理水收集的底部排水管网以及保障进水均匀分布的顶部布水装置。各子系统通过空间组合形成稳定的生物膜附着-代谢环境，共同支撑污染物的高效生物降解过程。

滤料作为生物膜的载体，对生物滤池的工作影响比较大。常用的滤料有卵石、碎石、炉渣、焦炭、瓷环、陶粒等，而且颗粒比较均匀，粒径为25～100mm，滤层厚度为0.9～2.5m，平均1.8～2.0m。近年来，生物滤池多采用塑料滤料，主要由聚氯乙烯、聚乙烯、聚苯乙烯、聚酰胺等加工成波纹板、蜂窝管、环状及中空圆柱等复合式滤料。这些滤料的特点是比表面积大，孔隙率高（可达90%以上），从而大大改善膜生长及通风条件，使废水处理效果大大提高。

7.1.5.5 厌氧生化法

废水厌氧生化处理是指在无分子氧的条件下通过厌氧微生物（或兼氧微生物）的作用，将废水中的有机物分解转化为甲烷等和二氧化碳的过程，所以又称厌氧消化。厌氧生化处理实际上是一个复杂的微生物化学过程。

废水厌氧生化处理是环境工程与能源工程中一项重要技术。农村广泛使用的沼气池，就是厌氧生化处理技术的运用实例。但由于这项技术存在停留时间长、对低浓度有机废水处理效率低等缺点，较长时期限制了其在废水处理中的广泛应用。

厌氧生化处理器也称消化池，池内一般采用叶片或螺旋装置进行搅拌，使池内物质均匀混合，以提高生化反应速率。

控制厌氧生化处理效率的基本因素有两类：一类是基础因素，包括微生物量（污泥浓度）、营养比、混合接触状况、有机负荷等；另一类是周围的环境因素，如温度、pH、水中营养和有毒物质的含量等。

有些化工废水的有机物含量很高，用好氧法处理时常需要稀释数百甚至上千倍，很不经济，此类废水用厌氧法处理则较适宜。厌氧发酵过程分为以下三个阶段。

① 水解酸化阶段：复杂的大分子有机物、不溶性有机物先被水解产酸细菌细胞外酶水解为小分子、溶解性有机物，然后渗透到细胞体内，在内酶作用下分解产生挥发性有机酸、醇类、醛类物质等。

② 产氢产乙酸阶段：在产氢产乙酸细菌的作用下，将第一个阶段所产生的各种有机酸分解转化为乙酸和 H_2，在降解奇数碳有机酸时还形成 CO_2。

③ 产甲烷阶段：产甲烷细菌将乙酸、乙酸盐、CO_2 和 H_2 或其他一碳化合物转化为甲烷。

厌氧生化处理的典型工艺有：厌氧接触法（厌氧活性污泥法）、升流式厌氧污泥床法、厌氧滤池法等。

7.1.6 污泥处理

污泥是污水处理的副产品，也是必然产物。在废水处理过程中，产生很多沉淀物与漂浮物。污泥处理的费用一般占整个污水处理厂运行费用的 20%～50%。所以对污泥的处理必须予以充分重视。

污泥处理的一般方法与流程如图 7-9 所示。

7.1.6.1 污泥脱水与干化

从二次沉淀池排出的剩余污泥含水率高达 99%～99.5%，污泥体积大，堆放与输送都不方便，所以污泥的脱水、干化是当前污泥处理中的首要过程。

二次沉淀池排出的剩余污泥一般先在浓缩池中静置沉淀，使泥水分离。污泥在浓缩池内静置停留 12～24h，可使含水率从 99%降至 97%，体积缩小为原污泥体积的三分之一。

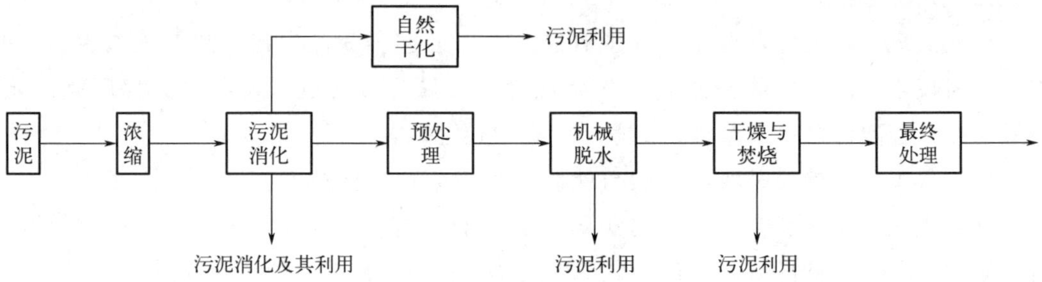

图 7-9 污泥处理的一般流程

污泥进行自然干化（或称晒泥）是借助于渗透、蒸发与人工撇除等过程而脱水的。一般污泥含水率可降至 75%左右，使污泥体积缩小许多。

污泥机械脱水是以过滤介质（一种多孔性物质）两面的压力差作为推动力，污泥中的水分（滤液）被强制通过过滤介质，固体颗粒（滤饼）被截留在介质上，从而达到脱水的目的。

常采用的脱水机械有真空过滤脱水机（真空转鼓、真空吸滤机）、压缩脱水机（板框压滤机、滚压带式过滤机）、离心脱水机等，一般采用机械法脱水，污泥的含水率可降至 70%～80%。

7.1.6.2 污泥消化

污泥的厌氧消化：将浓缩污泥置于密闭的消化池中，利用厌氧微生物的作用使有机物分解，这种有机物厌氧分解的过程称为发酵。由于发酵的最终产物是沼气，污泥消化池又称沼气池。

污泥好氧消化：利用好氧菌和兼氧菌，在污泥处理系统中曝气供氧，微生物中的分解生物可降解有机物（污泥）及细胞原生质，并从中获得能量。

7.1.6.3 污泥最终处理

污泥的最终处置方法是一个综合性的环境工程问题，涉及污泥的减量化、稳定化、无害化和资源化等多个方面。减量化意味着通过物理、化学或生物方法减小污泥的体积和降低其含水量；稳定化则是通过处理使污泥中的有机物质分解转化，达到稳定状态；无害化则是消除污泥中的病原体、重金属等有害物质，确保其对环境和人体健康无害；资源化则是将污泥中的有用成分进行回收和利用，实现资源的循环利用。

在污泥处置过程中，需要遵循一定的原则。首先，应综合考虑污泥的性质、数量、产生地点等因素，选择经济、技术可行且符合环保要求的处置方法。其次，应注重污泥的资源化利用，提高污泥的综合利用价值。同时，还应加强污泥处置过程中的环境监测和管理，确保处置过程的安全和有效。

常见的污泥处置方法有以下几种。

(1) 土地利用

土地利用是将处理后的污泥作为肥料或土壤改良剂，应用于农田林地或草地等。土地利用的优点是投资少、能耗低、运行费用低，且有机部分可转化成土壤改良剂成分。然而，土地利用也存在一定的限制和风险，如污泥中的重金属和病原体可能对土壤和植物造成污染，因此需要严格控制污泥的质量和施用量。

（2）填埋

填埋是将污泥填埋于地下，通过自然沉降和压实达到稳定状态。填埋方法的优点是操作简单、成本低廉，但缺点是占用土地资源，且填埋过程中可能产生渗滤液和气体，对环境造成潜在影响。因此，在选择填埋方法时，需要充分考虑地质条件、地下水情况、环境容量等因素。

（3）焚烧

焚烧是将污泥在高温条件下进行燃烧，使有机物全部碳化，杀死病原体，并大幅减小污泥体积。焚烧方法的优点是处理彻底、减量效果好，且能够回收热能。然而，焚烧方法也存在一些缺点，如处理设施投资大、运行费用高、设备维护成本高，且可能产生强致癌物质二噁英等有害气体。因此，在选择焚烧方法时，需要综合考虑经济、技术和环保等多方面的因素。

（4）建材利用

建材利用是将污泥作为原料生产建筑材料，如砖、瓦、水泥等。这种方法能够充分利用污泥中的无机成分，实现资源的循环利用。然而，建材利用方法也存在一定的技术难度和限制条件，如污泥的成分和质量需要满足一定的要求，且生产过程中需要严格控制工艺参数以确保产品质量。

7.1.7 化工废水处理实例

7.1.7.1 复杂组成化工废水的处理

废水中的污染物复杂多样，需要多元技术联用组成的处理系统才能达到处理要求。

废水处理流程的组合，一般首先通过物理分离手段清除大块垃圾及漂浮物质，然后再依次去除悬浮固体、胶体物质及溶解性物质，最后通过生物氧化或高级氧化技术降解溶解性有机物及营养盐类。即首先使用物理法，然后再使用化学法和生物法，形成“物理预处理—化学强化—生物深度处理”的梯级净化架构。

针对特定废水的处理方案设计，采取由哪几种处理方法组成的处理系统，需综合考量废水组分特性、处理规模波动性、资源回收可行性及排放标准等关键因素。通过全生命周期成本分析及技术经济比对，优选具备最优能效比与运行稳定性的组合工艺，确保环境效益与经济效益的协同优化。

炼油厂常用的废水处理工艺流程如图 7-10 所示。

7.1.7.2 废水中氮、磷的脱除

含氮磷废水排放会引发大规模水体富营养化现象，导致藻类过量繁殖，溶解氧浓度急剧降低，水质恶化，水生生物窒息死亡等连锁生态反应，严重时造成水体黑臭，鱼虾死亡，甚至导致当地自来水无法饮用，衍生出区域性公共卫生安全风险。因此，

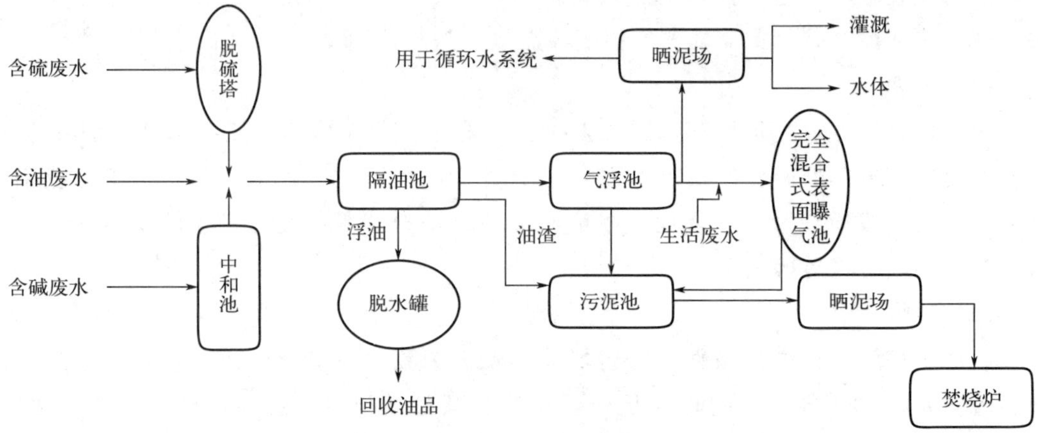

图 7-10 炼油厂废水处理的典型流程图

脱除废水中氮、磷等营养元素，是很多废水处理工程中的重要工作。

（1）氮的脱除方法

废水中的氮元素主要以氨氮（NH_3—N）和有机氮形式存在，而经一般生化处理后，大部分有机氮转化为氨氮。废水脱氮法有多种，常用的有以下几种。

① 吹脱法。废水中的氨氮可以气态吹脱。其原理是水中氨氮总保持如下平衡关系：

$$NH_3+H_2O \rightleftharpoons NH_4^+ +OH^- +Q$$

当 pH 或温度升高时，平衡向左移动。实际工程上是用石灰等碱性物将水的 pH 提高至 10.8～11.5，在吹脱塔中用空气将气态氨吹出。操作温度高，脱氨效果好。

② 折点加氯法。通过向废水中加入足够的氯系氧化剂（Cl_2、NaOCl 等），使氨转化为氮气从水中脱除。其过程代表反应如下：

$$NH_3+HOCl \longrightarrow NH_2Cl+H_2O$$

$$2NH_2Cl+HOCl \longrightarrow N_2+3HCl+H_2O$$

本法除氮较彻底，为减少氯的消耗，此法可置于其他脱氮法之后。

③ 生化脱氮。一般的好氧生化法在分解废水中有机物时可将有机氮转化为硝酸盐，但不能把氮从水中除去。以脱氮为目标的生化脱氮法的过程包括有机氮的氨化、同化、硝化和反硝化等生化反应。

生化脱氮的工艺有多种，其中比较有代表性的是如图 7-11 所示的缺氧-好氧活性污泥脱氮工艺（简称 A/O 脱氮工艺）。其特点是将缺氧池置于曝气池前，并将曝气池的硝化液（内循环液）和沉淀池的大部分污泥回流至缺氧池。反硝化细菌利用原废水中的有机碳源，以回流来的硝酸盐中的氧为电子受体，将 NO_3^- 还原为 N_2。反硝化反应中产生的碱可为硝化阶段所用。

（2）磷的脱除方法

废水中磷元素常见的存在形式为磷酸盐、聚磷酸盐和有机磷。废水除磷常用以下两种方法。

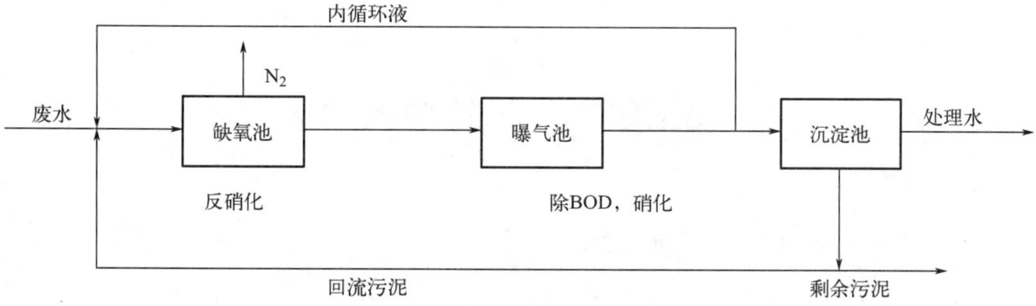

图 7-11　A/O 脱氮工艺流程图

① 化学沉淀法。该法利用磷酸盐能和石灰、铁盐、铝盐等反应生成不溶的沉淀物而除去。如以石灰为除磷剂时，可生成不溶的羟基磷石灰：

$$5Ca^{2+} + 4OH^{-} + 3HPO_4^{2-} \longrightarrow Ca_5(PO_4)_3OH\downarrow + 3H_2O$$

本法特点是除磷率高，处理结果稳定。

② 生化除磷法。该法主要利用聚磷菌等微生物从水中摄取在数量上超过其正常生长需要的磷，并将其以聚合磷的形态储藏在体内，形成高磷污泥，排出系统。

生化除磷工艺有多种，典型工艺之一为厌氧-好氧除磷工艺（A/O 除磷工艺），由厌氧池和曝气池组成，可同时从废水中除去磷和 BOD，其工艺流程如图 7-12 所示，厌氧池前置有利于聚磷菌的选择性增殖。

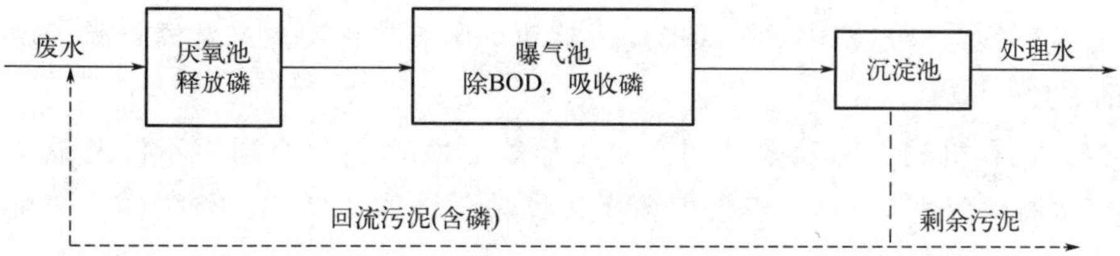

图 7-12　A/O 除磷工艺流程图

(3) 氮磷同脱技术

随着对水质处理要求的提高，研究者们开发出许多高效的废水生化处理技术。典型代表是厌氧-缺氧-好氧工艺（A^2/O 工艺），该工艺在除去废水中 BOD 的同时脱除氮和磷，其工艺流程如图 7-13 所示。

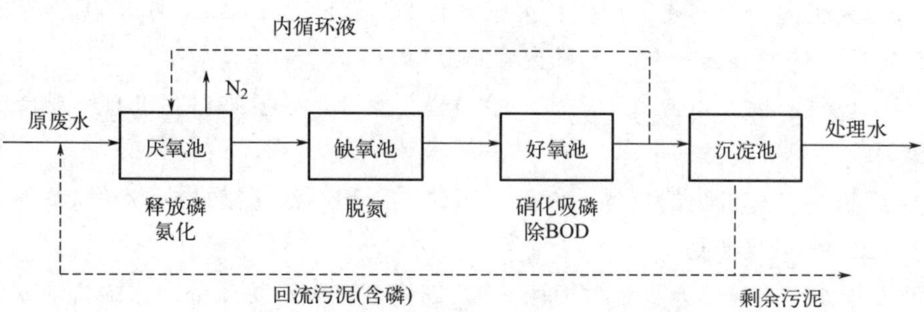

图 7-13　A^2/O 同步脱氮除磷工艺流程图

7.2 化工废气及其处理技术

7.2.1 化工废气概述及其处理原则

7.2.1.1 化工废气及分类

化工废气特指化学工业生产过程中释放的含有毒有害成分的气态废弃物，其组分复杂且具有生物累积性，对大气生态系统和公共卫生安全构成双重威胁，还对人体健康造成危害。据统计，化工行业排放的废气占全球工业源大气污染物排放总量的23%以上。当前国际公认对生态环境及人体健康具有显著危害的大气污染物共计100种左右，其中具有广泛影响的核心污染物包括悬浮颗粒物、硫氧化物（SO_x）、氮氧化物（NO_x）、挥发性有机物（VOCs）等。

① 悬浮颗粒物：$PM_{2.5}/PM_{10}$ 可穿透人体肺泡屏障，世界卫生组织数据显示其年均浓度每增加 $10\mu g/m^3$，呼吸系统疾病死亡率上升4%。

② 硫氧化物：主要来源于含硫燃料燃烧，可形成酸雨（pH＜5.6）导致土壤酸化，我国长三角地区酸雨频率高达74.3%。

③ 氮氧化物：参与光化学烟雾形成，机动车尾气与化工生产共同贡献了城市 NO_x 排放量的68%。

④ 挥发性有机物：涵盖苯系物、卤代烃等300余种化合物，不仅造成臭氧污染（占 O_3 前体物比例达42%），更包含多类致癌物质（如1,3-丁二烯为国际癌症研究机构IARC认定的1类致癌物）。

化工废气的特点主要有以下三个：

① 易燃易爆气体较多，成分复杂多样，污染物种类多；

② 含有毒或腐蚀性气体，毒性强，危险性高；

③ 气固混杂且种类多，危害大，处理难度大，经济成本高。

化工废气一般可以分为以下三类：

① 含有无机污染物的化工废气。废气含有 SO_2、NO_x、NH_3、H_2S、CO等无机物，主要来自氮肥、磷肥、无机酸、无机盐等制造业。

② 有机废气。废气中含有苯系物、酚、醛、醇等，主要来自有机原料及合成材料、农药、染料、涂料等行业。

③ 含无机物与有机物的废气。大部分石油炼制和石油化工排放的废气属于这一类。

7.2.1.2 化工废气处理原则

化工废气处理的总体方针是“抓两头”，即控制产生源头和处理末端排放。

化工废气处理需遵循“源头控制—过程优化—末端治理—循环利用”的全链条治

理理念，需结合技术可行性、经济合理性与环境可持续性。

化工废气经处理达标后才能排放至相应级别大气中，即废气处理后排放需同时符合国家关于排放和接纳双方的标准。

我国于 1996 年首次发布《大气污染物综合排放标准》；GB 13223—2011（现行）对多种大气污染物的排放限值进行了规定。随后，针对特定行业和地区的污染控制需求，制定了多项地方性和行业性排放标准。废气接纳方标准目前按《环境空气质量标准》（GB 3095—2012），把我国环境空气质量标准的适用范围分为两类功能区，分别是：一类区为自然保护区、风景名胜区和其他需要特殊保护的地区，需要执行最严格的空气质量标准；二类区为居住区、商业交通居民混合区、文化区、工业区和农村地区。各类区执行各对应级别的环境空气质量标准。

7.2.1.3 气态污染物一般处理技术

常见的化工废气处理方法有以下几种。

(1) 吸附法

吸附法是一种常用的化工废气处理方法，它是利用吸附剂对废气中的有害物质进行吸附，从而达到净化废气的目的。常用的吸附剂有活性炭、分子筛、硅胶等。吸附法适用于处理低浓度、有机溶剂含量较高或有恶臭（H_2S、NH_3）的废气。该处理方法的优点是设备简单、适应性强；缺点是对于高湿度废气处理效率下降，吸附剂需再生。

(2) 吸收法

吸收法是一种利用吸收剂吸收废气中有害物质的方法，其原理是通过气液传质溶解或反应去除污染物（如酸碱中和、氧化还原）。适用于酸性气体（HCl、SO_2）、碱性气体（NH_3）、水溶性 VOCs（醇类）等。常用的吸收剂有碱液、酸液等。吸收法适用于处理高浓度、易溶于吸收剂的有害气体。该处理方法的优点是处理高浓度酸性气体成本低；缺点是会产生含盐废水（需蒸发结晶处理）。

(3) 冷凝法

冷凝法是一种通过降低温度使废气中的有害物质凝结下来，从而净化废气的方法。冷凝法适用于处理高浓度、温度较低的有害气体，适用于高浓度单一组分溶剂（如汽油油气、氯乙烯）。该处理方法的优点是直接回收高价值溶剂；局限是能耗高，需配合其他技术。

(4) 催化燃烧法

催化燃烧法是一种利用催化剂使废气中的有机物在较低温度下燃烧分解，从而实现净化废气的方法。催化燃烧法适用于处理高浓度、可燃性有机物含量较高的废气。该处理方法的优点是处理效率高、适应复杂组分；缺点是投资高，需防爆设计。

(5) 生物法

生物法是一种利用微生物将废气中的有害物质分解为无害物质的方法（如细菌分解苯系物、真菌降解氯苯）。生物法适用于处理低浓度、有机物含量较高、有恶臭气味（硫醇、胺类）的废气。该处理方法的优点是运行成本低；缺点是启动周期长，难处理

7

卤代烃。新兴的处理方法，如生物电化学系统处理氯苯及复合菌群强化降解多环芳烃，将具有广阔的应用空间。

(6) 液体吸收-生物过滤法

液体吸收-生物过滤法是一种“气-液相传质”与“液-生相降解”串联式协同的净化技术，是一种综合利用吸收剂和生物过滤技术对废气进行处理的方法，通过吸收剂的物理化学传质与微生物的生物降解实现废气高效处理。

该方法一般分为两个阶段：

① 吸收强化阶段。利用碱性/氧化性吸收液（如 NaOH、NaClO）实现酸性气体（H_2S、HCl）的化学吸收及部分 VOCs 的物理溶解，气液传质效率比较高；

② 生物降解阶段。吸收富集液进入生物滤塔，专性菌群（如硫杆菌、假单胞菌）在填料表面形成生物膜，通过酶促反应将污染物（如 $S^{2-} \rightarrow SO_4^{2-}$、苯酚$\rightarrow CO_2 + H_2O$）矿化，COD 去除率普遍较高。

该方法有一定的工艺优势，相较于单一工艺，处理效率倍增；吸收液循环使用，进行运行成本优化，生物段无须外加碳源（以污染物为底物），综合能耗降低；二次污染可控，吸收液生物再生替代化学置换，减少危废产生量。该方法适用于处理高浓度、易溶于吸收剂、可生化降解的有害气体，可处理的目标污染物主要有两类：高浓度无机恶臭气体（H_2S、NH_3），水溶性可生化 VOCs（甲醇、甲醛，低分子量有机酸，如乙酸和丙酸等）。

不同的处理方法适用于不同的废气类型和浓度。在实际应用中，应根据具体情况选择合适的处理方法，以达到最佳的处理效果。

7.2.2 颗粒态污染物处理技术

颗粒态污染物指废水中以固态或半固态形式存在的非溶解性杂质，按物理特性和处理难度可分为：悬浮颗粒，可通过重力沉降快速分离，如砂粒、纤维；胶体颗粒，需化学作用破坏稳定性，如黏土、微生物碎片；可沉降颗粒，斯托克斯定律适用，如金属氧化物絮体。

7.2.2.1 粉尘性质

粉尘是悬浮于空气中的固体颗粒物，其物理、化学及动态特性直接影响污染控制技术的选择与设计。粉尘本身固有的各种物理、化学性质叫作粉尘特性。与防尘方法关系最密切的有颗粒尺寸和密度，此外还有比电阻率、附着性、颗粒形状、亲水性、腐蚀性、爆炸性、毒性等。

(1) 颗粒尺寸

粉尘通常是由大小不同的颗粒组成的。粉尘颗粒的几何尺寸通常以等效直径（如斯托克斯直径、空气动力学直径）表示。依粉尘直径，通常可分为三类：①粗颗粒（PM_{10}），直径$>10\mu m$，易沉降，如道路扬尘；②细颗粒（$PM_{2.5}$），直径$\leqslant 2.5\mu m$，长期悬浮，如燃煤飞灰；③超细颗粒（$PM_{0.1}$），直径<0.1μm，具高渗透性，如焊接烟尘。为了表示各种粒径颗粒的多少，通常以各种粒径的颗粒在全部颗粒中的分级分数来说明，即用分级分布曲线表示（图 7-14）。

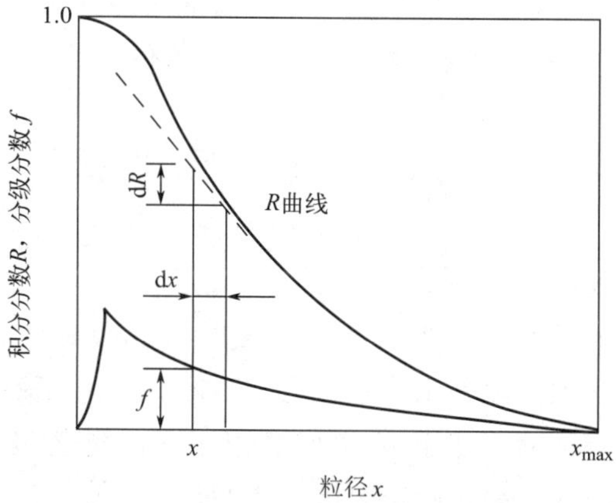

图 7-14 分级分布曲线和积分分布曲线

(2) 颗粒密度

颗粒的密度对重力除尘及离心除尘等装置的性能有很大影响。

由于粉尘往往是许多颗粒的集合体，颗粒之间有间隙存在，因此粉尘的视相对密度（也称堆积密度）比颗粒的真相对密度要小得多。粉尘间隙的体积占总体积的分数称为空隙率。空隙率大则视相对密度小，视相对密度与真相对密度相差越大，粉尘越容易飞扬，从而较难除去。

(3) 电阻率

尘粒的电阻率对电除尘和过滤除尘装置的去除效率有很大影响，其适宜范围及调控方式符合工程实践。

一般工业尘粒的电阻率介于 $10^{-3}\Omega \cdot cm$（炭黑）和 $10^{14}\Omega \cdot cm$（干石灰石粉）之间。其中电阻率在 $10^{4\sim5}\times10^{10}\Omega \cdot cm$ 范围内的，最适宜采用电除尘装置。当电阻率过低时，粉尘导电性过强，易导致荷电粒子在集尘极快速释放电荷并发生二次扬尘；而当电阻率过高时，粉尘层会阻碍电晕电流传导，形成反电晕现象，二者均会显著降低除尘效率。电阻率太高或太低均不适宜采用电除尘方法，但可预先对尘粒进行适当预处理，改变其电阻率，使其保持在上述最适宜的范围内。

对于超出适宜范围的尘粒，可通过物理化学预处理调节电阻率。温度调控方面，每升高 10℃可使粉尘电阻率变化约一个数量级；喷雾增湿可通过吸附水膜增强表面导电性，使电阻率降低 1～2 个数量级；添加三氧化硫、氨等化学调节剂可改变粉尘的体导电特性，将高比电阻粉尘调整至 $10^6\sim10^{10}\Omega \cdot cm$ 的优化区间。需注意的是，过滤除尘装置的效率主要受颗粒物粒径分布及过滤介质特性影响，现有技术资料中未明确支持电阻率对其效率存在直接影响的理论依据。

7.2.2.2 除尘装置技术性能指标

全面评价除尘装置性能应包括技术指标和经济指标。技术指标常以气体处理量和净化效率、压力损失等参数表示。经济指标则包括设备费、运行费、占地面积等。

(1) 气体中粉尘浓度

根据含尘量的大小，气体中粉尘浓度可以用以下两种方法表示。

① 个数浓度：单位体积气体所含粉尘的个数，单位为个/cm^3。在粉尘含量极低时用此单位。

② 质量浓度：标准状态（0℃、0.1MPa）单位体积气体所含悬浮粉尘的质量，单位为 g/m^3。

(2) 除尘装置的处理量

除尘装置的处理量表示的是除尘装置在单位时间内所能处理废气量的多少。废气量一般用标准状态下的体积流量表示，单位为 m^3/h、m^3/s。除尘装置的处理量表明了装置的处理能力，是选择、评价装置的重要参数，它决定了设备的规模及适用场景，装置超负荷或低负荷运行都可能影响除尘的效率与稳定性。

(3) 除尘装置的效率

除尘装置的效率是表示该装置捕集粉尘效果的重要指标，也是选择、评价装置的重要参数，常用两种表示法。

① 除尘装置的总效率（除尘效率）：除尘装置整体除下的粉尘量与进入除尘装置的粉尘量的百分比，符号 η。

② 除尘装置的分级效率：以某一粒径 d 为中心，粒径变化在 Δd 范围内的粉尘的除去效率，符号 η_d。

(4) 除尘装置的压力损失

压力损失是表示除尘装置消耗能量大小的指标，有时也称为压力降。压力损失的大小用除尘装置进出口处气流的全压差来表示。

全面评价除尘装置性能的经济性能指标一般包括以下几个方面。

① 设备成本：包括设计、材料、制造及安装费用，与除尘效率、材料耐腐蚀性等直接相关；

② 运行费用：涵盖能耗、维护、耗材更换（如滤袋）及人工成本，长期运行中可能超过初期投资；

③ 占地面积：影响工厂布局，尤其对空间受限的工业场景至关重要；

④ 使用寿命：取决于材料耐久性及操作条件，需平衡初期投资与长期更换成本；

⑤ 环境兼容性：如噪声控制、二次污染风险（如清灰过程扬尘）等间接影响经济性。

7.2.2.3 除尘装置类型

从废气中将颗粒物分离出来并加以捕集、回收的过程称为除尘，实现上述过程的设备装置称为除尘器。

治理烟尘的方法和设备很多，各具不同的性能和特点，必须依据废气排放特点、烟尘本身的特性、要达到的除尘要求等，结合除尘方法和设备的特点进行选择。

目前，颗粒污染物控制采用的除尘装置主要有机械式除尘器、湿式（洗涤式）除尘器、过滤式除尘器、电除尘器等。各装置的除尘设备形式、除尘效率、设备和运行费用见表 7-6 所示。

表 7-6　除尘装置的分类、效率及相关费用

类别	除尘设备形式	除尘效率/%	设备费用	运行费用
机械式除尘器	重力除尘器	40～60	少	少
	惯性除尘器	50～70	少	少
	离心除尘器	70～92	少	中
	多管旋风除尘器	80～95	中	中
湿式除尘器	喷淋(雾)洗涤器	75～95	中	中
	文丘里洗涤器	90～99.5	少	高
	自激式洗涤器	85～99	中	较高
	(旋风)水膜洗涤器	85～99	中	较高
过滤式除尘器	颗粒层除尘器	85～99	较高	较高
	袋滤式除尘器	80～99.9	较高	较高
电除尘器	干式静电除尘器	80～99.9	高	少
	湿式静电除尘器	80～99.9	高	少

(1) 重力除尘

重力除尘是基于含尘气流中颗粒物受重力作用自然沉降的物理分离过程，通过降低气流速度、延长停留时间实现气固相分离。

重力沉降室是空气污染控制装置中最简单的一种，作为颗粒物捕集系统中结构最为简易的除尘装置，其核心构造为扩大截面的箱体结构，无动力部件与复杂控制系统。主要优点是：结构简单，造价低，便于维护管理，压力损失小，可处理高温气体。主要缺点是：沉降小颗粒的效率低，一般只能除去 50μm 以上的大颗粒。因此，重力沉降室主要用作高效除尘装置的初级除尘器。

(2) 旋风除尘

旋风除尘是利用旋转的含尘气流所产生的离心力，将颗粒污染物从气体中分离出来的过程。其核心机理是通过含尘气流的强制旋回运动产生离心加速度，实现颗粒物与气相的动态分离。离心力作用下颗粒沿径向运动撞击器壁，经灰斗收集排出，净化气体由中心上升管排出。

旋风除尘器的基础结构特征是由切向入口段、圆柱分离室、锥形灰斗和排气管构成，无运动部件，采用耐磨衬里（陶瓷、玄武岩铸石）应对高磨蚀性粉尘。旋风除尘器结构简单、占地面积小、操作维修方便、投资低，压力损失中等、动力消耗不大，可用各种材料制造，能用于高温、高压及有腐蚀性的气体，并可直接回收干颗粒物。在工业上的应用已有一百多年的历史。

旋风除尘器对 5μm 以上的颗粒物有较高的捕集效率，其有效捕集范围通常在 5～15μm，除尘效率可达 80%左右。旋风除尘器的主要缺点是小于 5μm 颗粒的捕集效率不高，一般作预除尘用。

(3) 惯性力除尘

核心作用原理：基于气固两相流中颗粒物与载气介质惯性差异实现动态分离。当含尘气流运动路径发生突变时，高密度颗粒因动量保持能力较强而脱离流线轨迹，通过撞击捕集元件实现相态分离。在实际应用中实现惯性分离的一般方法是使含尘气流冲击在挡板上，使气流方向发生急剧改变，气流中的尘粒惯性较大，不能随气流急剧转弯，便从气流中分离出来。

含尘气体在冲击或方向发生转变前的速度越高，方向转变的曲率半径越小时，其除尘效率就越高，但相应的阻力也随之增大。惯性除尘器可用于处理高温气体，能直接安装在风道上。设备结构简单，阻力较小，但分离效率低，如对 25～30μm 的粗尘粒，除尘效率一般可达 65%～85%，阻力一般为 147～392Pa，通常只能用于多级除尘器中的第一级除尘。

惯性除尘器常有以下几种典型结构设计：挡板式，设置单/多级折流板（百叶窗式、V 型阵列）；碰撞式，含尘气流垂直冲击靶板（圆筒型、多级迷宫型）；复合式，结合离心力场的旋风-惯性混合结构。

惯性除尘器典型应用领域包括以下几种：铸造车间，去除浇铸烟尘中的大颗粒金属氧化物；生物质锅炉，预分离未燃尽秸秆碎屑，保护后续袋滤系统；矿石破碎线，捕集高速输送气流中的毫米级碎石颗粒。通过系统级优化方案，可以达到最优经济效率，比如：多级串联布置，3 级折流板设计可将总效率提升至 92%；气雾协同增效，靶板表面设置超声雾化层，使 $PM_{2.5}$ 捕集率提升至 55%；智能调控系统，基于压差传感器动态调节导流板角度，平衡效率与能耗。技术经济适用分析表明，在粒径＞50μm、浓度＞$10g/m^3$ 的粗颗粒预处理场景中，惯性除尘的全生命周期成本较旋风系统降低 40%～60%。

(4) 湿式除尘

湿式除尘技术体系的核心作用机理是通过气液两相湍流接触实现气溶胶净化，主要作用机制包括：惯性碰撞，液滴群与颗粒物动量差引发动能驱动捕集；扩散效应，亚微米颗粒受布朗运动驱动接触液膜表面；热泳/扩散泳，温度梯度场驱动细颗粒定向迁移至液相界面；化学吸收，液相介质同步脱除 SO_2、NO_x 等气态污染物。

湿式除尘是利用水形成液网、液膜或液滴与尘粒发生惯性碰撞、扩散效应、黏附、扩散漂移与热漂移、凝聚等作用，从废气中捕集分离尘粒，并兼备吸收气态污染物的作用。其主要优点是：

① 多元污染物协同控制，在除尘粒的同时还可去除某些气态污染物；

② 除尘效率较高，投资比达到同样效率的其他除尘设备低；

③ 高温适应性及黏性物质处理，可以处理高温废气，如500℃烟气（需设置预冷段）；可以处理黏性的尘粒和液滴，对树脂类、沥青烟等黏附性污染物具有独特优势。

存在的不足主要是：能耗较大，废液和泥浆需要处理，金属设备易被腐蚀，在寒冷地区使用有可能发生冻结等问题。

湿式除尘设备样式很多，根据不同的除尘要求，可以选择不同类型的除尘器。目前国内常用的有水膜除尘器、喷淋塔、文丘里洗涤器、冲击式除尘器和旋流板塔等。

净化的气体从湿式除尘器排出时，一般都带有水滴。为了去除这部分水滴，在湿式除尘器后都附有脱水装置。

(5) 过滤式除尘

过滤式除尘装置通过多孔介质实现气溶胶相态分离，其核心机理在于利用纤维/颗粒层的截留、惯性碰撞、扩散沉积等多重效应捕集悬浮粒子。过滤式除尘装置相较电除尘设备具有更优的初期投资经济性，与高效湿法除尘系统相比则展现出显著的运维成本优势，现已成为气固分离领域的主流解决方案。

目前，过滤式除尘器在技术实现路径上主要分化出两大分支：内部过滤式和外部过滤式。

① 内部过滤式：以颗粒层除尘器为代表，采用砂砾、焦炭等有一定厚度的固体颗粒构建三维过滤床层，具备耐高温（可达400℃）、抗化学腐蚀的独特优势且滤材可以长期使用，特别适用于冲天炉、金属熔炼等高温高腐蚀场景，同时保持稳定高效的除尘性能。

② 外部过滤式：以袋式除尘器为典型，依赖滤料表面进行粉尘层动态截留。其分离性能不受尘源的粉尘浓度、粒径分布和空气量度变化的影响，针对0.5μm级超细颗粒可实现98%以上的超高效捕集，且通过滤料表面形成的粉尘层可进一步提升过滤精度。

近年来，随着清灰机制革新（如脉冲反吹、声波协同）与新型滤料（覆膜滤料、陶瓷纤维）的协同发展，推动了过滤式除尘技术在冶金高温烟尘、水泥窑尾废气、陶瓷工业、食品行业、机械制造、化工气溶胶等复杂工业场景和燃煤锅炉烟气净化场景的深度应用。现代袋式除尘系统的单体滤袋长度可达12m、直径达300mm，过滤总面积逼近万平方米量级，具备每小时百万立方米级废气处理能力。

此外，设备形态的持续优化使其在燃煤烟气净化、食品加工粉尘控制等领域形成不可替代的技术地位，特别是在$PM_{2.5}$超低排放改造中发挥关键作用。颗粒层系统则持续巩固在铸造、陶瓷烧成等传统高温工序中的优势地位，其免更换滤料的特性大幅降低长期运营成本。

(6) 电除尘

电除尘是利用高压电场产生的静电力（库仑力）的作用实现固体颗粒或液体颗粒与气流分离的方法。

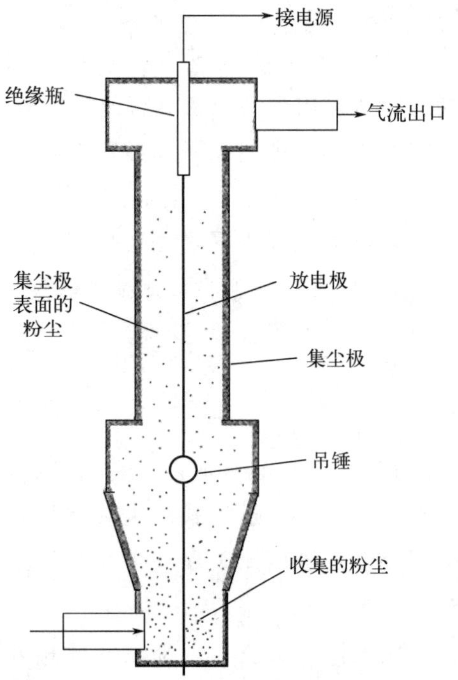

图 7-15 管式电除尘器示意图

常用的电除尘器有管式与板式两大类型，是由放电极与集尘极组成。管式电除尘器示意图如图 7-15 所示。

电除尘器使浮游在气体中的粉尘颗粒荷电，在电场的驱动下做定向运动，从气体中被分离出来。它几乎可以捕集一切细微粉尘及雾状液滴，其捕集粒径范围在 0.01～100μm。粉尘粒径大于 10μm 时，除尘效率可高达 99% 以上。

由于电除尘器是利用库仑力捕集粉尘的，所以风机仅仅担负运送烟气的任务，因而电除尘器的气流阻力很小，为 98～294Pa，即风机的动力损耗很少；尽管本身需要很高的运行电压，但是通过的电流却非常小，因此电除尘器所消耗的电功率亦很少，净化 $1000m^3/h$ 烟气耗电 0.1～3kW；此外，电除尘器适用范围广，从低温、低压至高温、高压，在很宽的范围内均能适用，尤其能耐高温，最高可达 500℃。

电除尘器的主要缺点是设备造价偏高，钢材消耗量较大；除尘效率受粉尘比电阻的影响很大（最适宜捕集比电阻为 $1\times10^4\sim5\times10^{10}\Omega\cdot cm$ 的粉尘粒子）；需要高压变电及整流设备。

目前电除尘器已在化工、冶金、火力发电、建材、水泥、纺织等工业部门得到广泛应用。

(7) 声波除尘

声波除尘是利用声波发生器发生的声波使含尘气体受到振动，尘粒在声波的作用下产生共振，由于振动的大小因尘粒的粒径不同而不同，因此就引起尘粒之间的相互碰撞，小尘粒通过碰撞凝聚成大尘粒而沉降下来。未沉降的尘粒由旋风除尘器或其他设备去除。

声波除尘器设备费用比较低，而且对其他除尘器难以处理的高温气体中的细颗粒有较高的去除效率。但声波发生器能耗较大，据估计它的运转费用为静电除尘器的 10 倍，在连续运转的场合下这种除尘器是很不经济的。另外，声波发生器的噪声问题很难解决。

7.2.2.4 除尘装置选用

除尘器的整体性能主要是用3个技术指标（处理气体量、压力损失及除尘效率）和4个经济指标（一次性投资、运转管理费用、占地面积及使用寿命）来衡量。

在评价及选择除尘器时，应根据所要处理气体和颗粒物特性、运行条件、标准要求等，进行技术、经济的全面考虑。

理想的除尘器在技术上应满足工艺生产和环境保护的要求，同时在经济上要合理、合算。

7.2.3 气态污染物处理技术

大气中的污染物会对人类产生不良的影响，治理大气污染已成为节能减排的主要措施之一。气态污染物的控制方法包括吸收净化、吸附净化、催化转化、燃烧转化、生物转化以及其他净化方法。

7.2.3.1 吸收净化

吸收是利用混合物中不同组分在吸收剂中溶解度的不同，或者与吸收剂发生选择性化学反应，从而将有害组分从气流中分离出来的过程。吸收分为物理吸收和化学吸收。这种方法适用于处理溶解度较大的气态污染物。

在吸收过程中，气体中的污染组分在气液界面发生迁移和相互作用，最终趋于热力学平衡状态。掌握吸收平衡的基本原理，有助于正确理解各类吸收过程的本质，为后续吸收设备的选择和设计提供理论依据。

（1）物理吸收

物理吸收是指污染组分在吸收剂中仅发生物理溶解，不涉及化学反应。此过程服从热力学的相平衡规律。亨利定律描述稀溶液中挥发性溶质在气液两相间的分配平衡，其数学表达式为 $p=HC$，其中，C 为气体在液体中的溶解度；H 为亨利常数；p 为该组分在气相中的分压。亨利常数与温度密切相关，温度升高往往导致气体溶解度降低。物理吸收常用于吸收易溶、无反应性的气体，例如 NH_4、CO_2 等。

（2）化学吸收

化学吸收是指被吸收组分与吸收剂发生化学反应，从而增强吸收效果的过程。在此类系统中，不仅存在相平衡，还需考虑化学反应的平衡。因此，吸收能力不仅取决于溶解度，还与反应动力学、反应产物的稳定性等因素有关。典型的化学吸收过程如二氧化硫与氢氧化钠溶液反应、二氧化碳与胺类溶液反应等。化学吸收往往具有选择性强、吸收效率高的特点，适用于低浓度但危害性较大的污染气体净化。但也需注意吸收剂再生难度及反应生成物的处理问题。

（3）双膜理论

在气液吸收过程中，气体组分从气相传质到液相的过程并非一蹴而就。双膜理论认为，气液界面两侧分别存在一层静态边界层，分别称为气膜和液膜。污染组分需依次穿过气膜、液膜后方可完成传质过程。传质速率受控于气膜扩散速率、液膜扩散速率中的较慢一项。若气体在液体中溶解度较小，则通常为气膜控制；若溶解度大，则为液膜控制。掌握双膜理论有助于理解吸收速率的限制因素和吸收剂搅拌、温度调控等操作对传质的影响。

(4) 吸收设备

依据吸收过程的传质机制与应用场景，可将吸收设备分为以下几类。

① 液膜表面吸收器：气体在静止或缓慢流动的液体表面扩散并被吸收，传质界面较小，适用于实验研究或少量处理。

② 气泡表面吸收器：气体以气泡形式鼓入液体中，增大气液接触面积，提高吸收速率，常见设备如鼓泡塔、搅拌釜等。

③ 液滴表面吸收器：液体以雾化形式喷入气相中，形成大量细小液滴，强化气液接触，适用于高速气流或高温场合。

④ 工业吸收塔（如填料塔、喷淋塔等）：具有较大传质面积和良好液体分布结构，是工业废气处理的主流设备，设计参数需根据传质理论与操作条件综合确定。

7.2.3.2 吸附净化

吸附净化是气态污染物控制的核心技术之一，其本质通过多孔固体材料的表面作用实现分子级分离。当混合气体流经具有大比表面积的吸附剂时，污染物分子在范德华力（物理吸附）或化学键合作用（化学吸附）驱动下脱离气相主体，富集于固相界面完成净化，这种分离气体混合物的过程称为气体吸附。吸附法适用于处理低浓度气态污染物，对 10^{-6} 级污染物仍保持优异去除能力，特别适用于 VOCs 回收、恶臭治理等低浓度高精度净化场景。

吸附过程：物理吸附（范德华型），利用分子间弱相互作用实现分离，吸附过程对温度敏感，随温度升高显著减弱，典型应用如活性炭吸附苯系物、硅胶脱水等可逆分离过程；化学吸附（活化吸附），作用力类型是形成表面化学键，吸附过程对温度有一定要求，存在最佳反应温区，典型应用如氧化铝负载金属催化剂的 H_2S 化学吸附脱除。

吸附系统工程实现主要依赖三类吸附装置：固定床、流动床和沸腾床。

① 固定床：其吸附塔的结构特征是轴向填充 1～5mm 颗粒吸附剂，床层高径比 3∶1～8∶1，传质特性是穿透曲线呈现“S”形变化，穿透时间由希洛夫方程确定。

② 流动床：该系统的运行方式是吸附剂颗粒在重力作用下连续向下移动，形成逆流接触，其技术优势是突破固定床间歇操作限制，可以实现连续吸附-脱附循环。

③ 沸腾床：又称流化床。沸腾床吸附是一种高效气固传质技术，通过控制气体流速使吸附剂颗粒进入流态化状态，形成动态悬浮的颗粒层。这类装置的优势在于气固接触强化，流化状态下颗粒剧烈运动，气膜传质系数较固定床提升 5～8 倍；具有很强的粉尘耐受性，需配合旋风分离系统，可处理含尘量达 $20g/m^3$ 的气源；连续化操作，通过底部连续补料、顶部旋分回收实现 24h 连续运行。沸腾床技术通过流态化工程创新，在烟气多污染物协同控制、大宗 VOCs 回收等领域展现出不可替代的优势，其处理

规模与能效水平持续突破传统吸附技术的应用边界。

通过吸附剂表面修饰、反应器结构优化与智能控制系统的融合，现代吸附技术已突破传统效率瓶颈，在碳捕集、氢气纯化等新兴领域展现出独特技术优势。

7.2.3.3 催化转化

催化转化是气态污染物治理的核心技术之一，其本质是通过催化剂表面活性位点诱导污染物发生定向化学转化，生成 H_2O、N_2 等环境友好物质，或转化为硫酸、硝酸等可回收化工原料。这是一种使气态污染物通过催化剂床层，经历催化反应转化为无害物质或易于处理和回收利用的物质的方法。相较于直接燃烧法，该技术具有反应温度低、能耗少、无二次污染等显著优势，特别适用于处理难以直接去除的气态污染物，如低浓度、高毒性（如二噁英）、难降解（如氟利昂）的复杂污染物体系。

催化作用机制：催化剂能够加速反应速率，是通过构筑特定电子结构，为反应物分子提供优先吸附位点，形成表面中间态物质，显著降低反应活化能来实现的。催化剂由主活性物质、载体和助剂组成，其中主活性物质提供催化活性位点，决定反应选择性；载体起增大比表面积、增强机械强度、调控热稳定性的作用；助剂能够提升活性组分分散度、抑制烧结失活、改善抗硫/氯中毒性能。

气固相催化反应器的类型：单层绝热反应器、多段绝热反应器和列管式反应器。单层绝热反应器的结构特点是轴向填充催化剂颗粒，无换热装置，结构简单、造价低，通常适用于反应热效应小的体系，如低温 NH_3 选择性催化还原。多段绝热反应器可通过级间换热（如间接冷却）控制各段入口温度。列管式反应器加强了传热设计，管内装填催化剂颗粒，管外填装循环熔盐，管径 25～50mm，管长 6～12m，适用于强放热反应。

接触时间：反应物通过床层的时间等于空间速度的倒数。

7.2.3.4 燃烧转化

燃烧转化是通过控制热氧化反应将气态污染物中的可燃组分转化为 CO_2、H_2O 等稳定产物的治理技术，是一种通过热氧化作用将废气中可燃有害成分转化为无害或易于进一步处理和回收的物质的方法。其核心在于实现污染物的完全氧化，同时抑制二噁英、NO_x 等二次污染物的生成。该技术适用于处理浓度范围宽的可燃性污染物，在石化、涂装、垃圾焚烧等领域具有不可替代性。燃烧转化法适用于处理可燃性气态污染物。

① 空燃比：参与燃烧反应的空气质量与燃料质量的比值，其理论值由燃料的化学组成决定。

② 燃烧类型：直接燃烧、热力燃烧和催化燃烧。

直接燃烧也称直接火焰燃烧，即污染物自身作为燃料，在高温下自持燃烧，无需辅助燃料。这种燃烧类型适用于炼油厂高浓度烃类废气、垃圾焚烧厂二噁英分解等场景。

热力燃烧也称蓄热燃烧，利用辅助燃料（天然气、柴油）将废气加热至一定温度，通过高温氧化分解污染物。核心设备包括蓄热室和切换阀两部分，设备设计需特别考虑燃烧室温度均匀性，避免局部低温导致反应不完全。这种燃烧类型适用于喷涂行业VOCs处理、电子厂溶剂废气净化等场景。

催化燃烧是一种低温无焰燃烧，在催化剂作用下，反应活化能降低，实现低温氧化。这种处理工艺的优势是安全节能，无明火，适用于防爆区域（如石化厂区），能耗比热力燃烧低。这种燃烧类型适用于制药行业含氯VOCs处理、食品加工厂异味控制等场景。

③ 热能回收：回收废热用于预热进口的冷废气、热净化气再循环、废热利用。

燃烧转化技术通过精确控制空燃比、选择适宜燃烧方式及高效热能回收，实现了污染物高效净化与能源梯级利用。催化燃烧的低温高效特性与余热回收能力，已使其成为工业废气治理的主流选择。

7.2.3.5 生物转化

生物转化是利用微生物代谢活动将废气中的气态污染物转化为CO_2、H_2O、生物质或无害代谢产物的绿色治理技术。其核心在于构建适宜微生物生长的三相（气-液-固）界面体系，通过酶催化反应实现污染物降解。

处理原理：生物处理可分为需氧生物氧化和厌氧生物氧化。

生物净化方法：活性污泥法、微生物悬浮法、土壤法和堆肥法。

（1）活性污泥法

活性污泥法是通过曝气使微生物以絮状悬浮污泥形式存在于液相中，利用其代谢作用降解气态污染物的方法。该处理方法的核心机制包括两方面：气液传质和生物氧化。其中，气液传质是废气通过鼓泡塔、喷淋塔等设备溶解于液相，形成气-液混合体系；生物氧化是污染物（如醇类、酮类）被微生物（如假单胞菌、硝化菌）氧化为CO_2、H_2O及细胞物质。该方法适用于水溶性VOCs（如乙醇、丙酮）处理及污水处理厂曝气池同步净化废气等场景。该净化方法的优点是反应速率快，设备紧凑，适合连续运行；缺点是对疏水性污染物（如苯系物）效率低，需定期排泥防止污泥膨胀。

（2）微生物悬浮法

微生物悬浮法是将游离态微生物悬浮于液相或气液混合体系中，通过直接接触降解污染物的技术。该处理方法的核心机制包括两方面：三相流化床反应器和强化代谢。其中，通过将微生物、废气和营养液在三相流化床反应器内形成动态混合，强化传质，并通过添加共代谢底物（如葡萄糖）促进难降解污染物（如氯苯）的分解以强化代谢。该方法适用于含高毒性或难降解污染物（如甲醛、氰化氢）的废气处理，以及制药、化工行业间歇性废气处理。该净化方法的优点是微生物适应性强，可处理复杂组分废气；缺点是能耗较高（需持续搅拌），需严格控制保持微生物高活性范围的pH。

（3）土壤法

土壤法是利用土壤中的天然微生物群落及矿物成分，通过吸附-生物降解耦合作用净化废气。该处理方法的核心机制包括物理吸附和生物降解。通过土壤颗粒（黏土、腐殖质等）吸附污染物（如 NH_3、H_2S 等），并利用其中的土著微生物（如硫杆菌、放线菌等）将污染物矿化为无害物质。该方法适用于低浓度恶臭气体（如垃圾填埋场、养殖场废气）以及含硫、含氮化合物（如 H_2S、NH_3）的处理。该净化方法的优点是运维成本低，直接利用土壤中固有的菌群而无须额外添加菌剂，环境友好；缺点是占地面积大，对高浓度污染物等的处理能力有限。

(4) 堆肥法

堆肥法是指以腐熟堆肥为滤料，利用其高孔隙率和丰富微生物群落降解气态污染物。该处理方法的核心机制包括两方面：有机滤料特性和协同降解。其中，有机滤料堆肥中含木质素、纤维素等大分子有机物，可以提供微生物附着位点，并通过真菌（如白腐菌）分解疏水性 VOCs（如苯、甲苯）和细菌矿化中间产物协同降解污染物。该方法适用于食品加工、造纸行业含复杂 VOCs 废气以及处理疏水性污染物（如苯系物、卤代烃）等场景。该净化方法的优点是滤料来源广泛，比如农业废弃物、市政污泥等，可再生利用，环保价值高；缺点是需定期翻堆料以防止酸化，长期运行可能产生渗滤液。

综上，生物转化适用于处理可生物降解的气态污染物，具有投资运行费用低、二次污染较少等优点。

生物转化可处理的污染物包括以下几类。

① 亲水性有机物：醇类（甲醇、乙醇）、酮类（丙酮）、有机酸（乙酸）、醛类（甲醛）；

② 疏水性有机物：苯系物（苯、甲苯）、卤代烃（氯苯、二氯甲烷）（需通过共代谢或生物膜强化降解）；

③ 无机恶臭物质：NH_3（转化为 NO_3^-）、H_2S（转化为 SO_4^{2-}）、硫醇（脱硫生成 CO_2）。

生物转化不可处理的污染物包括以下几类。

① 难生物降解物质：全氟化合物（PFCs）、多氯联苯（PCBs）、高环数多环芳烃（PAHs）；

② 强氧化性/毒性物质：臭氧（O_3）、氰化氢（HCN，需预处理）。

生物转化具有环境友好性，可以进行二次污染控制。该处理方法全程温度温和，无高温燃烧副产物，可以消除爆炸风险；该处理方法的代谢终产物无害，有机污染物完全矿化生成 CO_2、H_2O，少量转化为微生物细胞，可资源化用作土壤改良剂；该处理方法的废弃物可控，剩余污泥经脱水后可用于堆肥，堆肥滤料可循环用于农业，无危废产生。

生物转化处理污染物也有一些局限性，比如对温度敏感，需要最佳的温度活性区间，冬天需要加热，会增加一定能耗；对酸碱度敏感，pH 超出一定范围会导致酶失活；污染物浓度突变冲击，可能引发微生物中毒。工程应用中，需要采取一定的优化方案，增强处理的有效性，比如强化菌种，投加耐低温菌或耐酸菌，增加处理体系的缓冲系统，在一定范围内自动调节 pH，利用多级生物反应器，前段设置生物洗涤塔缓冲浓度波动，后接生物滤池深度处理，增强应对处理系统浓度突变等突发状况的能力。

7.2.3.6 其他净化方法

(1) 电子束照射法

电子束照射法脱硫脱氮技术是一种物理与化学相结合的高新技术，是在电子加速器的基础上逐渐发展起来的。高速电子束照射在反应器内，具有很高能量的电子与烟气中的主要成分 N_2、O_2、H_2O 分子碰撞反应，生成了氧化力很强的 $\cdot OH$、$HO_2\cdot$ 、$O\cdot$ 等活性物质。

电子束照射法利用电子加速器产生的高能等离子体氧化烟气中的 SO_2 和 NO_x 等气态污染物。经电子束照射，烟气中的 SO_2 和 NO_x 接受电子束而强烈氧化，在极短时间内（约十万分之一秒）被氧化成硫酸和硝酸，这些酸与加入的氨反应生成 $(NH_4)_2SO_4$ 和 NH_4NO_3 的微细粉粒，粉粒经捕集器回收作农肥，净化气体经烟囱排入大气。

(2) 膜分离法

利用膜的选择透过性，气体组分在膜两侧分压差驱动下，基于溶解-扩散机制优先透过膜材料，实现气体混合物中不同组分的分离。这种方法适用于处理对特定气体有选择透过性的膜材料能够分离的气态污染物。

传质过程涉及三方面：气体分子在膜表面吸附（吸附），分子在膜内溶解并沿浓度梯度扩散（扩散），分子在膜另一侧释放形成渗透气流（脱附）。

膜分离技术有一定的优势和局限性。相较于传统工艺，膜分离过程是无相变的低能耗过程，通常是模块化设计，易扩容，占地面积小，并且不添加化学药剂，渗透物可直接资源化，无二次污染。但是，当膜分离处理到一定程度，颗粒物、油雾、高湿度等导致膜被污染而造成通量衰减；对所处理的污染物有浓度限制，低浓度污染物回收经济性差；高性能膜的材料成本相对较高，增加了经济投入。

7.2.4 二氧化硫废气处理技术

二氧化硫废气处理技术可以分为湿法（液相吸收）和干法（固相吸附/催化转化）两种。湿法是指用液体吸收剂洗涤烟气，吸收所含的 SO_2，主要有氨法、钠碱法、钙碱法。干法是指用吸附剂或催化剂脱除废气中的 SO_2，主要有活性炭吸附法、催化氧化法等。此外，还有半干法（气-固-液多相反应）作为补充。

7.2.4.1 氨法

氨法脱硫是用氨水（$NH_3 \cdot H_2O$）或液氨（NH_3）作吸收剂，通过多级反应高效脱除废烟气中的 SO_2，由于氨易挥发，实际上此法是用氨水与 SO_2 反应后生成的亚硫酸铵水溶液作为吸收 SO_2 的吸收剂，主要反应如下：

一级吸收（生成亚硫酸铵）：$2NH_3 + SO_2 + H_2O \longrightarrow (NH_4)_2SO_3$

二级吸收（生成亚硫酸氢铵）：$(NH_4)_2SO_3 + SO_2 + H_2O \longrightarrow 2NH_4HSO_3$

氧化再生（副产物多样化）：$2NH_4HSO_3+O_2 = (NH_4)_2SO_4+H_2SO_4$

氨法工艺成熟，流程、设备简单，操作方便，对吸收后的混合液用不同方法处理可得到不同的副产物，且都有再利用价值，如 SO_2 可生产液态 SO_2 或制硫酸；硫铵可作化肥；亚铵可用于制浆造纸代替烧碱。

该法已广泛应用于硫酸等化工生产尾气处理，在吸收塔气液接触过程中，部分未反应的 NH_3 随净化烟气逸出，导致吸收剂实际消耗量大，因此缺乏氨源的地方，液氨/氨水运输受危化品管制限制且长期储存存在蒸发损耗，不宜采用此法。

7.2.4.2 钠碱法

钠碱法是用氢氧化钠或碳酸钠的水溶液作为初始吸收剂，通过多级化学反应高效吸收烟气中的 SO_2，与废气中的 SO_2 反应生成的 Na_2SO_3 继续吸收 SO_2，主要吸收反应为：

吸收阶段（液相反应）：$2NaOH+SO_2 = Na_2SO_3+H_2O$

$Na_2CO_3+SO_2 = Na_2SO_3+CO_2\uparrow$

二级吸收（亚硫酸钠继续捕集 SO_2）：$Na_2SO_3+SO_2+H_2O = 2NaHSO_3$

生成的吸收液为 Na_2SO_3 和 $NaHSO_3$ 的混合液，用不同的方法处理吸收液可得到不同的副产物。

7.2.4.3 钙碱法

钙碱法是用石灰石（$CaCO_3$）、生石灰（CaO）或消石灰［$Ca(OH)_2$］的悬浮液为吸收剂吸收烟气中的 SO_2，生成半水亚硫酸钙（$CaSO_3 \cdot 0.5H_2O$），然后再被氧化为石膏（$CaSO_4 \cdot 2H_2O$）。以石灰石（粒径≤45μm）悬浮液为例的 SO_2 脱除过程的主要反应如下。

吸收阶段（生成亚硫酸钙）：$CaCO_3+SO_2+0.5H_2O = CaSO_3 \cdot 0.5H_2O+CO_2\uparrow$

将石灰石粉（粒径≤45μm）与水混合制成悬浮液（固含量10%～20%），确保反应活性。生成的亚硫酸钙会进一步与二氧化硫和水反应，生成可溶性的亚硫酸氢钙 $Ca(HSO_3)_2$。

氧化阶段（生成石膏）：$2CaSO_3+O_2+2H_2O = 2CaSO_4 \cdot 2H_2O$

向吸收塔底部鼓入空气，在氧气的作用下，亚硫酸氢钙被氧化为硫酸钙，并结晶形成石膏（二水合硫酸钙）。

该处理方法的核心优势如下：

① 原料廉价易得，石灰石储量丰富，适合大规模应用；

② 副产物可资源化，石膏可用于建材（石膏板、水泥缓凝剂）；

③ 高硫适应性，吸收效率较高，可处理高 SO_2 浓度的烟气，脱硫效率可达90%以上；

④ 工艺成熟可靠，全球燃煤电厂主流脱硫工艺，运行经验丰富。

半水亚硫酸钙是一种钙塑材料，用途广泛，因此钙碱法成为目前吸收脱硫应用最多的方法。该处理方法也有一定的局限性，最主要问题是吸收系统容易结垢、堵塞，

浆液中未反应的 $CaCO_3$ 易在管道、喷嘴处结垢，需定期酸洗除垢；石灰石颗粒对泵、阀的磨损率高，其材质需慎重选耐磨合金或衬胶。此外，由于石灰乳循环量大，使设备体积增大，操作费用增高。

7.2.4.4 活性炭吸附法

利用活性炭的吸附性能与表面催化活性，在氧气（O_2）和水蒸气（H_2O）存在的条件下，使吸附的 SO_2 被烟气中的氧气氧化为 SO_3，SO_3 再和水反应吸收生成硫酸（H_2SO_4）实现硫资源的回收利用。或用加热的方法使其分解，生成浓度高的 SO_2，此 SO_2 可用来制酸。其核心机制分为吸附-催化氧化和再生-资源化两阶段。

（1）吸附-催化氧化阶段

物理吸附：活性炭的发达孔隙结构可吸附 SO_2、O_2 和 H_2O 分子；

化学氧化：表面酸性官能团（如羧基、酚羟基）催化 SO_2 氧化为 SO_3，随后与水反应生成硫酸。

$$2SO_2 + O_2 = 2SO_3$$

$$SO_3 + H_2O = H_2SO_4 \text{（吸附于活性炭孔隙内）}$$

（2）再生-资源化阶段

加热再生法：对饱和活性炭加热，使吸附的硫酸分解，释放高浓度 SO_2 气体，用于制酸或化工原料。

水洗再生法：用热水冲洗活性炭，回收孔隙内的稀硫酸，经浓缩后用于工业酸洗或肥料生产。

该处理方法的核心优势如下。

① 资源化回收：可产出浓硫酸或高纯度 SO_2 气体，直接用于化工生产（如硫铵厂、硫酸厂）；

② 适应低浓度 SO_2：对含低浓度 SO_2 烟气脱除效率达 80%～95%；

③ 无废水排放：再生过程闭路循环，无二次污染，加热法需处理尾气中微量 SO_2；

④ 模块化设计：适用于分布式排放源，如焦化厂、有色金属冶炼厂等。

该处理方法也有一定的局限性：活性炭消耗高，加热再生能耗高、运行成本也高，副产物硫酸富集有一定的腐蚀性，易导致设备腐蚀，需采用玻璃钢、钛合金等耐腐材质。

7.2.4.5 催化氧化法

通过催化剂的作用，在适宜温度下将烟气中的 SO_2 直接氧化为 SO_3，随后通过冷凝或吸收转化为硫酸（H_2SO_4）或其他硫资源产品进行再利用。常用的催化剂有钒系催化剂、贵金属催化剂及分子筛催化剂。其核心过程分为催化氧化和 SO_3 利用两个阶段。

该处理方法的核心优势如下。

① 高效转化：钒系催化剂对高浓度 SO_2 氧化效率接近 99%；

② 资源化利用：副产物为商品级硫酸或石膏，经济价值显著；

③ 工艺集成度高：硫酸厂尾气处理可直接衔接制酸系统，降低投资成本；

④ 无废水排放：干式流程无液相污染，环境友好。

该处理方法也有一定的局限性：催化剂成本相对较高，而寿命有限；贵金属催化剂成本更高，且易被粉尘等毒化失效；处理过程能耗高，维持反应温度需额外使用燃气或用电进行加热；某些场景不适用，比如电厂烟气 SO_2 浓度低，经济性差，炼油尾气含烃类等杂质，易导致催化剂积碳失活。

干式催化氧化法可用来处理硫酸尾气及有色金属冶炼尾气，技术成熟，已成为制酸工艺的一部分。但用此法处理电厂锅炉烟气及炼油尾气，则在技术上、经济上还存在一些问题需要解决。

7.2.5 氮氧化物废气处理技术

氮氧化物是一类化合物的总称，分子式为 NO_x。它包括 N_2O、NO、NO_2、N_2O_3、N_2O_4 及 N_2O_5 等多种，在自然条件下主要是 NO 和 NO_2，它们是常见的大气污染物。化工生产尾气中 NO_x 的处理常用的有以下几个方法。

7.2.5.1 吸收法

可吸收 NO_x 的吸收剂有碱液、稀硝酸和浓硫酸等。目前用得较多的是碱液。常用的碱液有氢氧化钠溶液、碳酸钠溶液、氨水等，NO_x 被吸收后生成硝酸盐和亚硝酸盐等有用的副产物。碱液吸收设备简单，操作容易，投资少。如用氢氧化钠溶液（10%）吸收，NO_x 脱除率为 80%～90%，其反应如下：

$$2NaOH + 2NO_2 = NaNO_3 + NaNO_2 + H_2O$$

$$2NaOH + NO_2 + NO = 2NaNO_2 + H_2O$$

干法吸收是利用固体吸附剂（如 CaO）与 NO_x 反应生成硝酸盐。

7.2.5.2 吸附法

用吸附法吸附 NO_x 已有工业规模的生产装置，可以采用的吸附剂为活性炭与沸石分子筛。

活性炭对低浓度 NO_x 具有很高的吸附能力，并且经解吸后可回收浓度高的 NO_x，但由于温度高时活性炭有燃烧的可能，给吸附和再生造成困难，因此，限制了该法的使用。

7.2.5.3 催化还原法

在催化剂的作用下，用还原剂将废气中的 NO_x 还原为无害的 N_2 和 H_2O 的方法称为催化还原法，依还原剂与废气中的 O_2 发生作用与否，可将催化还原法分为非选择性催化还原和选择性催化还原两类。

（1）非选择性催化还原

在钯催化剂的作用下，还原剂不加选择地与废气中的 NO_x 与 O_2 同时发生反应。

作为还原剂气体可用 H_2 和 CH_4 等。该法由于存在着与 O_2 的反应过程，放热量大，因此在反应中必须使还原剂过量并严格控制废气中的氧含量。当用 CH_4 为还原剂时，其反应如下：

$$CH_4+4NO_2 = 4NO+CO_2\uparrow+2H_2O$$

$$CH_4+2O_2 = CO_2\uparrow+2H_2O$$

$$CH_4+4NO = 2N_2\uparrow+CO_2\uparrow+2H_2O$$

(2) 选择性催化还原

在铂催化剂的作用下，还原剂只选择性地与废气中的 NO_x 发生反应，而不与废气中的 O_2 发生反应。常用的还原剂气体为 NH_3 和 H_2S 等。以下为以 NH_3 为还原剂时的反应式：

$$4NH_3+6NO = 5N_2\uparrow+6H_2O$$

$$8NH_3+6NO_2 = 7N_2\uparrow+12H_2O$$

7.2.5.4 生物法

生物法利用特定反硝化微生物或硝化-反硝化复合菌群，在适宜环境条件下将气态 NO_x（NO、NO_2）转化为无害的氮气（N_2）或硝酸盐（NO_3^-），实现污染物的生物降解与资源化。生物法的核心过程分为气相传质、液相吸收和生物代谢三个阶段。

气相传质：NO_x 从废气中扩散至液相（生物膜或水相）；

液相吸收：NO_x 溶于水形成亚硝酸（HNO_2）、硝酸（HNO_3）或亚硝酸盐（NO_2^-）、硝酸盐（NO_3^-）；

生物代谢：硝化作用（好氧条件），反硝化作用（厌氧条件）。

该处理方法的核心优势如下。

① 环境友好性突出：无二次污染，降解产物为 N_2、CO_2、H_2O 及微量生物质，无化学试剂残留或危废产生；低碳排放，运行能耗低，无需高温高压条件。

② 运行成本低廉：无需昂贵催化剂或药剂，主要依赖微生物代谢，碳源可选用废水中的有机物（如甲醇、乙酸）；维护简单，无复杂设备，填料更换周期长。

③ 适应复杂废气组分：多污染物协同处理，可同步去除 NO_x、VOCs（甲苯、二甲苯）、H_2S，典型案例中 NO_x 与 H_2S 同步去除率均较高；耐低浓度波动，对较宽浓度范围内的 NO_x 均有效，适合间歇性排放源，如实验室、污水处理厂等。

④ 资源化潜力显著：副产物利用，反硝化过程产生的硝酸盐可回收为肥料（如 KNO_3），或用于污水处理厂脱氮。

⑤ 菌体资源化：老化生物膜可堆肥。

该处理方法也有一定的局限性，主要有以下几点。

① 处理效率受限：单级生物反应器对 NO_x 处理有上限浓度，更高浓度的处理需多级串联，在一定程度上会增加占地与投资成本；降解速率低：微生物代谢速率有限，废气处理效率有限。

② 启动与调控难度大：菌种驯化周期长，微生物群落成熟需一定时间，且依赖接

种菌源活性，如污水处理厂污泥；环境敏感度高，微生物群落需要特定的生存环境，如最佳温度范围，过高会导致菌群失活；需严格控制最佳 pH 范围，处理酸性废气需进行预中和；需严格控制最佳湿度范围，要求废气相对湿度＞95%，干燥气候条件下需额外加湿。

③ 工程化应用瓶颈：生物膜过度生长易堵塞填料孔隙，导致压降升高，故需定期反冲洗；抗冲击负荷差，废气浓度突变时易导致微生物中毒或系统崩溃。

④ 特定场景不适用：对于高温废气，直接处理温度较高烟气时需预冷却，在一定程度上增加能耗；对于含尘/油雾废气，颗粒物覆盖生物膜表面，导致传质效率下降，处理效率降低。

因此，对于低中浓度 NO_x、含 VOCs/H_2S 的复合废气处理，对于追求低碳、低运行成本的中小型项目，对于需资源化副产物（肥料等）的循环经济场景，可优先选择生物处理法。

7

7.3 化工废渣及其处理技术

7.3.1 化工废渣概述及防治对策

7.3.1.1 化工废渣来源及分类

（1）固体废物

固体废物是指人类在生产过程和社会生活中产生的不再需要或没有“利用价值”，而被丢弃的固体和半固体物质。

在生产过程中产生的固体废物俗称废渣，在生活活动过程中产生的固体废物则称为垃圾。

“废物”具有相对性，一种过程的废物往往可以成为另一种过程的原料，所以废物也有“放在错误地点的原料”之称。

为了便于环境管理，国际上也将容器盛装的易燃、易爆、有毒、腐蚀等具有危险性的废液、废气，从法律角度上定为固体废物，执行固体废物管理法规，划入固体废物管理范畴。

固体废物按其性质可分为有机物和无机物；按其形态可分为固体的（块状、粒状、粉状）和泥状的；按其来源可分为矿业的、工业的、城市生活的、农业的和放射性的五类。

将固体废物中凡是有毒性、易燃性、腐蚀性、反应性、传染性、放射性的废物列为有害废物。

（2）化工废渣

化工废渣是指化学工业生产过程中产生的固体和泥浆废物。

化工废渣主要由生产过程中产生，包括化工生产过程中排出的不合格产品、副产品、废催化剂、废溶剂、蒸馏残液以及废水处理产生的污泥等（见表 7-7），另外还有非生产性的固体废物，如原料及产品的包装垃圾、工厂的生活垃圾等。

根据化工部门的统计，用于化学工业生产的各种原料最终约有三分之二变成了废物。而这些废物中固体废物占二分之一以上，所以所用的各种原料中，最终有三分之一变成化工废渣，可见化工废渣产生量巨大，而且废渣也同样会对环境造成污染、危害。

化工废渣的性质、数量、毒性与原料路线、生产工艺和操作条件有很大的关系。

表 7-7 化工废渣来源及分类

行业	产品	主要来源	主要污染物
无机盐行业	重铬酸钾	氧化焙烧法	铬渣
	氰化钠	氨钠法	氰渣
	黄磷	电炉法	电炉炉渣、富磷泥
氯碱工业	烧碱	水银法、隔膜法	含汞盐泥、盐泥、废石棉隔膜
	聚氯乙烯	电石乙炔法	电石渣泥、电石渣
氮肥行业	合成氨	煤造气	炉渣、废催化剂、铜泥、氧化炉灰
硫酸行业	硫酸	硫铁矿制酸	硫铁矿烧渣、水洗污泥、废催化剂

（3）化工废渣的分类

根据废渣对人体和环境的危害性不同，通常把化工废渣分为危险废渣和一般工业废渣两大类。危险废渣又称危险废物或特殊废渣，是指具有毒性、腐蚀性、反应性、易燃性、爆炸性、传染性等特性之一的固态、半固态和液态废弃物；一般工业废渣指量大、面广、危害较小的粉煤灰、冶炼废渣、尾矿等。

按照化学性质不同，一般分为无机废渣和有机废渣。无机废渣有些是有毒的废渣，如铬盐生产排出的铬渣，其特点是废渣排放量大、毒性强，对环境污染严重；有机废渣大多指的是高浓度有机废渣，其特点是组成复杂，有些具有毒性、易燃性和爆炸性，但其排放量一般不大，然而现在由生产和生活废弃的废塑料越来越多。

7.3.1.2 化工废渣危害

（1）产生量和排放量比较大

2021 年，全国工业危险废物产生量为 8653.6 万吨。其中，化学原料和化学制品制造业、石油煤炭及其他燃料加工业等排名前五的行业，其工业危险废物产生量合计为 5997.7 万吨，占全国工业危险废物产生量的 69.3%。

目前，化工生产过程排出的废渣，除少部分综合利用和回收利用外，大部分废渣不得不累积堆存起来，因此侵占大量土地，这是国内外普遍存在的一个问题。根据生态环境部2025年发布的数据，我国历年累积堆存的工业固体废物已超过330亿吨，占地面积超过3500平方公里（约合525万亩）。此外，另有行业报告指出，大宗工业固废的累计堆存量甚至已达到约600亿吨，这一巨大的堆存基数也带来了严峻的环境挑战。

（2）危险废物种类多，有毒物质含量高

化学工业固体废物中，有相当一部分具有极毒性、反应性、腐蚀性等特征，对人体健康和环境有直接危害或潜在危害。

（3）污染土壤

废物堆置或垃圾填埋处理，经雨水浸淋，其渗出液及沥滤液中含有的有害成分污染土壤，从而导致农作物受到污染，污染物转入农作物和水域后，给人类健康带来很大的危害。土壤一旦受到污染，很难得到恢复。

（4）污染水体

通过水的淋滤、侵蚀或直接污染，工业固体废物中的污染成分可迁移转化而进入水体，使水质变为酸性、碱性、富营养化、矿化、毒化，提高浊度，增加硬度和COD。

废渣对水域的污染以化工废渣最为突出，尤其是将化工废渣不做任何处理直接倒入江河、湖泊或沿海海域，将造成更为严重的水体环境污染。

（5）污染大气

化工废渣中某些有毒物质本身的蒸发、升华及发生化学变化而释出的有害气体，以及废物中的细粒、粉末随风扬散，都会导致大气污染。

例如，石油化工厂排出的重油渣及沥青块等，在自然条件的作用下将产生多环芳烃气体，而多环芳烃被认为是致癌物质。

另外，如废弃的尾矿、粉煤灰或磷石膏等，本身颗粒很细（微米级），干燥后将随风飞扬，移往他处，恶化周围环境。

（6）再资源化可能性大

化工废渣中有相当一部分是未反应的原料或反应副产物，往往都是很宝贵的资源，如硫铁矿烧渣、合成氨造气炉渣、烧碱盐泥等，可用作砖、水泥的原料。一部分硫铁矿烧渣、废胶片、废催化剂中还含有金、银、铂等贵金属，有极高的回收利用价值。

7.3.1.3 化工废渣防治对策

由于化工废渣的种类复杂、成分繁多、性质各异，故目前对废渣的治理还不能像治理废气及废水那样形成系统。

根据国情，我国制定了以“无害化”“减量化”“资源化”作为控制固体废物的技术政策，并确定在今后较长时间内以“无害化”为主，从“减量化”向“资源化”过渡。

（1）无害化

无害化是指通过工程处理有害固体废物，使其不损害人体健康，不污染周围的自然环境。比如：垃圾的焚烧、卫生填埋、有害物质的热处理和解毒处理等。

(2) 减量化

通过适宜的手段，减少和减小固体废物的数量和容积。例如：将原料包装和生活垃圾采用焚烧法处理后，体积可减小 80%～90%，余烬则便于运输和处置。一些化工厂推行清洁生产，逐步达到废物零排放。

(3) 资源化

资源化指采取工艺措施从固体废物中回收有用的物质和能源。固体废物“资源化”是固体废物的主要归宿。例如：具有高位发热量的煤矸石，可以通过燃烧回收热能或转换电能，也可以用来代替节煤生产内燃砖。

7.3.2 化工废渣一般处理技术

化工废渣的处理通常是指用物理、化学、生物、物化等方法把固体废物转化为适于运输、贮存、利用或处置的过程，固体废物处理的目标是无害化、减量化、资源化。

化工废渣的一般处理方法有物理处理法、物理化学法、化学法、生物化学法和其他方法。采用的处理技术主要有预处理技术、卫生填埋技术、焚烧技术、热解技术、微生物分解技术、转化利用技术等。

(1) 预处理技术

① 压实：通过外力加压于松散的固体废物，以缩小其体积，使固体废物变得密实的操作称为压实，又称压缩。压实的目的一是增大容重、减小体积，以便于装卸和运输，确保运输安全与卫生，降低运输成本；二是制取高密度惰性块料，便于储存、填埋或作为建筑材料使用。压实处理的主要机械设备为压实器。

② 破碎：指用机械方法将废弃物破碎，减小颗粒尺寸，使之适合于进一步加工或能经济地再处理。所以通常不是最终处理，而往往作为运输、储存、焚烧、热分解、熔融、压缩、磁选等的预处理过程。按破碎的机械方法不同分为剪切破碎、冲击破碎、低温破碎、湿式破碎、半湿式破碎等。

③ 分选：主要是依据各种废弃物的不同物理性能进行分选处理的过程。废弃物在回收利用时，分选是继破碎以后的重要操作工序，分选效率直接影响到回收物质的价值和市场销路。分选的方法主要有筛分、重力分选、磁力分选、浮力分选等。

④ 固化：通过物理法或化学法，将废物固定或包含在坚固的固体中，以降低或消除有害成分的逸出，是一种无害化处理。固化后的产物应具有良好的力学性能、抗渗透、抗浸出、抗干裂、抗冻裂等特性。固化的方法一般包括水泥基固化法、石灰基固化法、热塑性材料固化法、高分子有机物聚合稳定法和玻璃基固化法等。

(2) 卫生填埋技术

卫生填埋技术俗称卫生填埋法或土地填埋法。该法属减量化、无害化处理中最经济的方法。

处理性质可以是永久性的最终处理，也可以是短期性的暂时处理，是目前处理城市垃圾应用最广的方法。一般均采用厌氧卫生填埋法。

(3) 焚烧技术

把可燃固体废物集中在焚烧炉中通空气彻底燃烧是除卫生填埋之外的又一种处理废渣的重要手段。焚烧是高温分解和深度氧化的过程，目的在于使可燃的固体废物氧化分解，借以减容、去毒并回收能量及副产物。

固体废物经过焚烧，体积一般可减小 80%～90%，一些有害固体废物的组成结构会遭到破坏，其携带的病原菌会被杀灭，从而可以达到解毒、除害、回收能量等的目的。焚烧法处理废物具有快速高效、工厂化、全天候、处理能力大的优势。

截至 2024 年，中国的垃圾焚烧发电厂总数已达 1064 座。大型厂的垃圾处理能力达 3000t/d。焚烧技术不仅有环保意义，而且有经济价值，焚烧产生的热能用于产生蒸汽或发电。据统计，部分先进焚烧厂的吨垃圾发电量已可达 500～600kW·h。同时，行业平均热效率约为 25.31%。故焚烧技术不仅有环保意义，而且有经济价值。但是焚烧容易造成二次污染，而且投资和运行管理费用也较高。

(4) 热解技术

固体废物热解是利用有机物的热不稳定性，在无氧或缺氧条件下受热分解的过程。热解法与焚烧法相比是完全不同的两个过程。焚烧是放热的过程，产物主要是二氧化碳和水。热解是吸热的过程，产物主要是可燃的低分子化合物：气态的氢、甲烷、一氧化碳，液态的甲醇、丙酮、醋酸、乙醛等有机物及焦油、溶剂油等，固态的主要是焦炭或炭黑。

(5) 微生物分解技术

利用微生物的分解作用处理固体废物的技术，应用最广泛的是堆肥化。堆肥化是指依靠自然界广泛分布的细菌、放线菌和真菌等微生物，人为地促进可生物降解的有机物向稳定的腐殖质生化转化的微生物学过程，其产品称为堆肥。其主要作用是能够改善土壤的物理、化学和生物性质，使土壤环境适于农作物生产。

(6) 转化利用技术

该技术属资源化范围，利用化工新工艺、新方法把废渣转化为新的有用产品。这是在废渣处理时应优先考虑的方法。

7.3.3 典型化工废渣回收利用技术

典型化工废渣的回收利用技术主要包括：塑料废渣的回收利用、硫铁矿炉渣的回收利用、磷石膏废渣的回收利用、石油化工废渣的回收利用、酸渣的回收利用、工业废料的资源化利用等，这些技术展示了化工废渣回收利用的多样性和实用性，通过不同的技术手段，不仅可以减少环境污染，还能创造经济价值。

7.3.3.1 塑料废渣回收利用

塑料废渣属于废弃的有机物质，主要来源于树脂生产过程、塑料制造加工过程以及材料包装过程。

塑料的物理性质之一是在低温条件下可以软化成型。在有催化剂的作用下，通过适当温度和压力，高分子可以分解为低分子烃类。

根据塑料的物理、化学性质，可以将塑料废渣热解或者加热成型。

根据各种塑料废渣的不同性质，通过预分选后，废塑料可进行熔融固化或热分解处理。处理和利用途径大致有再生处理法、热分解法、焚烧法及湿式氧化法和化学氧化法等。从资源的有效利用考虑，废塑料不宜采用焚烧法处理。

回收的废塑料由于种类繁多，并夹杂了其他废物，一般只能做某些较粗糙的制品，如用于建筑材料可以直接变有害物质为有用物质，又如将某些塑料废渣通过加氢反应可制得燃料等。

7.3.3.2 硫铁矿渣回收利用

硫铁矿渣是以硫铁矿为原料生产硫酸时产生的废渣，又叫硫酸渣，或称烧渣。我国硫酸工业采用的硫铁矿原料含硫量多数在 35%以下。由于硫铁矿含硫量低，杂质含量高，对充分利用硫铁矿中的铁资源带来了极大的危害。

硫铁矿渣综合利用的最理想途径是将其含有的有色金属、稀有贵金属回收并将残渣进一步冶炼成铁，但因硫铁矿渣中有色金属含量较低，回收工艺和设备较复杂，尚有一些问题需要解决，目前主要回收利用的是其所含的铁。

硫铁矿渣通过硫酸反应、沉淀、过滤，得到硫酸亚铁溶液，可以制作铁系原料。铁黄产品可作为涂料、油墨等的颜料使用。其制备工艺流程如图 7-16 所示。

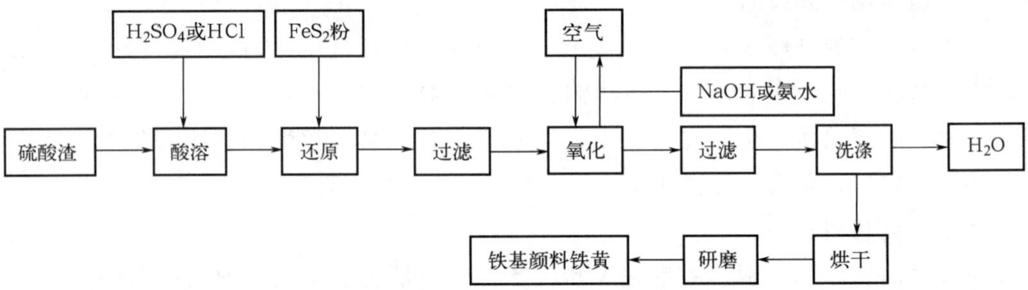

图 7-16 铁基颜料铁黄的制备工艺流程图

含铁量较低，而硅、铝含量较高的烧渣可代替黏土，掺和适量石灰，经湿碾、加压成型、自然养护制成硫酸渣砖。此法生产工艺简单（如图 7-17 所示），不需焙烧也不需蒸汽养护，砖的物理性能良好，成本低于黏土砖。

7.3.3.3 磷石膏废渣回收利用

磷石膏是湿法磷酸工艺中产生的固体废物，主要成分是二水硫酸钙（$CaSO_4 \cdot 2H_2O$），还含有未完全分解的磷矿、残余的磷酸、氟化物、酸不溶物、有机质等。由于其复杂的组成，磷石膏的随意排放会严重破坏生态环境，污染地下水资源并造成土地资源浪费。

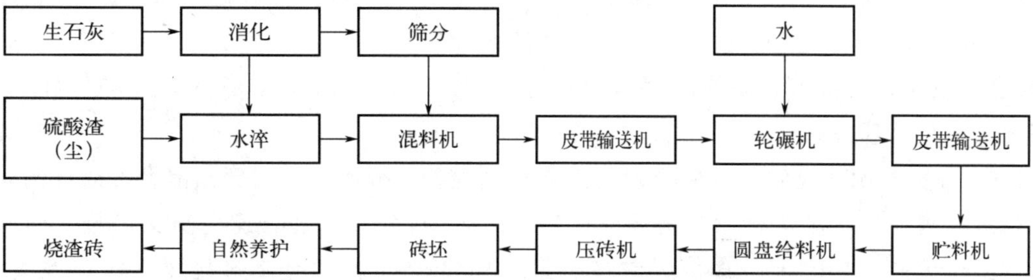

图 7-17　硫酸渣制砖工艺流程图

磷石膏综合治理是世界性难题，也是制约磷化工及新能源材料产业发展的最大障碍。

为了有效处理和利用磷石膏，各国和地区采取了多种措施。例如，中国已经出台了相关政策，推动磷石膏的综合利用，如“以渣定产”政策，通过将磷石膏的消纳情况与磷酸等产品生产挂钩，倒逼企业提高资源利用率，催生了新型建筑材料等新产业。此外，磷石膏可以通过多种方式进行无害化处理和综合利用，包括用作水泥生产原料、砖瓦制造原料、土壤改良剂等。

在技术层面，磷石膏可以通过水洗、中和、浮选、煅烧等方法进行无害化处理，以满足环保标准后进行贮存和填埋。经过处理的磷石膏可以用于生产建筑材料如水泥缓凝剂、石膏板材、砌块、抹灰砂浆等，还可以用作道路材料和生态修复制品。

目前，我国磷石膏堆存量 8 亿多吨，年产量约 7700 万吨，2022 年综合利用率为 50.4%。但是磷石膏存量大、组成复杂、低附加值、技术不成熟等多因素成为磷石膏利用困难的重要原因。

中国磷复肥工业协会数据显示，近年来，我国磷石膏产生量和综合利用成效明显。2022 年磷石膏产生量 7700 万吨，同比下降 3.8%；2022 年磷石膏综合利用量 3880 万吨，同比提高 6.3%。其中，水泥缓凝剂 1180 万吨，同比提高 10.8%；石膏建材 955 万吨，同比提高 8.5%；矿井充填和生态修复 900 万吨，同比提高 8.4%；外售外供 530 万吨，同比下降 20.5%；筑路 70 万吨，同比下降 5.4%；制硫酸水泥消耗 87 万吨，同比下降 24.3%。

在磷石膏综合利用上，行业要不断总结经验，积极探索大量化、规模化应用的新路径、新场景，推广综合利用的新产品、新工艺、新装备，推动磷石膏实现源头减量减排，提升综合利用水平，加快实现无害化处理与资源化利用。

7.3.4　废渣处理安全要求

7.3.4.1　危险废渣管理要求与技术瓶颈

（1）危险废渣管理要求

① 法律与标准约束：根据《中华人民共和国环境保护法》和《中华人民共和国固

体废物污染环境防治法》，危险废渣需遵循严格的分类、申报、贮存及处置流程。根据《中华人民共和国固体废物污染环境防治法》，对于《国家危险废物名录》中的废渣（如含重金属、有机污染物的废盐），必须按规范标注识别标志，并定期向环保部门申报产生量和处理去向。

② 分类与源头控制：要求企业对废渣按危险特性分类贮存，严禁混合堆放。例如，农药废盐需与煤化工废盐（主要含 NaCl、Na_2SO_4）分开管理，避免交叉污染。同时，通过绿色生产工艺优化，减少废渣产生量（如铬盐行业采用亚熔盐技术实现源头减量 90%）。

③ 贮存与运输规范：贮存场所需配备防渗漏层和泄漏应急设施，危险废渣贮存时间不得超过 1 年。运输须使用专用车辆，并符合《危险货物道路运输规则》。

④ 经营许可与全过程监管处置：企业需取得危险废物经营许可证，并建立全生命周期管理台账，确保从产生到最终处置的可追溯性。

(2) 技术瓶颈

① 有机物去除难度大：含高浓度有机物的废盐（如农药废盐中的卤代烃、稠环芳烃）难以通过常规焚烧或热解彻底降解，易产生二噁英等二次污染物。湿法处理（如超临界水氧化）虽能高效降解有机物，但设备投资及运行成本高昂。

② 高温处理设备的腐蚀与结渣：焚烧或熔融法处理含碱金属盐废渣时，高温（800～1200℃）易导致设备内衬腐蚀和熔盐结渣，需频繁停炉维护，增加运行成本。

③ 分盐技术的可靠性与标准缺失：煤化工废水蒸发结晶产生的杂盐因缺乏工业盐质量标准难以资源化利用。分步结晶技术虽被提出，但有机物残留问题尚未解决，存在二次污染风险。

④ 资源化利用的经济性不足：废渣提纯回收金属（如从赤泥中提取铁、铝）的工艺复杂，能耗高，且市场需求有限，导致企业积极性低。

7.3.4.2 废渣处置过程中的环境与作业安全措施

(1) 环境安全措施

① 防渗与泄漏控制：填埋场需采用双层高密度聚乙烯（HDPE）防渗膜，渗透系数需小于 10^{-8}cm/s，并设置渗滤液收集系统。焚烧厂周边应布设地下水监测井，定期检测重金属和有机物浓度。

② 废气处理与排放控制：焚烧过程需配备二燃室（温度≥1100℃）和尾气净化系统［如活性炭吸附、选择性催化还原（SCR）脱硝］，确保二噁英、NO_x 等污染物达标排放。对于含氯废渣，需额外增加碱液洗涤塔以去除 HCl 气体。

③ 废水回用与零排放：湿法处理中产生的废水需通过膜分离（如反渗透、电渗析）和蒸发结晶实现闭路循环。例如，煤化工企业采用“电渗析膜技术（EDM）分质结晶工艺”实现盐水平衡，避免外排。

④ 生态修复与风险管控：历史堆存废渣（如铬渣山）需进行固化稳定化处理，并通过植被恢复或土壤淋洗技术修复污染场地。修复后需定期评估生态风险。

(2) 作业安全措施

① 个人防护与健康监测：操作人员需穿戴防化服、防毒面具及耐高温手套，接触重金属废渣时需定期进行血铅、尿镉等生物监测。过敏体质人员应调离高暴露岗位。

② 工艺自动化与远程监控：高温熔融、超临界氧化等高危工序应采用分布式控制系统（DCS）远程控制，减少人工介入。关键设备（如反应釜、焚烧炉）需安装温度、压力联锁报警装置。

③ 应急预案与事故响应：制定泄漏、火灾、爆炸等专项预案，配备应急物资（如中和剂、堵漏工具）。定期开展事故演练，确保 15min 内启动应急响应。

④ 培训与资质管理：作业人员须通过危险废物处理专项培训并持证上岗，重点学习毒性物质识别、急救措施及设备操作规程。

⑤ 运输安全规范：危险废渣运输车辆需安装 GPS 定位和防泄漏托盘，运输路线避开人口密集区，夜间运输时需加装警示标志。

7.4 三废处理新技术

除了以上详细介绍的各种“三废”处理技术，为全面应对全球范围内日益严苛的环保法规并切实驱动工业绿色低碳转型，“三废”处理领域正涌现出多项革命性前沿技术，迎来一波由深度交叉学科推动的革命性前沿技术浪潮。这些新技术正向高效化、资源化和低碳化方向革新，不仅致力于污染物的高效去除，更着眼于资源循环闭环构建与负碳技术突破。

7.4.1 化工废水处理新技术

传统的化工废水处理工艺往往存在效率低下、成本高昂等缺点。近些年，一系列革新技术涌现，成为解决化工废水治理难题的强有力工具。这些技术主要集中于以下核心领域：高效降解难降解有机物、低能耗脱氮及高盐废水近零排放。

(1) 电化学高级氧化技术

在废水处理领域，电化学高级氧化技术借助电极反应直接或间接地产生具有极强氧化能力的·OH，是已知非常强的氧化剂之一，能够彻底处理染料废水、农药中间体、制药废水等难降解有机物。这类技术（如电芬顿法、电催化氧化、光电催化等）的核心是利用电能驱动电极反应，产生具有极强氧化能力的·OH，能无选择性地将绝大部分有机污染物氧化分解为二氧化碳、水和简单无机盐。这类技术具有一定的优势：处理反应速度快、降解高效彻底；操作条件温和，通常在常温常压下进行；自动化程度高，易于控制，可通过调节电流、电压等参数优化处理效果。

该技术的代表技术是电芬顿法。在电解槽中，阴极通入氧气或空气，反应生成过氧化氢（H_2O_2）；阳极溶解产生亚铁离子（Fe^{2+}）；随后 Fe^{2+} 与 H_2O_2 在酸性条件下发生芬顿反应，高效生成·OH。整个反应过程中，Fe^{2+}/Fe^{3+} 可在电极上实现循环再生，减少了铁泥的产生。该技术应用于大型印染厂含有难生化降解的偶氮染料的废水处理，可以大幅度降低 COD，色度几乎完全去除，出水稳定达到国家排放标准，有望解决企业升级改造的环保瓶颈。

（2）厌氧氨氧化技术

总的来说，该技术依靠特殊菌群，在缺氧条件下直接转化氨氮为氮气，大幅度降低能耗且污泥产生量极低。这类技术无须曝气和大量氧气，能耗极低；碳源需求少，大幅减少外碳源投加费用，降低处理成本；处理过程环保，室温气体排放低，大幅度减少因去除氨氮产生的二氧化碳排放。通常适合处理高氨氮、低碳氮比的工业废水，如化肥、石化、煤化工、垃圾渗滤液、污泥消化液等。

（3）新型分离膜技术

这类技术利用特殊材质制成的分离膜作为屏障，如反渗透、纳滤、正渗透、膜蒸馏、电渗析等，根据孔径大小或电荷特性，选择性地分离废水中的盐分、重金属离子、有机物等污染物，达到净化和浓缩的目的，是高盐废水近零排放的高效筛网。例如，单原子层厚度的石墨烯具有理论上极低的传质阻力和极高的水通量。其亚纳米级精确可控的孔道可以实现水分子快速通过，具有高截留率，高效拦截盐离子。相比于传统反渗透膜，理论上能耗低，可大幅降低运行压力，是实现高盐废水高效淡化和浓缩的关键材料。随着科学研究的不断深入，新型膜材料开发及膜组件优化能够高效促进特定污染物的高选择性分离。

化学高级氧化、厌氧氨氧化、新型膜分离等创新技术代表着化工废水处理领域的发展方向。它们分别在高效矿化难降解污染物、低碳节能脱氮以及实现高盐废水深度净化与近零排放方面展现出显著优势。实际应用案例已证明其在解决复杂化工废水难题、提高处理效率、降低运行成本（特别是能耗和污泥处置成本）、促进资源回收和实现可持续发展方面具有巨大潜力。

未来研究及技术突破方向将继续聚焦于提升技术成熟度、降低成本、扩大应用规模、实现多技术智能耦合优化、开发更高性能的材料并探索其在复杂污染物体系下的协同处理机制，如更稳定高效且廉价的电极、更易富集培养的工程菌种、兼具高通量/高选择性/强抗污能力的先进膜。这些技术的持续进步将为化工行业的绿色转型和水资源的循环利用提供坚实保障。

7.4.2 化工废气处理新技术

化工行业废气组分复杂，传统技术如吸附、燃烧法面临效率低、能耗高或二次污染等问题，发展的新技术将为化工行业提供突破性解决方案。例如，在废气治理领域，低温等离子体技术利用高能电子裂解污染物分子（如 VOCs、NO_x），实现深度净化化工复杂废气污染物，兼具高效性与零二次污染；在新型纳米催化剂的催化下，光催化氧化过程产生活性氧，实现有机废气深度净化；利用基因工程生物滤塔，通过定制菌种可以提升低浓度大风量废气的生物降解效率；为工业体系提供深度脱碳方案的碳捕集、利用与封存（CCUS）技术，通过捕获废气中的 CO_2，将其转化为资源或永久封存，专为处理难减排工业过程（钢铁、水泥、化工等）的废气而设计，彻底重构烟囱排放为负碳价值链，实现变废为宝的碳代谢重构。

化工废气处理未来将向能源化、资源化、智能化三大方向演进，推动化工废气从末端治理向碳代谢工业的范式革命。

7.4.3 化工废渣处理新技术

在废渣处理领域，填埋或焚烧面临土地占用、二次污染和资源浪费问题，资源化循环技术成为破局关键。化工废渣新技术的重点突破集中于资源循环，如热解气化技术可实现由有机废渣向可燃气与生物炭的转化；地质聚合物技术以粉煤灰等废渣合成高强度建材，具备显著的低碳环保优势，已成为建材行业深度脱碳的关键技术之一；微生物浸出技术则通过基因编辑菌株高效回收电子废料中的稀有金属，具有环境友好、能耗低及成本优势。通过分子级资源重组（热解）、原子级结构重构（地质聚合）、生物级元素提取（浸出），构建废渣即原料的闭环代谢体系，驱动化工行业迈向零废负碳新纪元。

“三废”处理的前沿技术追求更低的污染排放限值，强调资源循环利用、过程节能降碳以及全生命周期环境影响的最小化，代表着“三废”处理未来的核心发展方向，推动工业模式从末端治理转向污染资源化，为碳中和目标提供核心科技支撑。

典型案例

铬盐清洁生产技术：中国科学院过程工程研究所开发的亚熔盐法，通过氢氧化钾介质实现铬铁矿高效转化，废渣量减少 80%，六价铬浸出浓度低于 0.1mg/L，成为源头治理的典范。

20 世纪 90 年代，全国许多化工厂为生产铬盐而遗留下一座座高耸的铬渣山。这些铬渣山逢下雨便会流出黄水，使高毒性六价铬离子渗入土壤，通过饮用水和食物链进入人体，严重影响人畜健康。整个铬盐行业都在呼吁生产工艺重大变革。

1996 年至 2007 年间，中国工程院院士、中国科学院过程工程研究所研究员张懿带领科研团队，先后在重庆和河南完成工业试验和产业化示范，率先把资源与材料化学化工的研究方法和成果融合渗透到环境工程领域，开拓了绿色化学-清洁生产工艺与技术研究新领域，为我国铬盐工业铬渣源头削减提供了技术支撑。

思考题

1. 废气治理技术有哪些？

2. 化工废渣的防治对策及常用处理技术有哪些？

3. 计入空气质量评价的主要污染物有哪些？

4. 化学工业废水按照成分该如何划分？

5. 列举两种预脱硫技术并说明其对后续工艺安全运行的影响。

6. 设计一套三级处理工艺并说明各单元功能（需包含化学吸收、生物处理及深度氧化技术）。

参考文献

[1] 冯宽利．工业废水处理技术与工程实践［M］．北京：化学工业出版社，2020.

[2] 颜湘华，王兴润，等．无机化工废渣污染特征与污染风险控制［M］．北京：化学工业出版社，2024.

[3] 王长青，张西华，宁朋歌，等．含油废水处理工艺研究进展及展望［J］．化工进展，2021，40（1）：451-462.

[4] 卢殿兴．化工废气处理技术与应用［J］．化工管理，2019（9）：49-50.

[5] 蒋建亚，张苏花，付旭东，等．磷化工废渣磷石膏的特性及其资源化利用［J］．山西建筑，2021，47（9）：1-4.

[6] 杨帆，杨旺，车赛，等．化工安全与环保［M］．北京：中国石化出版社，2022.

[7] 王利霞，宋延华．化工安全与环保［M］．北京：化学工业出版社，2022.

[8] Park Y K，Kim B S. Catalytic removal of nitrogen oxides（NO，NO_2，N_2O）from ammonia-fueled combustion exhaust：a review of applicable technologies［J］．Chemical Engineering Journal，2023，461：141958.

第 8 章
绿色化工与碳中和实践

知识目标

1. 理解“双碳”目标背景下绿色化工的发展逻辑。
2. 掌握绿色化工核心理论与方法体系。
3. 了解典型低碳工艺与绿色技术路线。
4. 认识智能化与园区协同管理在绿色转型中的作用。
5. 把握绿色化工未来发展的多维方向。

能力目标

1. 具备绿色工艺分析与优化能力。
2. 具备碳排放识别与生命周期评估能力。
3. 具备技术方案设计与跨系统整合思维。
4. 具备前瞻性绿色转型认知与风险意识。

在全球气候变化加剧的背景下，推动经济社会向绿色低碳转型已成为各国共识。中国碳达峰碳中和目标的提出，标志着我国进入以高质量发展为导向的新阶段。化工行业作为碳排放与资源消耗的重要领域，正面临从“高耗高排”向“清洁、安全、循环”深度转型的迫切需求。绿色化工作为实现“双碳”目标的重要路径，融合了原子经济、清洁生产、生命周期评价等核心理念，贯穿从原料选择到工艺优化、从碳排放识别到智能化管理的全过程。本章以“双碳”目标为引领，系统阐述绿色化工的基本理论、关键技术路径与典型工程实践，涵盖碳捕集、利用与封存（carbon capture, utilization and storage，CCUS)，可再生能源制氢，绿色溶剂替代，智慧化工厂与园区协同减排等前沿内容，帮助学生建立绿色技术与碳管理的系统思维，提升其应对未来化工行业绿色转型挑战的综合能力。

8.1 “双碳”目标与绿色化工的发展背景

8.1.1 中国“双碳”目标提出及全球背景

(1)“双碳”目标提出的背景

随着全球气候变化问题的日益严峻，减少温室气体排放、实现低碳发展已成为国际社会的共同目标。《巴黎协定》推动国际社会共同承诺碳减排目标。中国作为全球最大的二氧化碳排放国，在应对气候变化方面承担着重要责任。为了积极应对全球气候变化挑战，推动绿色低碳发展，中国政府提出了“双碳”目标，即力争在2030年前达到二氧化碳排放峰值，2060年前实现碳中和。这一目标的提出，不仅体现了中国政府对全球环境保护的高度负责态度，也展示了中国在全球气候治理中的积极引领作用。

（2）实现“双碳”目标的措施

实现“双碳”目标的措施的核心内容主要包括两个方面：一是减少二氧化碳排放，二是增加碳汇。具体来说，减少二氧化碳排放的措施包括优化能源结构、推动产业升级、提高能源利用效率等；增加碳汇的措施则包括植树造林、恢复湿地、保护生物多样性等。此外，双碳政策还强调了科技创新的重要性，通过研发和推广先进的低碳技术，推动经济社会绿色低碳转型。

为了实现“双碳”目标，中国政府制定了一系列具体的政策措施。在能源领域，推动清洁能源替代化石能源，大力发展风能、太阳能等可再生能源；在工业领域，推动产业结构优化升级，加强工业节能和能效提升；在交通领域，推广新能源汽车和智能交通系统，减少交通领域的碳排放；在建筑领域，推动绿色建筑和建筑节能改造，降低建筑能耗。同时，政府还加强了对碳排放的监管和考核，建立了碳排放权交易市场，通过市场机制推动碳减排。

（3）“双碳”目标的重要意义

为实现“双碳”目标采取的政策对中国及全球都具有重要意义。首先，有助于推动中国经济社会的绿色低碳转型，提高能源利用效率，促进产业结构优化升级，推动经济高质量发展。其次，有助于应对全球气候变化挑战，减少温室气体排放，减缓气候变暖趋势，维护全球生态安全。最后，有助于提升中国在国际舞台上的地位和影响力，展示中国在全球气候治理中的积极态度和负责任精神。

在实现“双碳”目标的过程中，我们还需要注意一些问题。首先，要处理好经济发展与环境保护的关系，确保在推动绿色低碳发展的同时不影响经济的稳定增长。其次，要加强科技创新和人才培养，推动低碳技术的研发和应用，提高能源利用效率和碳汇能力。最后，要加强国际合作与交流，共同应对全球气候变化挑战，推动构建人类命运共同体。

8.1.2 化工行业的高排放特征与转型需求

化工行业是中国实现碳中和的关键行业之一，全国化工行业的碳排放占工业领域总排放的20%、占全国二氧化碳总排放的13%。化工行业也是难减排行业，其能源和原料难以被电气化完全替代。此外，中国初级化工产品产能较新，也为快速转型带来一定挑战。在“双碳”目标下，中国已着力构建碳达峰碳中和“1+N”政策体系，增强顶层部署，并抓紧明确重点领域、重点行业以及各地的行动方案。根据《中共中央国务院关于完整准确全面贯彻新发展理念做好碳达峰碳中和工作的意见》，高耗能高排放项目严格落实产能等量或减量置换，对煤电、石化、煤化工等实行产能控制，未纳入国家有关领域产业规划的，一律不得新建改扩建炼油和新建乙烯、对二甲苯、煤制烯烃项目。目前，中国化工企业在积极推进碳中和进程，例如，中国石化力争比国家承诺提前十年实现碳中和。

当前化工环境治理面临技术瓶颈与新兴风险两方面的挑战：

① 新兴复杂污染物的毒理机制不明，缺乏高效处理技术，新兴纳米材料的生物学效应缺乏系统认知，内分泌干扰物预防及处理措施不明确。这些物质因结构复杂、环境持久性、生物累积性及低剂量长期暴露效应，对现有污染治理体系构成严峻考验。未来的技术发展，协同融合人工智能、合成生物学与材料科学的跨学科研究将成为破局关键。

② 气候变化加剧极端天气事件（如暴雨、洪水、风暴潮），对化工设施安全构成系统性风险，尤其是沿海、沿江及低洼地带储罐区面临泄漏、爆炸与环境污染的叠加威胁。例如复合灾害链分析及应对，沿海地区台风→暴雨→引发急发洪水→导致储罐位移/破裂→引起有毒物质泄漏→造成水体污染→引发生态灾难，需量化连锁反应概率，并建立应急预案。气候变化下的化工设施安全需构建“工程韧性—智能感知—应急联动—政策保障”的全链条防控体系。通过抬高关键设施、强化实时监测、优化应急响应及创新风险分担机制，可将极端天气导致的泄漏风险大大降低。未来需加速气候适应技术（如浮动储罐、自适应防洪结构）的规模化应用，并将气候韧性纳入化工项目全生命周期管理，以抵御不断升级的环境挑战。

8.1.3 全球绿色化工政策趋势与技术规范

欧盟“绿色新政”、美国《通胀削减法案》等政策正逐步推动绿色税收与碳定价机制常态化。国际标准如 ISO 14064、ISO 14067 以及欧盟产品环境足迹（PEF）体系，均为化工企业碳排放核算、产品碳足迹提供了操作性框架，促使企业加快绿色工艺转型与全生命周期管理能力建设。

8.2 绿色化工的核心路径

8.2.1 原子经济与绿色反应设计

原子经济是绿色化学的核心理念，强调从反应本身设计出发，提高反应物中各原子的有效利用率，从而减少废弃副产物的生成和资源浪费。它体现了“预防胜于治理”的绿色理念，是绿色工艺设计与清洁生产的基础理论之一。

(1) 原子经济的基本内涵与评价方法

原子经济是评价化学反应绿色程度的量化指标，其计算公式为：

$$原子经济=\frac{目标产物的分子量}{所有反应物的分子量总和}\times 100\%$$

① 理想的原子经济为 100%，即反应中所有原子的质量都被有效转化为目标产物；

② 原子经济不同于产率，它关注反应本身的资源效率，不受工艺条件的影响；

③ 从反应路径选择的角度实现污染减控、节能增效。

(2) 绿色反应设计的关键策略

① 优选原子经济高的反应类型：推崇加成、重排、环合、催化偶联等副产物少的反应；尽量避免产生无用盐类、有害气体或废水的反应路径。

② 采用催化反应代替计量试剂反应：使用金属催化、酶催化等体系降低能耗和毒性，如 Suzuki 偶联反应较 Wurtz 反应副产物更少、能效更高。

③ 引入绿色溶剂体系：替代传统苯、甲苯等有毒有机溶剂；采用超临界 CO_2、水、离子液体、深共熔溶剂等低毒或可回收溶剂；减少 VOCs 排放，提升整体环保性能。

④ 避免保护基与冗余步骤：精简合成路线，减少中间体和步骤数量；优化反应流程，实现“原子利用最大化，步骤最少化”。

8.2.2 清洁生产与污染源控制

清洁生产强调源头预防与全过程控制。其本质是通过优化原料选择、工艺过程、能源利用与废弃物管理，从源头控制污染的产生，实现污染物“零增长”甚至“负增长”。相较传统“末端治理”模式，清洁生产以预防为导向，强调全过程控制，具有更强的系统性、经济性和可持续性。

(1) 清洁生产的基本内涵与目标

清洁生产不是某一项单一技术，而是一种系统的环境与经济协调发展理念，具体体现在以下几个方面。

① 源头预防：通过绿色反应路线设计、替代性原料等，减少污染物的生成量；

② 过程优化：采用能效更高、收率更佳、废物更少的新型工艺；

③ 资源循环：最大限度回收反应副产物、余热、废水等资源，构建闭环系统；

④ 全生命周期思维：将清洁理念贯穿于产品设计、制造、使用和报废全过程。

清洁生产的目标是实现“降耗—减排—增效—保护”的正向循环，推动工业由粗放型向精细化、生态化转型。

(2) 关键技术路径与案例分析

① 反应与分离过程耦合优化。通过反应精馏等过程耦合技术，可同时实现化学反应与产品分离，大幅降低能耗与设备投资。例如，在乙酸乙酯合成过程中，传统工艺需先进行酯化反应，再用共沸精馏分离。改用反应精馏塔后，反应物在塔中连续反应并同时移除产物乙酸乙酯，反应转化率提升至 98%，蒸汽消耗显著下降，副反应几乎被完全抑制。

② 绿色催化与过程强化。清洁生产强调高效催化体系与强化传质、传热性能的单元操作。例如采用负载型多相催化剂、膜反应器等可同时提升选择性和安全性。在环己酮加氢制己内酰胺过程中，某企业使用固定床催化反应器替代传统釜式反应，提高转化效率，副产物减少 60%。

③ 废物资源化与梯级能量利用。通过“废弃物即资源”的理念，可有效降低排放总量与资源消耗：湿法磷酸副产石膏，经浮选、煅烧后可替代天然石膏用于建筑材料；蒸汽与余热利用，精馏塔顶部馏分热源可用于预热原料或用于其他工段加热；发酵废液，可用于生物气发电或制备有机肥，实现农业与化工协同。

④ 过程控制与本质安全设计。现代清洁生产强调本质安全原则，即在源头上消除或降低危险性。如在 VOCs 治理中，采用低挥发性原料与密闭循环系统比后期活性炭吸附处理更加经济、安全。再如，通过工艺路线再设计可避免使用高毒试剂，如以过氧乙酸替代氯气进行漂白。

(3) 清洁生产实施的制度与管理保障

清洁生产不仅是技术问题，更是制度设计与管理能力的体现。以下机制是有效推动清洁生产实施的关键。

① 清洁生产审核制度：我国《中华人民共和国清洁生产促进法》规定重点排污企业需定期开展清洁生产审核，提出整改计划。

② 绿色制造体系：工业和信息化部推动建设绿色工厂、绿色供应链管理企业，提供政策激励与技术指导。

③ 企业内部激励机制：建立环境绩效考核制度，将废物减量、能效提升等与奖金挂钩，形成绿色驱动力。

8.2.3 生命周期评价与碳足迹

生命周期评价（life cycle assessment，LCA）是绿色化工的重要工具之一，用于系统地评估一个产品、工艺或服务在其整个生命周期内对环境的影响。碳足迹则是 LCA 在气候变化维度上的核心体现，关注碳排放总量，是实现“双碳”目标和绿色工艺优化的关键评价指标。

(1) 基本内涵与评价框架

生命周期评价是指从“摇篮到坟墓”全过程中，对资源消耗、能源使用和环境影响进行定量评估，其主要包括以下四个步骤。

① 目标与范围界定：明确评价的产品系统、边界、功能单位（如 1t 产品）。

② 清单分析：收集所有输入（原料、水、电等）和输出（产品、副产物、排放物）数据。

③ 影响评价：将清单数据转化为环境影响类别，如全球变暖潜势、水体富营养化、臭氧层破坏等。

④ 结果解释与优化建议：识别关键排放点和改进方向，提出设计或工艺优化建议。

碳足迹可视为全球变暖潜势的定量输出，通常以 kgCO_2 当量/功能单位进行表示，体现整个系统直接与间接温室气体排放的总和。

（2）发展趋势与数字化路径

① 数字化平台支持动态 LCA。工业物联网与能源管理系统联动，实现过程数据自动采集，支持动态生命周期评估，从“定点核算”迈向“过程监测”。

② LCA 与人工智能（artificial intelligence，AI）、系统工程融合。利用机器学习对比多个设计方案的 LCA 输出结果，实现工艺智能选优与碳排放预测。在绿色工艺开发早期，即可引入环境影响评估，提升研发决策的绿色导向性。

③ 区域与园区级 LCA 评估。未来不仅单一产品需要 LCA，整个化工园区、产业链也将开展系统的生命周期碳足迹管理，实现从“点源管理”到“系统优化”的转变。

8.3 低碳化工工艺与典型技术

在“双碳”目标背景下，化工行业作为碳排放大户，其减排路径已由末端治理向源头替代、本质减碳与过程优化转变。本节聚焦碳捕集、利用与封存，可再生能源制氢（绿氢），工艺强化与绿色溶剂替代三类具有代表性的低碳技术路径，展示它们在工业实践中的应用趋势与减排潜力。

8.3.1 碳捕集、利用与封存

8.3.1.1 技术概述

碳捕集、利用与封存是指从工业排放源中捕集二氧化碳，通过物理、化学、生物等方式加以利用或永久封存，减少其进入大气的路径。如图 8-1 所示，其完整流程包括以下三部分。

① 捕集：常用方法包括胺吸收法、膜分离、电化学捕集等；

② 利用：如 CO_2 用于合成甲醇、尿素、聚碳酸酯等；

③ 封存：包括油气藏驱油封存、深层盐穴封存、矿化反应固定等方式。

8.3.1.2 工程案例与实践

① 华北某乙烯裂解尾气 CCUS 示范项目：采用胺洗工艺对裂解尾气进行分离，年捕集 CO_2 10×10^4t，供下游碳酸饮料与干冰生产；

② 中国神华能源股份有限公司煤制油基地：与中石油合作实施“捕集-压缩-管输-封存”一体化项目，碳封存深度达 1500m；

③ 中石化胜利油田：实施 CO_2 驱油＋封存项目，注入每吨 CO_2 可提高采油量 0.3t，具备经济性与环境协同效应。

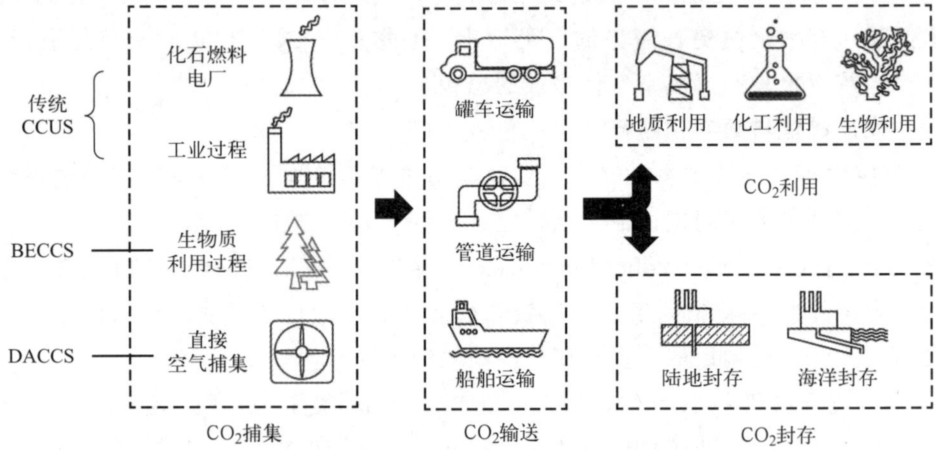

图 8-1 碳捕集、利用与封存流程示意图

［图片来自中国 21 世纪议程管理中心（2021）］

8.3.2 可再生能源制氢

（1）技术原理与路径

绿氢是指使用可再生能源（风能、太阳能、水电）驱动电解水制得的氢气，是清洁、零碳的氢气来源。相比灰氢（天然气重整）和蓝氢（天然气重整或自热蒸汽重整），绿氢真正实现了全过程零排放。

制氢核心流程：太阳能/风能→电能→水电解→H_2＋O_2；绿氢可直接用于加氢精制、氨合成、燃料电池或合成气反应。

（2）应用案例

① 张家口绿氢示范园区：利用风光资源电解水制氢，供应给冬奥会氢燃料公交系统；

② 宁夏某光伏制氢-氨合成一体化装置：通过可再生电力驱动水电解，产氢直供合成氨工段，年减少碳排放 6×10^4t；

③ 国外典型项目：壳牌、丰田等布局“绿氢-甲醇-化工原料”闭环，建立零碳化工厂原型。

8.3.3 工艺强化与绿色溶剂替代

（1）工艺强化技术路径

工艺强化旨在通过设备、流程与反应耦合优化，大幅提升反应速率、选择性和能效，从而实现减碳与减排目标。

（2）绿色溶剂替代

溶剂是传统化工过程中主要污染源之一，占用量大、易挥发、处理成本高。绿色溶剂替代是推进绿色化工工艺的重要途径，常见替代方式包括：

① 水作为反应介质，用于水相催化、酶催化等；

② 超临界 CO_2，无毒、易回收、适用于萃取与聚合反应；

③ 离子液体、低共熔溶剂，低蒸气压、不易燃，适用于催化与电化学反应；

④ 生物可降解溶剂，如 γ-丁内酯、乙酸乙酯等用于制药、日化产品中。

8.4 智能化管理与绿色园区协同

随着新一代信息技术的发展，绿色化工正从“设备层减排”走向“系统级协同”，以数字化手段构建覆盖企业、园区乃至产业链的智能化管理体系。

8.4.1 工业物联网与智慧化工厂

（1）工业物联网在绿色化工中的作用

工业物联网（industrial internet of things，IIoT）通过部署传感器、网络通信与边缘计算节点，实现对工艺过程、设备状态、能耗数据的实时采集、动态分析与联动控制。它为化工行业的安全生产与绿色运营提供数字底座。

（2）智慧化工厂建设实践

智慧化工厂是 IIoT 与自动控制、人工智能、系统工程等多技术集成的产物，目标是实现“安全-绿色-高效-透明”的运行体系。

① 山东华鲁恒升集团有限公司建设智能管理平台，实现 200＋参数实时监控，锅炉系统能效提升 8%；

② 万华化学集团股份有限公司引入制造执行系统（MES）＋实验室信息管理系统（LIMS）＋分布式控制系统（DCS），实现原料→反应→排放全过程透明化，事故率下降 40%，碳排放数据对账周期从 7 天缩短至 1 小时；

③ 恒逸石化股份有限公司部署第五代移动通信技术（5G）＋边缘计算与云计算协同的工业自动化控制，使误差降低至±0.1%，过程安全性显著提升。

8.4.2 数字孪生、AI 与碳资产管理

（1）数字孪生在碳管理中的创新应用

数字孪生是基于实时数据和物理建模，在虚拟空间中复制工业实体与过程的技术系统。其在碳管理中的关键价值包括：

① 建立虚实映射的碳流模型，精确定位高碳环节；

② 模拟不同原料路径、能源结构、操作参数对碳排放的影响；

③ 实现碳排放的预测预警、过程追溯与实时修正。

(2) 人工智能与碳资产管理融合

人工智能技术正广泛应用于化工碳资产管理中，典型功能包括：

① 碳排放模型训练——用机器学习算法建立能耗-碳排放-工艺参数三维关系；

② 优化控制策略生成——自动推荐最低碳排放与最高能效的运行路径；

③ 碳盘查与碳交易辅助决策——构建“碳账本”，支持排放配额分配与交易策略优化。

结合碳中和目标，企业需开展碳资产盘点、定价与增值管理，实现“碳资产可量化、可交易、可管理”。

8.4.3 化工园区物质能量循环网络

(1) 构建区域协同的“绿色耦合体”

在化工园区层面，通过不同企业间的“副产物流”“能量流”“水资源流”等互联，构建生态工业网络，提升资源利用效率，降低整体碳足迹。

(2) 典型示范与发展趋势

① 江苏连云港绿色化工园区：构建“热电联产-汽轮驱动-冷冻水耦合”系统，年节煤 3×10^4t，年减碳 8×10^4t；

② 宁波石化经济技术开发区：部署危险废物智能化联运与集中处置平台，污染风险可追溯率达 98%，实现副资源最大化再利用；

③ 山东省化工园区发展规划提出“绿色循环一体化”理念，推动废物交换网络与低碳排放清单制度融合。

未来园区发展将聚焦“数据驱动＋系统协同＋区域低碳治理”，实现从“独立企业减排”走向“整体生态系统脱碳”。

8.5 未来发展展望

面向未来，绿色化工的发展将更加依赖科技驱动与系统协同。在技术层面，新兴绿色工艺不断突破，如绿色催化、生物转化、人工光合作用、智能响应材料等为低碳制造开辟新路径，同时也对学科融合提出更高要求。化工行业亟须加强与材料科学、人工智能、系统工程等领域的深度融合，以跨学科协同方式推动绿色技术走出“死亡之谷”，实现从实验室走向产业化的有效转化。在环境适应层面，极端气候事件频发使得化工设施面临韧性挑战，必须构建覆盖气象监测、灾害预警、工程防护与应急响应的气候韧性系统，并在区域尺度推动“光伏＋储能＋微网”协同模式，打造低碳城市群和绿色园区集群。在治理范式层面，未来化工体系将以“安全优先、碳足迹最小、资源效率最优”为原则，推进清洁生产、过程电气化、绿色供应链、数字化环境管理等多维度举措，最终实现“安全、低碳、循环”一体化的现代绿色化工格局，为国家“双碳”目标的高质量达成贡献产业力量与技术支撑。

思考题

1. 结合某一传统化工工艺（如硝化、氯化或裂解），尝试识别其中的高碳排放环节，并基于原子经济和清洁生产原则，设计一种优化思路。

2. 你如何理解“生命周期评价比排放量更能反映一个产品的绿色水平”？请以一个典型消费化工品（如洗衣液、塑料包装）为例进行说明。

3. 智慧化工厂与数字孪生技术被视为推动化工企业绿色化、智能化的重要工具。请列举一项你熟悉的化工过程，设想该过程在数字孪生平台下运行可能带来的改进空间。

4. 当前实现“双碳”目标强调区域治理与多层协同，请以你所在地区为例，分析该地区化工产业在气候韧性建设方面面临的风险与改进建议。

参考文献

[1] 姚宏．工业企业碳中和与绿色发展［M］．北京：化学工业出版社，2022.

[2] 周淑晶，冯艳茹，李淑贤，等．绿色化学［M］．北京：化学工业出版社，2018.

[3] 王成君，田华．化工安全与环保［M］．北京：化学工业出版社，2023.

[4] 王利霞，宋延华．化工安全与环保［M］．北京：化学工业出版社，2022.

[5] 周忠科，张忠友，王晋伟．低碳能源技术：前沿追踪的方法与应用［M］．北京：企业管理出版社，2023.

附 录 1
授课及考核指导意见

为进一步落实“化工安全与环保”课程的教学改革目标，推动课堂教学与行业发展深度融合，提升学生的综合素养和工程实践能力，现制定如下授课及考核指导意见，供任课教师参考实施。

一、授课指导意见

1. 教学内容聚焦与结构优化

（1）明确课程面向本科阶段的通识性与基础性定位，注重“理念认知”而非“技能堆砌”，重点讲授以下模块：

① 化工安全基础原理；

② 环保技术与清洁生产；

③ 应急管理与事故分析；

④ 安全管理体系与法规框架。

（2）鼓励加入如下内容拓宽学生视野：

①国际安全规范的历史演进与文化背景对比；

②化工产业全球迁移带来的区域安全与合规挑战；

③相关行业的安全风险识别。

2. 教学方法与课堂组织

（1）采用混合式教学模式，鼓励采用以下实践方法：

① 案例教学：以“血的教训”为导向，引导学生深度反思；

② 小组研讨与开放性项目制：鼓励学生就“某企业某事故的根本原因分析与整改预案”开展专题研究；

③ 跨学科延伸阅读与讲座：邀请安全管理、EHS、环境工程、应急指挥等领域专家客座讲解。

（2）注重课程的可视化与实践感：

① 推荐引入安全生产宣传片、应急演练纪录片、失效分析模拟动画等；

② 鼓励组织校企合作活动，如参观现代化化工园区、与企业EHS管理人员交流等。

二、考核指导意见

1. 考核原则

坚持“能力导向、过程评价、多元融合”的原则，构建以实际应用能力和团队协作能力为核心的评价体系。

着力培养学生发现问题、分析问题、设计解决方案的综合能力，而非只考核记忆性知识。

2. 推荐考核形式

（1）小组作业：30%；如

① 企业实践与访谈：与企业工程师进行访谈，了解真实安全管理经验等；

② 政策分析与建议：分析“双碳”目标对化工行业的安全管理影响等。

（2）平时表现：20%；课堂参与、小组讨论、案例研讨、翻转课堂汇报等。

(3) 期末考核：50%；鼓励特色性考查形式，如设计化工厂紧急事件应急管理预案。

提供一套模板以供参考使用：

考核模板（总分 100 分）

第一部分：基础信息与风险评估（20 分），包含以下要素：

工厂基本信息，危险源辨识与风险评估，脆弱性分析（人员、设备、环境），法律法规符合性检查等。

第二部分：应急组织体系（15 分），包含以下要素：

应急指挥部架构与职责，现场处置小组设置（消防、抢险、医疗、环境监测等），人员联络与职责清单，外部协调机构接口设计等。

第三部分：预警与响应机制（25 分），包含以下要素：

预警分级标准（蓝、黄、橙、红），应急响应启动流程，分级响应措施设计，信息报告与通报程序等。

第四部分：应急处置程序（25 分），如：

火灾爆炸事故处置方案，化学品泄漏处置方案，人员伤害急救流程，环境保护与污染控制措施等。

第五部分：保障与恢复（15 分），包含以下要素：

应急资源清单与管理，应急培训与演练计划，事后恢复与重建程序，预案评审与更新机制等。

三、教学资源与支持建议

① 鼓励开发本课程的配套教材、案例库、课件模板与仿真平台资源；

② 企业专家讲座及安全培训资源；

③ 与安全工程师注册考试内容对接，增强课程权威性与实用性。

四、结语

“化工安全与环保”课程不仅是基础专业教育的重要组成部分，更承担着传播工程伦理、强化安全意识、塑造责任担当的核心使命。授课与考核应突出“理念、工具、案例、责任”的统一，帮助学生理解“安全是可以管理的、可以控制的”，为他们未来走入社会、走向行业提供坚实的认知基础和实践信心。

附 录2
自学材料推荐

安全生产相关书籍：

1.《安全生产法律法规》注册安全工程师考试课程

2.《安全生产管理》注册安全工程师考试课程

3.《安全生产技术基础》注册安全工程师考试课程

4.《安全生产专业实务》注册安全工程师考试课程

安全生产相关导则及体系：

1.《化工过程安全管理导则》AQ/T 3034—2022

2.《环境管理体系要求和使用指南》ISO 14001 2015

3.《职业健康安全管理体系要求及使用指南》ISO 45001 2018

4.《环境管理体系实施通用指南》ISO 14004 2016

5.《环境管理术语》ISO 14050 2002